中国矿业大学"十四五"规划教材

高等教育"新形态"一体化教材

Jixie Jingdu Sheji yu Jiance

China University of Mining and Technology Press

机械精度设计与检测

第三版

中国矿业大学机械工程专业组织编写

主　编　刘送永　杨海峰　杨善国

副主编　王　愁　郝尚清　靳翠军

主　审　韩正铜

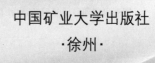

中国矿业大学出版社

·徐州·

内 容 提 要

本书系统介绍了机械精度设计与检测的原理和应用。全书包括三篇,分别为机械精度设计理论、典型零件的精度设计应用、机械精度综合设计。机械精度设计理论篇共4章,分别为绪论、尺寸精度设计与检测、几何精度设计与检测、表面粗糙度轮廓与检测;典型零件的精度设计应用篇共3章,分别为常用典型零件的公差与配合、圆柱齿轮精度设计与检测、圆锥公差与配合;机械精度综合设计篇共2章,分别为减速器的精度综合设计、尺寸链计算和计算机辅助公差设计。

本书采用了最新国家标准,提供了重要知识点的视频讲解,内容简明、联系实际,每章后附有思考题与习题。

本书可作为高等工科院校机械类专业的教材,也可供职业技术教育、成人教育学生使用,还可供机械工程技术人员、计量检测人员参考。

图书在版编目(C I P)数据

机械精度设计与检测/刘送永,杨海峰,杨善国主编. —3版. —徐州:中国矿业大学出版社,2023.8
ISBN 978 - 7 - 5646 - 5813 - 7

Ⅰ. ①机… Ⅱ. ①刘… ②杨… ③杨… Ⅲ. ①机械—精度—设计②机械元件—检测 Ⅳ. ①TH122②TH13

中国国家版本馆 CIP 数据核字(2023)第 078835 号

书 名	机械精度设计与检测
主 编	刘送永 杨海峰 杨善国
责任编辑	何晓明 何 戈
出版发行	中国矿业大学出版社有限责任公司
	(江苏省徐州市解放南路 邮编221008)
营销热线	(0516)83884103 83885105
出版服务	(0516)83995789 83884920
网 址	http://www.cumtp.com E-mail:cumtpvip@cumtp.com
印 刷	江苏淮阴新华印务有限公司
开 本	787 mm×1092 mm 1/16 **印张** 18.25 **字数** 456 千字
版次印次	2023 年 8 月第 3 版 2023 年 8 月第 1 次印刷
定 价	42.00 元

(图书出现印装质量问题,本社负责调换)

第3版前言

"机械精度设计与检测"课程是高等学校机械类各专业的一门重要技术基础课,是联系机械设计类课程与制造工艺类课程的纽带,主要用于培养学生综合运用国家标准进行机械产品零部件精度设计的能力。

为适应科学技术的进步,尤其是智能制造的快速发展,近年来国家颁布了一系列与机械精度设计相关的国家标准。另外,在当前数字教育背景下,教学形态也发生了重大变革。为满足新时代下课程教学的需要,经过教学实践,我们决定编写第3版的《机械精度设计与检测》教材。与2013年12月出版的第2版相比,第3版主要有以下变化:

(1)本书为新形态教材,通过扫描书中的二维码可以观看知识点的视频讲解、查看国家标准文件、了解相关拓展资源等。

(2)根据国家发布的一系列最新标准,本书新增了三维公差标注、辅助要素框格的应用等内容;调整了尺寸公差、几何公差等章节中的相关数据和画法。

(3)根据课程教学的需要,将全书内容分为三篇,分别为机械精度设计理论、典型零件的精度设计应用、机械精度综合设计,并以圆柱齿轮减速器的主要组成零件为例贯穿全书,体现从理论到实践、从基础到高阶的特点。

全书由刘送永、杨海峰、杨善国担任主编,王愁、郝尚清、靳翠军担任副主编,韩正铜担任主审。具体编写分工如下:第1、2章由刘送永编写,第3、4章由杨海峰编写,第5、6章由杨善国编写,第7章由王愁编写,第8章由郝尚清编写,第9章由靳翠军编写。

在本书的撰写过程中,参考了大量相关文献资料,特别是徐工消防安全装备有限公司、徐州重型机械有限公司为本教材的编写提供了大量工程案例,在此谨向他们表示诚挚的谢意!

由于水平所限,书中难免存在疏漏和不当之处,恳请广大读者批评指正。

编　者
2023 年 5 月

第 2 版前言

自 2007 年本书第 1 版出版以来,重印两次,并经过了几年的教学实践。随着科学技术的发展,我国不断颁布新的国家标准,并对原有国家标准进行了修订和调整。与此同时,教育部高等教育"质量工程"的实施,对教材建设的要求也在逐步提高。为进一步满足课程教学的需要,与时俱进,我们决定编写本书第 2 版。在保持第 1 版基本框架不变的情况下,第 2 版对各章内容及习题进行了修改、调整、补充、完善和更新。与第 1 版相比,本书主要具有以下特点:

(1) 根据相关国家标准的变化,对各章节内容进行更新和修订,全部采用最新版本的国家标准。

(2) 为反映本学科的发展,增加"产品几何技术规范(GPS)简述""基于 PSO 算法的圆度误差的智能评定方法"等新内容。

(3) 根据教学需要,对各章插图以及例题、习题进行了调整和完善。

本书由中国矿业大学韩正铜、杨善国主编。参加本书编写的有中国矿业大学韩正铜(第一、二、五、六、十一章)、杨善国(第七、八、九、十章)、顾苏军(第三、四章);山东科技大学李桂莉(第七、十章);沈阳工程学院王天煜(第八、九章);辽宁工程技术大学冷岳峰(第五、六章)。

由于水平所限,书中难免存在不当之处,欢迎广大读者批评指正。

编　者
2013 年 4 月

第1版前言

"互换性与测量技术基础"课程是高等工科院校机械类各专业、测控技术及仪器等专业的一门重要技术基础课,是联系机械设计类课程与制造工艺类课程的纽带。内容涉及机械设计、机械制造、质量控制等许多方面,是与机械工业紧密联系的一门综合性基础学科。

本书参考高等工业学校"互换性与测量技术基础"课程教学指导小组审定的课程教学基本要求,并根据教学改革及学科发展的需要编写而成。为突出本课程的研究主题,本教材定名为《机械精度设计与检测》。本书立足于强化学生技术标准的运用能力、综合精度设计能力以及实验动手能力的培养,精选教学内容,突出精度设计主线,提高学生综合运用本课程知识解决实际问题的能力。

全书共分十一章:概论,孔、轴尺寸精度设计与检测,形状与位置精度设计与检测,表面粗糙度轮廓及其检测,滚动轴承公差与配合,圆锥公差与配合,键连接的公差与检测,圆柱螺纹公差与检测,圆柱齿轮精度设计与检测,尺寸链及计算机辅助几何量精度设计与检测。

本书根据我们多年的教学实践经验,参考了多种版本的同类教材和有关国家标准,形成如下特色:

(1)全部采用最新颁布的国家标准,并侧重于对新标准的理解与应用,同时简介相对应的旧国家标准。这对于新国标内容的贯彻执行将起到非常积极的推动作用,同时使学生能够利用旧标准的技术资料。

(2)为了突出重点、难点内容,使学生能够较好地巩固和理解所学内容,每章后均附有思考题和习题。

(3)根据教学改革、学科发展以及生产实际的需要,对内容进行了必要的整合,力求做到少而精。

(4)为了做到理论联系实际、学以致用,本书采用了较多结合实际选用的实例。

本书由中国矿业大学韩正铜、沈阳工程学院王天煜主编,中国矿业大学张永忠教授主审。参加本书编写的有中国矿业大学韩正铜(第一、二、十一章)、顾苏军(第三、四章),辽宁工程技术大学冷岳峰(第五、六章),沈阳工程学院王天煜(第八、九章),山东科技大学李桂莉(第七、十章)。全书由韩正铜统稿、定稿。

在本书的撰写过程中,参考了大量相关文献资料,谨向文献作者表示谢意。

由于水平所限,书中难免存在不当之处,欢迎广大读者批评指正。

编 者

2007 年 2 月

目　　录

第一篇　机械精度设计理论

第二篇　典型零件的精度设计应用

第三篇　机械精度综合设计

机械精度设计与检测

第一篇 机械精度设计理论

1981年6月,党的十一届六中全会指出:"在社会主义初级阶段,我国社会的主要矛盾是人民日益增长的物质文化需要同落后的社会生产之间的矛盾。"在中国特色社会主义理论的指引下,我国的改革开放事业取得了长足的发展,经济建设成果丰硕。2008年金融危机以后,主要发达国家集中发力于高端制造领域,而一些新兴经济体具有较好的成本优势。我国必须把发展实体经济摆在突出重要的战略位置,促进我国产业加快迈向全球产业价值链中高端,实现建成富强民主文明和谐美丽的社会主义现代化强国的中华民族伟大复兴战略。另外,进入21世纪,国际力量对比发生着革命性变化,科技革命和产业变革的竞争前所未有,国际形势发生着剧烈变化,科技创新已成为国际战略博弈的主要战场,围绕科技制高点的竞争空前激烈。基于中华民族伟大复兴战略全局和世界百年未有之大变局的新时代特点,习近平同志在中国共产党第十九次全国代表大会报告中指出:"中国特色社会主义进入新时代,我国社会主要矛盾已经转化为人民日益增长的美好生活需要和不平衡不充分的发展之间的矛盾。"

党的二十大报告提出,加快建设制造强国、质量强国,推动制造业高端化、智能化、绿色化发展。我国经济发展已经由高速增长阶段转向高质量发展阶段。尽管在某些制造领域还比较薄弱,但我国有全世界最完整、规模最大的现代工业体系,是全世界唯一拥有联合国产业分类中全部工业门类的国家。我国在智能制造、5G通信、新能源汽车、核电、高速铁路等领域均已走在了世界前列。基于新时代下我国的主要矛盾,以新时代中国特色社会主义思想为指引,坚定道路自信、理论自信、制度自信、文化自信,加快建设制造强国是建成富强民主文明和谐美丽的社会主义现代化强国的必由之路。

随着经济发展和科技进步,我国的国家标准体系也在不断发展和完善。目前,与机械精度设计相关的我国最新国家标准[产品几何技术规范(GPS)]已基本等同于新一代的国际标准(ISO的GPS&V),与美国ASME Y14系列的GD&T标准仅有较小差别。因此,与新时代中国特色社会主义思想理论类似,我国最新的产品几何技术规范也是基于现有的科技制造水平和制造实践总结出的机械精度设计理论,是我国各领域产品精度设计的根本遵循,是各行业进行产品精度设计的通用语言和科学指南,在未来我国实现制造强国战略和经济高质量发展过程中具有非常重要的意义。

目前,我国的产品几何技术规范包含了从宏观到微观几何特征(尺寸、形状、位置等)的100多项技术标准,涉及产品开发、设计、制造、验收、使用以及维修、报废等整个生命全过程,是工程领域必须依据的规范,现已广泛应用于机械、电子、汽车、船舶和航空航天等行业。在第一篇的机械精度设计理论中,我们主要学习产品几何技术规范中关于产品精度设计的三个方面,即:尺寸精度设计、几何精度设计和表面粗糙度轮廓设计。本篇的学习将为第二篇和第三篇中机械精度设计理论的应用打下坚实的基础。

第1章 绪 论

机械精度设计是确定机械各零部件几何要素的允许误差,也叫公差设计,是机械设计不可分割的重要组成部分。本章介绍与机械精度设计有关的互换性及种类、标准与标准化、优先数系、产品几何技术规范、现行国家标准、几何量检测基础、智能制造与机械精度设计的关系等内容。学生需要了解各小节的基本概念,本章的重点和难点是零部件的互换性与优先数系的选用。

课前问题

(1) 互换性的分类及各互换性种类之间的区别是什么?
(2) 阐述产品几何技术规范(GPS)的概念及在产品精度设计过程中的作用。

国家标准

《产品几何技术规范(GPS) 基于数字化模型的测量通用要求》(GB/T 38368—2019);

《标准化工作指南 第1部分:标准化和相关活动的通用术语》(GB/T 20000.1—2014);

《产品几何技术规范(GPS) 矩阵模型》(GB/T 20308—2020);

《产品几何技术规范(GPS) 基础 概念、原则和规则》(GB/T 4249—2018);

《优先数和优先数系》(GB/T 321—2005);

《优先数和优先数系的应用指南》(GB/T 19763—2005);

《优先数和优先数化整值系列的选用指南》(GB/T 19764—2005);

《标准尺寸》(GB/T 2822—2005);

《产品几何量技术规范(GPS) 产品几何量技术规范和检验的标准参考温度》(GB/T 19765—2005);

《几何量技术规范(GPS) 长度标准 量块》(GB/T 6093—2001);

《产品几何技术规范(GPS) 光滑工件尺寸的检验》(GB/T 3177—2009);

《量块》(JJG 146—2011);

《光滑极限量规 技术条件》(GB/T 1957—2006);

《功能量规》(GB/T 8069—1998)。

1.1 机械精度设计概述

1.1.1 概述

机械设计过程通常可以分为系统设计、参数设计和精度设计三个阶段。

系统设计是确定机械的基本工作原理和总体布局,以保证总体方案的合理性与先进性。机械系统设计主要是运动学设计,如传动系统、位移、速度、加速度等,故又称为运动设计。

机械精度
设计概述

参数设计是确定机构各零件几何要素的公称值,故又称结构设计。参数设计的主要依据是保证系统的能量转换和工作寿命。通常按照静力学与动力学的原理,采用优化、有限元等方法进行计算,并按摩擦学和概率理论进行可靠性设计。

在加工零件的过程中,由于种种因素的影响,零件各部分的尺寸、形状、方向和位置以及表面粗糙度等几何量难以达到理想状态,总是有或大或小的误差。而从零件的功能看,不必要求零件几何量制造得绝对准确,只要求零件几何量在某一规定范围内变动,保证同一规格零件彼此充分近似,这个允许变动的范围叫作公差。设计时要规定公差,而加工时会产生误差,因此,要使零件具有互换性,就应把完工零件的误差控制在规定的公差范围内。

精度设计是确定机械各零件几何要素的允许误差,也称公差设计。精度设计的主要依据是对机械的静态和动态精度要求。在满足功能要求的前提下,公差应尽量规定得大一些,以获得最佳的技术经济效益。因此,精度设计是机械设计不可分割的重要组成部分。

机械产品的精度设计是极其重要的,因为没有足够的几何精度,航天飞机上不了天,远程导弹不能击中预定的目标,钟表不能准确地计时,机床不能加工出合格产品,汽车不会有舒适性和安全性。机械产品的报废往往就是因为其精度的丧失,机械产品的周期性检修实质上就是其精度的检定和修复。因此,没有足够的几何精度,机械产品就失去了使用价值。进入 20 世纪以来,随着机械产品的功能要求和制造-检测技术水平的不断提高,几何精度已经逐渐成为一门独立的技术学科,并越来越受到工程科学与技术界有识之士的高度重视。

精度设计对机械产品各零部件的几何量分别规定了合理的公差,若不采取适当的检测措施,规定的这些公差将形同虚设,因此,应按照标准和技术要求进行检测,不合格者不予接收,这样方能保证零部件的互换性。检测是检验和测量的统称,测量的结果能够获得具体的数值;检验的结果只能判断合格与否,而不能获得具体的数值。显然,检测是组织互换性生产必不可少的重要措施。但是,在检测过程中不可避免地会产生或大或小的测量误差,这将导致两种误判:① 把不合格品误认为合格品而予以接收;② 把合格品误认为废品而予以报废。这要从保证产品质量和经济性两方面加以合理解决。

需要指出的是,检测的目的不仅仅在于判断工件是否合格,还有其积极的一面,就是根据检测的结果分析产生废品的原因,以便设法减少废品,进而消除废品。

生产和科学技术的发展对检测的准确度和效率提出了越来越高的要求。产品质量的提高有赖于检测准确度的提高,产品数量的增多在一定程度上还有赖于检测效率的提高。

几何量检测在我国具有悠久的历史,早在秦朝,我国已统一了度量衡制度。1959 年,国务院发布了《关于统一计量制度的命令》,正式确定采用国际米制作为我国的基本计量制度。1977 年,国务院颁发了《中华人民共和国计量管理条例(试行)》,健全了各级计量机构和长度量值传递系统,保证了全国计量单位的统一,促进了产品质量的提高。1984 年,国务院发布了《关于在我国统一实行法定计量单位的命令》,在全国范围内统一实行以国际单位制为基础的法定计量单位。1985 年,第六届全国人民代表大会常务委员会通过了《中华人民共和国计量法》,使我国国家计量单位制度更加统一,从而更好地促进了我国社会主义现代化建设和科学技术的发展。

在建立和加强我国计量制度的同时,我国的计量器具也有了较大的发展,现在已拥有一批骨干量仪厂,生产了许多品种的量仪,如万能工具显微镜、万能渐开线检查仪等。此外,还研制成一些达到世界先进水平的量仪,如激光光电比长仪、激光丝杠动态检查仪、光栅式齿轮整体误差测量仪、无导轨大长度测量仪等。

1.1.2 互换性及其种类

在机械工业中,互换性是产品设计最基本的原则之一。互换性是指在同一规格的一批零部件中具有互相代换的性能。也就是说,按同一规格产品图样要求,在不同时空条件下制造出来的一批零部件,在总装时,任取一个合格品都能完好地装在机器上,并能达到预期的使用功能要求。这样的零部件就称为具有互换性的零部件。例如,机器或仪器上掉了一个螺钉,按相同的规格买一个装上就行;电灯坏了,买一个相同规格的安上即可;自行车、缝纫机、手表乃至汽车、拖拉机中某个机件磨损了,换上一个新的就行。上述这些零件或部件就具有互换性。

互换性可以按以下形式进行分类:

(1) 按互换的程度或范围,分为完全互换与不完全互换。若零件在装配或更换时,不需任何选择、修配与辅助加工,则为完全互换。但当装配精度要求较高时,采用完全互换将使零件制造困难、成本很高,甚至无法加工。这时,可将零件的制造公差适当放大后进行加工,而在零件完工后,经测量按实际尺寸的大小分为若干组,使每组零件间实际尺寸的差别减小,再按相应组进行装配(即大孔与大轴相配、小孔与小轴相配),这样既可保证装配精度要求,又能使加工难度减小而降低制造成本。但这种互换仅可以在同组内的零件之间进行,故称为不完全互换。

(2) 按使用要求,分为几何参数互换与功能互换。几何参数互换是通过规定几何参数的公差保证成品的几何参数充分近似的互换,又称为狭义互换。保证零件使用功能的要求,不仅仅取决于几何参数的一致性,还取决于它们物理性能、化学性能、力学性能等参数的一致性。通过规定功能参数(如材料力学性能、理化性能等参数)的公差所达到的互换称为功能互换,又称为广义互换。本课程主要研究零件几何参数的互换性。

(3) 按应用场合,分为外互换与内互换。外互换是指部件或机构与其相配件间的互换性。例如,滚动轴承内圈内径与轴的配合,外圈外径与机座孔的配合。内互换是指在厂家内部生产的部件或机构内部组成零件间的互换。例如,滚动轴承内、外圈滚道与滚动体之间的装配。为使用方便起见,一般内互换采用不完全互换,且局限在厂家内部进行;而外互换采用完全互换,适用于生产厂家之外广泛的范围。

遵循互换性原则不仅能大大提高产品质量和劳动生产率,而且能促进技术进步,显著提高经济效益和社会效益。其主要表现有以下几个方面:

(1) 在产品设计时,尽量多地采用具有互换性的标准零部件,将大大简化绘图、计算等设计工作量,也便于采用计算机辅助设计,缩短设计周期。

(2) 在制造时,同一台设备的各个零部件可以分散在多个工厂同时加工。这样,每个工厂由于产品单一、批量较大,有利于采用高效率的专用设备或采用计算机辅助制造,容易实现优质、高产、低耗,生产周期也会显著缩短。

(3) 产品装配时,其零部件具有互换性,使装配作业顺利,易于实现流水作业或自动化装配,从而缩短装配周期,提高装配作业质量。

(4) 在设备使用时,容易保证其运转的连续性和持久性,从而提高设备的使用价值。若机械设备上的零部件具有互换性,一旦某一零部件损坏,就可以方便地用另一个新备件替换,保证设备连续运转。

(5) 在机械设备的管理上,无论是技术和物资供应,还是计划管理,零部件具有互换性将便于实现科学化管理。

1.1.3　标准与标准化

为了保证机器零件几何参数的互换性,必须制定和执行统一的互换性公差标准。我国互换性公差标准包括:极限与配合、形状和位置公差、表面粗糙度以及各种典型的连接件和传动件的精度标准。这类标准是以保证一定的几何参数制造公差来保证零件的互换性和使用要求的,是机械制造中非常重要的技术基础标准。

1.1.3.1　标准及其分类

标准是指在经济、技术、科学和管理等社会实践中,对重复性的事物和概念在一定范围内通过科学简化、优选和协调,经一定程序审批后所颁发的统一规定。标准是特定形式的技术法规,是评定产品质量的技术依据。标准是标准化活动的成果,是实现互换性生产的前提。

标准种类繁多、数量巨大,可从不同的角度进行分类。按一般习惯,可把标准分为技术标准、管理标准和工作标准;按作用范围,可分为国际标准、区域标准、国家标准、专业标准、地方标准和企业标准;按标准在标准系统中的地位与作用,可分为基础标准和一般标准;按标准的法律属性,可分为强制性标准和推荐性标准。

强制性标准颁布后,凡从事科研、生产、经营的单位和个人,都必须严格执行。推荐性标准不具有法律约束力,但一经采用,或在合同中被引用,就应该严格执行并受合同法或有关经济法的约束。过去我国为适应计划经济的需要,实行单一的强制性标准。随着社会主义市场经济的发展,我国现已实行强制性和推荐性两种标准,这是标准化工作中的一项重要改革。至 2023 年,我国已按"积极采用国际标准和国际先进标准"的原则,发布 4.3 万项国家标准,其中有关几何精度的推荐性国家标准都是等同或等效采用了相应的国际标准(ISO),从而有利于国际合作与交流。本课程主要涉及 30 多个国家标准,它们大多是基础标准,且自 20世纪 90 年代以后颁布的这些国家标准多为推荐性标准。推荐性标准用标准代号"GB/T"表示。

1.1.3.2　标准化

为了组织专业化协作生产,各生产部门之间、各生产环节之间必须保持协调一致,保持必要的技术统一,成为一个有机的整体,有节奏地组织互换性生产。实现这种有机的统一和联系,是以标准化作为主要途径和手段的。标准化是实现互换性生产的基础,也是科学管理的重要组成部分,是组织现代化生产的重要手段,是发展贸易、提高产品在国际市场上竞争力的技术保证。现代化程度越高,对标准化的要求也越高。

根据 GB/T 20000.1—2014 的规定,"标准化"定义为:在一定的范围内获得最佳秩序,对实际的或潜在的问题制定共同的和重复使用的规则的活动。上述活动主要包括制定、发布及实施标准的过程。由"标准化"的定义可以看出:标准化不是一个孤立的概念,而是一个活动过程。这个过程包括循环往复地制定、贯彻、修订标准。在标准化的全部活动中,贯彻标准是核心环节,制定和修订标准是标准化最基本的任务。应该肯定的是,标准化在发展的深度上是没有止境的,它将随着生产的发展和社会的进步向更深的层次不断发展、提高和完善。

标准化在人类活动的很多方面都起着不可忽视的作用,是组织现代化大生产的重要手段,是实现专业化协作生产的必要前提,是科学管理的重要组成部分。由于标准化不仅可以简化产品品种、促进科学技术转化为生产力,而且在节约原材料、减少浪费、信息交流、消除贸易壁垒和提高产品质量等方面均能发挥重要作用,所以,它是整个社会经济合理化的技术基础,也是发展贸易、提高产品在国际市场上竞争力的技术保证。世界各国的经济发展过程表明,标准化是反映现代化水平的一个重要标志。

目前标准化已发展到一个新的历史阶段,其显著特点是标准的国际化。国际标准化组织(ISO)和国际电工委员会(IEC)编制的标准的数量迅速增加,质量显著提高。大部分国际标准都集中了许多国家的经验和现代科学技术的成就。为了便于进行国际贸易和国际间的技术交流,有些国家参照国际标准制定本国的国家标准,有些国家甚至完全采用国际标准而不制定本国标准。我国为能迅速赶上和超过世界先进水平,也提出了采用国际标准的三大原则:坚持与国际标准统一协调的原则,坚持结合我国国情的原则以及坚持高标准、严要求和促进技术进步的原则。

1.1.4 优先数系

各种产品的功能参数和几何参数都要用数值来表述,而产品参数的数值具有扩散传播性。例如,在设计变速箱时,当功率和转速的数值确定后,不仅会传播到其本身的轴、轴承、键、齿轮等一系列零部件的尺寸和材料特性参数上去,而且必然会传播到加工和检测这些零部件的刀具、夹具、量具以及专用机床的相应参数上去,也会传播到有关机器的参数上去。为了满足用户需要,产品规格当然多一些好。但规格参数间即使有很小的差别,经过反复扩散传播后,也会造成相关产品的规格参数繁多杂乱,给组织生产、协作配套以及使用维修等带来很大的困难和浪费。因此,对各种技术参数,必须从全局出发加以协调。

优先数系就是对各种技术参数的数值进行协调、简化和统一的一种科学的数值制度。《优先数和优先数系》(GB/T 321—2005)规定的优先数系是由公比为 $\sqrt[5]{10}$、$\sqrt[10]{10}$、$\sqrt[20]{10}$、$\sqrt[40]{10}$、$\sqrt[80]{10}$ 且项值中含有 10 的整数幂的等比数列导出的一组近似等比数列。根据公比的不同,各数列分别用 R5、R10、R20、R40 和 R80 表示,并相应称为 R5 系列、R10 系列、R20 系列、R40 系列和 R80 系列。R80 为补充系列,其余 4 种为基本系列。实际使用时,应按 R5、R10、R20、R40 的顺序优先选用。当基本系列不能满足要求时,才用补充系列 R80。各系列的公比 q 为:

$$R5: q_5 = \sqrt[5]{10} \approx 1.60; \quad R10: q_{10} = \sqrt[10]{10} \approx 1.25; \quad R20: q_{20} = \sqrt[20]{10} \approx 1.12;$$
$$R40: q_{40} = \sqrt[40]{10} \approx 1.06; \quad R80: q_{80} = \sqrt[80]{10} \approx 1.03$$

优先数系中的每一个数称为优先数。各基本系列中优先数的常用值见表1-1。

表 1-1　优先数基本系列

基本系列(常用值)				计算值	基本系列(常用值)				计算值
R5	R10	R20	R40		R5	R10	R20	R40	
1.00	1.00	1.00	1.00	1.000 0				3.35	3.349 7
			1.06	1.059 3			3.55	3.55	3.548 1
		1.12	1.12	1.122 0				3.75	3.758 4
			1.18	1.188 5	4.00	4.00	4.00	4.00	3.981 1
	1.25	1.25	1.25	1.258 9				4.25	4.217 0
			1.32	1.333 5			4.50	4.50	4.466 8
		1.40	1.40	1.412 5				4.75	4.731 5
			1.50	1.496 2		5.00	5.00	5.00	5.011 9
1.60	1.60	1.60	1.60	1.584 9				5.30	5.308 8
			1.70	1.678 8			5.60	5.60	5.623 4
		1.80	1.80	1.778 3				6.00	5.956 6
			1.90	1.883 5	6.30	6.30	6.30	6.30	6.309 6
	2.00	2.00	2.00	1.995 3				6.70	6.683 4
			2.12	2.113 5			7.10	7.10	7.079 5
		2.24	2.24	2.238 7				7.50	7.498 9
			2.36	2.371 4		8.00	8.00	8.00	7.943 3
2.50	2.50	2.50	2.50	2.511 9				8.50	8.541 4
			2.65	2.660 7			9.00	9.00	8.912 5
		2.80	2.80	2.818 4				9.50	9.440 6
			3.00	2.985 4	10.00	10.00	10.00	10.00	10.000 0
	3.15	3.15	3.15	3.162 3					

由表1-1可见,优先数系国家标准具有简单易记、可向数值增大和减小两个方向延伸的特点。而且在同一系列中,任两项优先数的积或商,任一项的整数幂,仍为优先数。特别是相邻两项优先数的相对差相同。此外,由于R10系列的公比 $q_{10} = \sqrt[10]{10} \approx \sqrt[3]{2}$,所以在R10系列中,每隔3项,优先数就增大一倍,如1,2,4,8,…。相应地,R20系列的优先数,每隔6项增大一倍。

在基本系列的基础上,还可以获得派生系列。派生系列是取其基本系列中每二、三或四项之值所得到的系列。派生系列用基本系列代号之后加一斜线和表示项数的数字(2,3,4,…)来表示。例如:

R5/2:1,2.5,6.3,16,40,100,…

R10/3:1,2,4,8,16,31.5,63,…

由于优先数的上述优点,现已被国际标准化组织采用为统一的标准数值制。

1.2 产品几何技术规范(GPS)

1.2.1 标准体系与 GPS 矩阵模型

2009 年 10 月,全国产品尺寸与几何技术规范标准化技术委员会(SAC/TC240)更名为全国产品几何技术规范标准化技术委员会,负责制定我国的国家标准。为了发展市场经济,减少技术性贸易壁垒,也为了提高中国产品的质量和技术水平,我国会适当采用国际标准和国外先进标准,经过分析研究后不同程度地转化为中国国家标准并贯彻实施,这个过程称为采标。等同、修改的采标的国家标准封面上必须明确注明与国际/国外标准的不同采用程度,非等效采用的中国国家标准不算采标,封面上不标注,但在前言中应说明。

机械行业广泛使用的标准是美国 ASME Y14 的 GD&T 系列标准(包括 4 个标准)、ISO 的 GPS&V 系列标准(包括 150 余种标准)和我国国家标准 GPS 系列标准(包括 100 余种标准),且三者之间有一定的差异。目前,我国最新的国家标准 GPS 系列标准与新一代的 ISO 系列标准非常相似,如我国的《产品几何技术规范(GPS) 矩阵模型》(GB/T 20308—2020)就等同采用了 ISO 14638:2015。

GPS(产品几何技术规范)是一套完整的技术标注体系,涉及产品开发、设计、制造、验收、使用以及维修、报废等整个生命全过程。GPS 标准分为三类标准:GPS 基础标准、GPS 通用标准和 GPS 补充标准。GPS 基础标准是适用于所有类别(几何特征类别和其他类别)和 GPS 矩阵中所有规则和原则的标准。它定义 GPS 矩阵模型是一个 9 行×7 列的矩阵,见表 1-2。其中,9 行分别为尺寸、距离、形状、方向、位置、跳动、轮廓表面结构、区域表面结构和表面缺陷等 9 个几何特征类别,它们均可以进一步细分为 7(A~G)列,即符号和标注、要素要求、要素特征、符合与不符合(一致性与差异性)、测量、测量设备和校准等 7 个标准链。例如,本部分所描述的《产品几何技术规范(GPS) 矩阵模型》(GB/T 20308—2020)、《产品几何技术规范(GPS) 基础 概念、原则和规则》(GB/T 4249—2018)都是 GPS 基础标准。

表 1-2　GPS 矩阵模型

链环		A	B	C	D	E	F	G
几何特征		符号和标注	要素要求	要素特征	符合与不符合	测量	测量设备	校准
1	尺寸							
2	距离							
3	形状							
4	方向							
5	位置							
6	跳动							
7	轮廓表面结构							
8	区域表面结构							
9	表面缺陷							

GPS 通用标准是适用于一个或多个几何特征类别和一个或多个链环的 GPS 标准,如下文将重点描述的《产品几何技术规范(GPS) 几何公差 形状、方向、位置和跳动公差标注》(GB/T 1182—2018)所涉及的相应几何特征。

GPS 补充标准是适用于特定制造工艺或特定机械元件的 GPS 标准,如本书后续章节将描述的螺纹、轴承等特定元件标准,另外还包括制造过程和加工单元两个非几何特征类别。

GPS 矩阵模型完整地描述了 100 多种 GPS 标准的体系结构,反映了从功能要求、规范设计、检测判定到测量校验的几何精度设计及测量的完整过程。

1.2.2 GPS 部分现行国家标准

目前,我国的产品几何技术规范(GPS)已形成了新一代的 GPS 标准体系,包含了从宏观到微观几何特征(尺寸、形状、位置等)的 100 多项技术标准,涉及产品开发、设计、制造、验收、使用以及维修、报废等整个生命全过程,是工程领域必须依据的规范,现已广泛应用于机械、电子、汽车、船舶和航空航天等行业。表 1-3 所列为部分现行国家标准。

表 1-3 部分现行国家标准

序号	标准编号	标准名称
1	GB/T 20000.1—2014	标准化工作指南 第 1 部分:标准化和相关活动的通用术语
2	GB/T 38368—2019	产品几何技术规范(GPS) 基于数字化模型的测量通用要求
3	GB/T 20308—2020	产品几何技术规范(GPS) 矩阵模型
4	GB/T 4249—2018	产品几何技术规范(GPS) 基础 概念、原则和规则
5	GB/T 321—2005	优先数和优先数系
6	GB/T 19763—2005	优先数和优先数系的应用指南
7	GB/T 19764—2005	优先数和优先数化整值系列的选用指南
8	GB/T 19765—2005	产品几何量技术规范(GPS) 产品几何量技术规范和检验的标准参考温度
9	GB/T 2822—2005	标准尺寸
10	GB/T 6093—2001	几何量技术规范(GPS) 长度标准 量块
11	GB/T 3177—2009	产品几何技术规范(GPS) 光滑工件尺寸的检验
12	JJG 146—2011	量块
13	GB/T 1957—2006	光滑极限量规 技术条件
14	GB/T 8069—1998	功能量规
15	GB/T 1800.1—2020	产品几何技术规范(GPS) 线性尺寸公差 ISO 代号体系 第 1 部分:公差、偏差和配合的基础
16	GB/T 1800.2—2020	产品几何技术规范(GPS) 线性尺寸公差 ISO 代号体系 第 2 部分:标准公差带代号和孔、轴的极限偏差表
17	GB/T 1804—2000	一般公差 未注公差的线性和角度尺寸的公差
18	GB/T 38762.1—2020	产品几何技术规范(GPS) 尺寸公差 第 1 部分:线性尺寸
19	GB/T 18780.1—2002	产品几何技术规范(GPS) 几何要素 第 1 部分:基本术语和定义
20	GB/T 18780.2—2003	产品几何量技术规范(GPS) 几何要素 第 2 部分:圆柱面和圆锥面的提取中心线、平行平面的提取中心面、提取要素的局部尺寸

表 1-3(续)

序号	标准编号	标准名称
21	GB/T 1182—2018	产品几何技术规范(GPS) 几何公差 形状、方向、位置和跳动公差标注
22	GB/T 1184—1996	形状和位置公差 未注公差值
23	GB/T 16671—2018	产品几何技术规范(GPS) 几何公差 最大实体要求(MMR)、最小实体要求(LMR)和可逆要求(RPR)
24	GB/T 17851—2022	产品几何技术规范(GPS) 几何公差 基准和基准体系
25	GB/T 17852—2018	产品几何技术规范(GPS) 几何公差 轮廓度公差标注
26	GB/T 1958—2017	产品几何技术规范(GPS) 几何公差 检测与验证
27	GB/T 13319—2020	产品几何技术规范(GPS) 几何公差 成组(要素)与组合几何规范
28	GB/T 3505—2009	产品几何技术规范(GPS) 表面结构 轮廓法 术语、定义及表面结构参数
29	GB/T 1031—2009	产品几何技术规范(GPS) 表面结构 轮廓法 表面粗糙度参数及其数值
30	GB/T 10610—2009	产品几何技术规范(GPS) 表面结构 轮廓法 评定表面结构的规则和方法
31	GB/T 6062—2009	产品几何技术规范(GPS) 表面结构 轮廓法 接触(触针)式仪器的标称特性
32	GB/T 131—2006	产品几何技术规范(GPS) 技术产品文件中表面结构的表示法
33	GB/T 1095—2003	平键 键槽的剖面尺寸
34	GB/T 1144—2001	矩形花键尺寸、公差与检验
35	GB/T 3478.1—2008	圆柱直齿渐开线花键(米制模数 齿测配合) 第1部分:总论
36	GB/T 193—2003	普通螺纹 直径与螺距系列
37	GB/T 14791—2013	螺纹 术语
38	GB/T 15756—2008	普通螺纹 极限尺寸
39	GB/T 3934—2003	普通螺纹量规 技术条件
40	GB/T 9144—2003	普通螺纹 优选系列
41	GB/T 196—2003	普通螺纹 基本尺寸
42	GB/T 197—2018	普通螺纹 公差
43	GB/T 2516—2003	普通螺纹 极限偏差
44	GB/T 10095.1—2008	圆柱齿轮 精度制 第1部分:轮齿同侧齿面偏差的定义和允许值
45	GB/T 10095.2—2008	圆柱齿轮 精度制 第2部分:径向综合偏差与径向跳动的定义和允许值
46	GB/Z 18620.1—2008	圆柱齿轮 检验实施规范 第1部分:轮齿同侧齿面的检验
47	GB/Z 18620.2—2008	圆柱齿轮 检验实施规范 第2部分:径向综合偏差、径向跳动、齿厚和侧隙的检验
48	GB/Z 18620.3—2008	圆柱齿轮 检验实施规范 第3部分:齿轮坯、轴中心距和轴线平行度的检验
49	GB/Z 18620.4—2008	圆柱齿轮 检验实施规范 第4部分:表面结构和轮齿接触斑点的检验
50	GB/T 11334—2005	产品几何量技术规范(GPS) 圆锥公差
51	GB/T 157—2001	产品几何量技术规范(GPS) 圆锥的锥度与锥角系列
52	GB/T 12360—2005	产品几何量技术规范(GPS) 圆锥配合
53	GB/T 15754—1995	技术制图 圆锥的尺寸和公差标注法
54	GB/T 5847—2004	尺寸链 计算方法

1.3 几何量检测基础

1.3.1 测量技术的基本概念

1.3.1.1 有关测量的基本概念

测量就是为确定被测对象量值而进行的实验过程,其实质就是将被测量与作为单位的标准进行比较,从而确定两者比值的过程。一个完整的测量过程应包含以下四个要素:

几何量检测
基础

(1)测量对象:本课程主要指几何量,即长度、角度、表面形状和位置、表面粗糙度以及螺纹、齿轮的各种几何参数等。

(2)测量单位:在长度计量中基本单位为米(m),其他常用单位有毫米(mm)、微米(μm);角度单位是弧度(rad),或以度(°)、分(′)、秒(″)为单位。

(3)测量方法:是指在进行测量时所采用的测量原理、计量器具与测量条件的综合。

(4)测量精度:是指测量结果与被测量真值一致的程度。任何测量总是存在误差的,因此任何测量结果都以一近似值表示。测量误差的大小反映测量精度的高低,不知道测量精度的测量结果是不完整的。

1.3.1.2 长度基准和尺寸传递

长度单位"米"是国际单位制的七个基本单位之一。1983 年,第十七届国际计量大会通过的"米"的定义为:米是光在真空中在 $\frac{1}{299\ 792\ 458}$ s 的时间间隔内所经过的距离。近年来,由于激光频率稳定技术和频率测量技术取得了重大进展,故采用激光波长作为长度基准,它具有很好的稳定性和复现性。

用光波波长作为长度基准不便于在生产中直接使用,必须把复现的长度基准量值逐级准确地传递到生产中所使用的各种测量器具直至工件上去,即建立量值传递系统,如图 1-1所示。长度量值的传递有两种基准实物体:刻线线纹尺和端面量具(量块)。在机械制造中以量块的应用更为广泛。

1.3.1.3 量块的基本知识

量块又称块规,是由两个相互平行的测量面之间的距离来确定其工作长度的高精度量具,在计量部门和机械制造中应用较广。它除了作为量值传递的媒介外,还可用于计量器具、夹具的调整以及工件的测量和检验。

量块是用特殊合金钢制成的,其线膨胀系数小、性能稳定、不易变形且耐磨性好。它的形状为长方六面体结构,六个平面中有两个相互平行的测量面,测量面极为光滑平整,两测量面之间具有精确的尺寸。两个量块的测量面或一个量块的测量面与一个玻璃(或石英)平面的测量面之间具有相互研合的能力,称为量块测量面的研合性。

如图 1-2所示,件 1 为量块,件 2 为与量块相研合的辅助体(平台等),所标各种符号为与量块有关的长度和偏差。

有关量块长度和偏差的术语如下:

(1)量块(测量面上任意点)长度

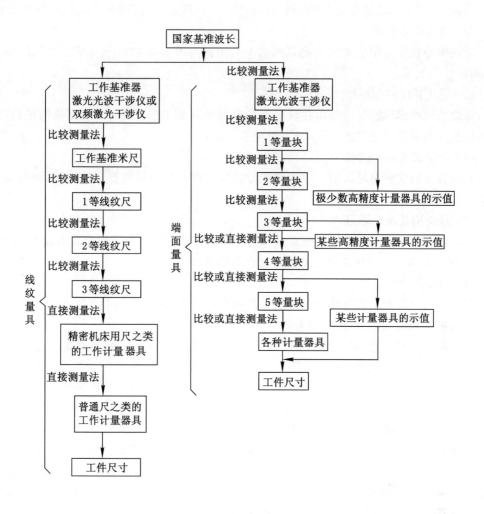

图 1-1　长度量值传递系统

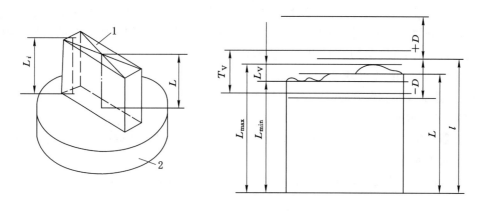

1—量块；2—平台。

图 1-2　量块及有关量块长度和偏差的术语

量块长度是指自测量面上任意点到与其相对的另一测量面之间的垂直距离,用符号 L_i 表示。

（2）量块中心长度

量块中心长度是指量块一个测量面的中心点到与其相对的另一测量面之间的垂直距离,用符号 L 表示。

（3）量块长度的标称值

量块长度的标称值是指刻印在量块上用以标明其与主单位(m)之间比值的量值,也称为量块长度的示值或量块的标称尺寸,用符号 l 表示。

（4）量块长度的实测值

量块长度的实测值是指用一定的方法对量块长度进行测量所得到的量值,如量块中心长度的实测值 L。

（5）量块的长度变动量

量块的长度变动量是指量块任意点长度中的最大长度 L_{max} 与最小长度 L_{min} 之差的绝对值,用符号 L_v 表示。量块长度变动量的允许值用符号 T_v 表示。

（6）量块的长度偏差

量块的长度偏差是指量块的实测值与其标称值之差,简称为偏差。图 1-2 中的 $-D$ 和 $+D$ 为这一偏差的允许值(极限偏差)。

为了满足不同应用场合的需要,我国的标准对量块规定了若干精度等级。

按国家计量检定规程《量块》(JJG 146—2011)的规定,量块的制造精度分为五级:K、0、1、2、3 级,其中 K 级精度最高,3 级精度最低。量块分"级"的主要依据是量块长度极限偏差(±D)和量块长度变动量的允许值 T_v。量块的检定精度分为五等:1、2、3、4、5 等,其中 1 等的精度最高,5 等的精度最低。量块分"等"的主要依据是量块测量的不确定度允许值和量块长度变动量的允许值 T_v。量块按"级"使用时,应以量块长度的标称值作为工作尺寸,该尺寸包含了量块的制造误差。量块按"等"使用时,应以经检定后所给出的量块中心长度的实测值作为工作尺寸,该尺寸排除了量块制造误差的影响,仅包含检定时较小的测量误差。因此,量块按"等"使用的测量精度比量块按"级"使用的高。

利用量块的研合性,可以在一定的尺寸范围内,将不同尺寸的量块进行组合而形成所需的工作尺寸。量块组合时,为了减少量块组合的累积误差,应力求使用最少的块数,一般不超过 4 块。例如,为了得到工作尺寸为 38.785 mm 的量块组,从 83 块一套的量块(我国生产的成套量块有 91 块、83 块、46 块、38 块等)中可采用"消尾法"分别选取 1.005 mm、1.28 mm、6.5 mm、30 mm 等 4 块量块。

1.3.2 计量器具和测量方法

1.3.2.1 计量器具的分类

计量器具按其本身的结构特点可分为标准量具、极限量具、计量仪器和计量装置四类。

（1）标准量具

它是以固定形式复现量值的测量工具,包括单值量具(如量块)和多值量具(如线纹尺)两类。

（2）极限量规

它是一种没有刻度的专用检验工具,用这种工具不能得到被检验工件的具体尺寸,但能确定被检验工件是否合格,如光滑极限量规、螺纹量规等。

（3）计量仪器

它是将被测量转换成可直接观察的示值或等效信息的计量器具。按信号转换原理可分为以下几种：

① 机械量仪，如百分表、杠杆比较仪、内径百分表等。

② 电动量仪，如电感测微仪、电动轮廓仪等。

③ 光学量仪，如工具显微镜、光学分度头、投影仪、干涉仪等。

④ 气动量仪，如水柱式气动量仪、浮标式气动量仪等。

（4）计量装置

它是指为确定被测量值所必需的计量器具和辅助设备的总体。

1.3.2.2 计量器具的技术性能指标

（1）刻度间隔

它指计量器具标尺或刻度盘上相邻两刻线中心的距离，一般取 0.75～2.5 mm。

（2）分度值

它指标尺或刻度盘上相邻两刻线所代表的量值，即一个刻度间隔所代表的被测量的量值。由于分度值表示计量器具所能读出的被测量值的最小单位，所以一般分度值越小，计量器具的精度越高。长度计量器具的分度值一般有 0.1 mm、0.05 mm、0.02 mm、0.01 mm、0.005 mm、0.002 mm、0.001 mm。

（3）示值范围

示值范围是指计量器具标尺的指示范围，即计量器具所能显示或指示的最低值到最高值的范围。

（4）测量范围

测量范围指计量器具在允许的误差限内所能测量的被测量值的范围。

（5）灵敏度

灵敏度是指计量器具对被测量变化的反应能力。对于一般的长度计量器具，灵敏度又称放大比。对于具有等分刻度的标尺或度盘的量仪，灵敏度 K 等于刻度间距 c 与分度值 i 之比，即 $K = c/i$。一般分度值越小，计量器具的灵敏度就越高。

（6）示值误差

示值误差是指计量器具上的示值与被测几何量的真值的代数差。一般来说，示值误差越小，计量器具的精度就越高。

（7）测量不确定度

测量不确定度是指对由于测量误差的存在而使测量结果不能肯定的程度，是一项评定测量质量的重要指标。

1.3.2.3 测量方法与分类

测量方法是指测量时所采用的测量原理、计量器具和测量条件的综合，它可以从不同的角度进行分类。

（1）按获得测量结果的方法分类

按获得测量结果的方法分为直接测量和间接测量。

① 直接测量：指无须将被测量与其他量进行函数关系的辅助计算，而直接得到被测量值的测量。例如，用游标卡尺、外径千分尺测量轴径的大小。

② 间接测量:直接测量的量与被测的量之间有已知函数关系,从而得到被测量值的测量。例如,用弓高弦长法测量圆弧的半径值,为了得到半径 R 的量值,只要测得弓高 h 和弦长 b 的量值,然后按公式 $R=\dfrac{b^2}{8h}+\dfrac{h}{2}$ 计算即可。

直接测量过程简单,其测量精度只与这一测量过程有关,而间接测量的精度不仅取决于实测几何量的测量精度,还与所依据的计算公式和计算的精度有关。

(2) 按计量器具示值方式分类

按计量器具示值方式分为绝对测量和相对测量。

① 绝对测量:指计量器具显示或指示的示值即是被测几何量的量值。例如,用游标卡尺、外径千分尺测量轴径的大小。

② 相对测量(比较测量):指计量器具显示或指示出被测几何量相对于已知标准量的偏差。被测几何量的量值为已知标准量与该偏差值的代数和。如图 1-3 所示,用机械比较仪测量轴径,测量时先用量块调整示值零位,该比较仪指示出的示值为被测轴径相对于量块尺寸的偏差。

一般来说,相对测量的测量精度比绝对测量的高。

(3) 按计量器具是否接触被测零件分类

按计量器具的测量元件与被测零件表面之间是否有机械接触分为接触测量和非接触测量。

① 接触测量:指计量器具的测量元件与被测零件表面有机械接触并有测量力存在的测量。接触测量会造成测头与被测零件的磨损和变形,从而引起测量误差,所以要控制测量力的大小和变化。

② 非接触测量:指计量器具的测量元件与被测零件表面没有机械接触的测量。例如,光学影像法测量、光学干涉法测量、气动量仪测量孔径、磁力测厚等。因无测量力的存在,故非接触测量适用于薄壁和材料较软的零件的测量。

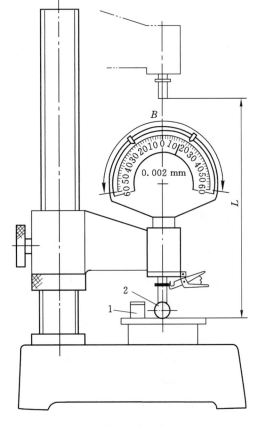

1—量块;2—被测工件。

图 1-3　机械比较仪测量轴径

(4) 按工件上同时被测参数的多少分类

按工件上同时被测参数的多少分为单项测量和综合测量。

① 单项测量:分别对工件上的每个参数进行独立测量的一种测量方法。例如,在小型工具显微镜上用投影法分别测量螺纹中径、螺距和牙型半角。

② 综合测量:指同时测量工件上几个相关几何量的综合指标,或将有关参数折合为一

机械精度设计与检测

个主参数或综合误差进行测量的一种测量方法,如用螺纹量规检验螺纹零件。

(5) 按测量条件是否变化分类

按测量条件在整个测量过程中是否发生变化分为等精度测量和不等精度测量。

① 等精度测量:指决定测量精度的全部因素或条件都不变的测量。例如,由同一人员,使用同一台仪器,在同样的条件下,以同样的方法和测量次数,同样仔细地进行同一个量的测量。

② 不等精度测量:指在测量过程中决定测量精度的全部因素或条件可能完全改变或部分改变的测量。

一般情况下都采用等精度测量。不等精度测量数据处理比较麻烦,只应用于重要科研实验中的高精度测量。

(6) 按所起作用分类

按测量在工艺过程中所起的作用分为主动测量和被动测量。

① 主动测量:也称在线测量,指在零件加工过程中进行的测量。其测量信息可以反馈,从而控制加工过程,及时防止废品的产生。

② 被动测量:指零件加工一道工序或所有工序完成以后所进行的测量。其测量结果只能用于发现和剔除废品。

1.3.3 测量误差

1.3.3.1 误差及其产生的原因

(1) 测量误差及其表示方法

由于计量器具本身的误差以及测量方法和条件的限制,任何测量过程都不可避免地存在误差,即测量结果并非被测量的真实量值。

① 测量误差的含义

测量误差是测得值与被测量真值之间的差异在数值上的表现形式。一般来说,被测量的真值是不知道的。在实际测量时,常用约定真值、相对真值或不存在系统误差情况下的多次测量的算术平均值来代表真值。例如,使用量块检定千分尺,对于千分尺的示值来说,量块的实际尺寸就可视为真值。

② 测量误差的表示方法

测量误差可用绝对误差和相对误差表示。

a. 绝对误差 δ:指被测量的测得值 x 与其真值 x_0 之差,即 $\delta = x - x_0$。

b. 相对误差 ε:指绝对误差的绝对值与被测量真值之比。实际应用中,可用被测量的测得值代替真值进行估算。相对误差表示为:$\varepsilon = \dfrac{|x - x_0|}{x_0} = \dfrac{|\delta|}{x_0} \approx \dfrac{|\delta|}{x}$。

在长度计量中,相对误差应用较少,通常所说的测量误差一般是指绝对误差。

(2) 测量误差的来源

在实际工作中,为了提高测量精度、减小测量误差,有必要了解测量误差产生的原因和减小测量误差的途径。产生测量误差的因素很多,归纳起来主要有以下几个方面。

① 计量器具误差

计量器具误差是指计量器具本身所具有的误差,包括在计量器具的设计、制造、安装调试以及使用等阶段产生的各项误差。

a. 基准件误差：计量器具均有基准件，如刻线尺、分度盘、量块等，这些基准件不可避免地存在误差。例如，测长仪基准刻线尺的刻线误差、调整比较仪用的量块中心长度误差。显然，基准件误差将直接反映到测量结果中，且为计量器具误差的主要来源之一。因此，要提高测量精度，就要提高对基准件的精度要求，并对基准件的误差进行修正。

b. 原理误差：指计量器具工作原理与结构布置造成的测量误差。例如，在计量器具设计中，为简化结构，常用近似机构代替理论上所要求的机构而引起测量误差。又如，当计量器具的结构布置或测量零件尺寸时违背阿贝原则，就会引起阿贝误差。阿贝原则是指在设计计量器具或测量零件时，应将被测长度与基准长度安置在同一直线上的原则。因此，在使用类似不符合阿贝原则的计量器具时，应在测量过程中尽可能将被测长度靠近基准长度，以减小阿贝误差。图1-4所示为用游标卡尺测量轴径，由于轴径与读数刻线尺的基准长度不在一条直线上，所以不符合阿贝原则。图1-5所示为用千分尺测量轴径，被测件的尺寸线和千分尺的读数线在一条直线上，因此符合阿贝原则。

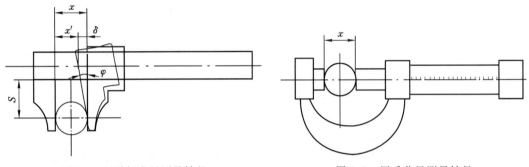

图1-4　用游标卡尺测量轴径　　　　　　图1-5　用千分尺测量轴径

c. 测量力引起的误差：测量力是指测量过程中被测表面承受的测量压力，测量力的存在必将引起被测零件和测量装置产生变形，从而引起测量误差。为了既保证接触可靠，又减小测量力引起的测量误差，多数计量器具都确定了合适的测量力的大小，并装有测量力的稳定装置。

d. 计量器具的制造与安装误差：计量器具是由许多零部件组成的，它们在制造和安装过程中均不可避免地存在误差，引起计量器具的误差，从而给测量过程带来测量误差。例如，导轨的直线度误差、分划板的刻线误差、安装偏心误差以及传动件的间隙等。

② 测量方法误差

测量方法误差是指测量方法不完善或被测件安装定位方式不当、位置不正等所引起的测量误差。例如，间接测量中采用近似计算、测量基准与工艺基准或设计基准不重合等。

③ 环境和人员误差

环境误差是指测量时的环境（如温度、湿度、振动、磁场、灰尘等因素）变化引起的误差。其中，温度是首先要考虑的因素。由于物体具有热胀冷缩的物理特性，因此被测件的尺寸在不同的温度条件下会有所不同，20 ℃是国内外规定的测量的标准温度。

人员误差是指测量者的主观因素（如技术熟练程度、工作疲劳程度、测量习惯、思想情绪等）所引起的测量误差。例如，测量者使用计量器具的方法不正确或操作不当等。

1.3.3.2　测量误差与测量精度的分类

（1）测量误差

测量误差按其性质和出现的规律可分为系统误差、随机误差和粗大误差等三类。

① 系统误差：是指在相同条件下，多次重复测量同一量值时，误差的大小和符号保持不变或按一定规律变化的误差。前者称为定值系统误差（如比较测量时量块的误差），后者称为变值系统误差（刻度盘安装偏心的误差即是按正弦规律变化的）。

② 随机误差：指在相同的测量条件下，多次测量同一量值时，误差的数值和符号与其测量的次序不存在确定的关系，但在各次测量误差的总体上服从正态分布，这样的测量误差属于随机误差。随机误差的分布服从统计规律。

③ 粗大误差：是指对测量结果产生明显歪曲的测量误差。含有粗大误差的测得值称为异常值，它的数值相对比较大或比较小。由于粗大误差明显歪曲测量结果，因此在处理测量数据时，应根据判别粗大误差的准则设法将其剔除。

（2）测量精度

测量精度是指测量结果与真值的接近程度。它与误差的大小相对应，测量误差越大，测量精度越低。为了反映系统误差与随机误差对测量结果的不同影响，测量精度可分为精密度、正确度和准确度等三类，其含义可形象地比喻成打靶，如图1-6所示。

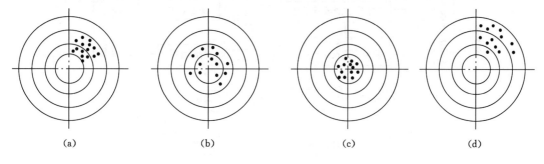

图 1-6　精密度、正确度和准确度

① 精密度：反映测量结果中随机误差的影响程度。它是指在一定测量条件下连续多次测量所得的测得值之间相互接近的程度。若随机误差小，则精密度高，如图1-6（a）所示。

② 正确度：反映测量结果中系统误差的影响程度。若系统误差小，则正确度高，如图1-6（b）所示。

③ 准确度：反映测量结果中系统误差和随机误差的综合影响程度。若系统误差和随机误差都小，则准确度高；反之，准确度低，如图1-6（c）、（d）所示。

1.4　智能制造与机械精度设计

1.4.1　智能制造与产品几何技术规范

为促进产品产业迈向中高端，建设制造强国、质量强国，国家质检总局、国家标准委、工信部联合印发《装备制造业标准化和质量提升规划》。目前，我国的产品几何技术规范已形成了新一代的 GPS 标准体系。GPS 提供了用于实现产品全生命周期数字化管理的统一标准，与质量管理标准 ISO 9000 系列、产品模型数据交换（STEP）等跨领域国际标准体系建立了紧密的联系,是基于大数据智能制造的基础标准。它避免了因设计、加工、测量与认证的标准不统一或不完整而导致产品设计工程师、制造工程师与测量检验工程师之间的纠纷或质疑。基于计量学,把设计与检验过程联系起来,并用不确定度的传递关系将产品的功能、规范、加工、控制、测量和认证集成于一体,从而解决测量方法不统一导致测量评估失控引起纠纷等问题。

为了满足互换性,数字化机械产品精度设计必须基于 GPS 开展,并通过营销、设计、制造和质检等多部门协同完成,不断循环反馈改进,具体流程如图 1-7 所示。

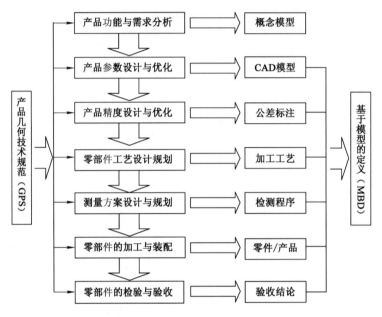

图 1-7　智能制造与产品几何技术规范流程关系图

(1) 根据市场调研、客户需求,基于企业制造和测量能力,对产品功能和控制需求分析与描述,进行产品概念设计。

(2) 根据性能要求,基于 CAD/CAE 进行产品基本结构、运动和强度设计与优化,决定各个零件的合理公称尺寸和材料,使其在工作时能承受规定的载荷,并建立相应的三维CAD 模型及其相关信息。

(3) 根据产品功能和控制需求,结合加工、装配、测量能力,按照互换性、经济性、匹配性和最优化原则,方便经济合理加工、装配及检测,进行几何精度的分析与计算。

① 根据功能和运动要求,确定各部分精度要求和配合部位的配合性质,确定各个零件上各处的尺寸及配合面结构要求。

② 确定方便稳定的设计、装夹、加工、测量的参考基准体系,根据功能要求以及测量方法确定形状、方向、位置等几何公差项目和表面结构等。

③ 根据制造过程控制要求,建立合理的几何尺寸和公差关系,用公差关系提高强度特性、可装配性和合格率。

④ 按照功能要求、成本要求、制造工艺以及公差链和统计公差计算选择公差,基于公差设计软件和 GPS 标准对三维 CAD 模型进行几何精度设计、计算、验证和优化。

⑤按 GPS 系列标准标注二维或三维 CAD 图样,提供几何尺寸公差、技术要求、注释、基准等,准确描述设计意图,并将表达需求的相应公差信息按 GPS 标准标注到 MBD 中,供各部门之间进行技术交流,为制造部门提供明确的指导,为质检部门测量的对偶性提供保证。

(4)基于计算机辅助工艺规划技术(CAPP)将公差信息转换为具体的工艺信息增添到 MBD 中,如选择合适的批量、加工方式、加工装置、刀具夹具、加工速度等。例如,机床精度要求、夹具可提供的定位精度和刀具可提供的加工精度等与工序技术要求相互适应,生产率要求与生产类型相互适应,主轴转速范围、走刀量及动力等应符合切削用量要求。

(5)根据图纸所表达的设计意图,基于 GPS 测量相关标准,进行测量方法的确定,根据批量、精度、效率、重复精度和成本效益选择合适的测量手段和方法,量具可选择通用量具、专用量规或数字化测量装置,建立测量程序和判定标准并标注到 MBD 中。

(6)基于计算机辅助制造(CAM)将来自 CAPP 的加工信息转为真正的加工制造并通过仿真发现问题反馈到前面的所有设计阶段,最后生产出成品,进行实际生产精度分布统计和分析,制造工艺设计人员根据产品质量、成本、效率,控制不同批量下的加工稳态过程能力指数、设备过程能力指数和初期过程能力指数,保证稳定的制造精度。

(7)按照测量程序使用量具对产品进行测量、误差评定,并将最终数据和传统实际模型或数字模型相比较,进行检验认证,以保证设计功能的实现和计量检定、校准及测量结果量值的可溯源性。对于产品合格性进行判断统计,并将上游所有过程回馈信息标注到 MBD 中。

另外,工业和信息化部等七部门印发了《智能检测装备产业发展行动计划(2023—2025年)》,这对加快制造业高端化、智能化、绿色化发展以及支撑制造强国、质量强国和数字中国建设具有重要意义。

由于整个过程信息的表达都遵循 GPS 标准,因此以上所有几何精度设计信息均可通过MBD 在产品生命周期里共享,并通过工业大数据和人工智能在智能制造过程中不断优化提升。

1.4.2　基于模型的定义(MBD)

MBD(Model Based Definition),即基于模型的定义,是一个用集成的三维实体模型来完整表达产品定义信息的方法,它详细规定了三维实体模型中产品尺寸、公差的标注规则和工艺信息的表达方法。MBD 改变了传统由三维实体模型来描述几何形状信息,而是用二维工程图纸来定义尺寸、公差和工艺信息。MBD 在 2003 年被美国机械工程师学会(American Society of Mechanical Engineers,ASME)批准为机械产品工程模型的定义标准,是以三维实体模型作为唯一制造依据的标准体。

MBD 技术要进行工程化的应用至少要包含 MBD 数据的完整性、MBD 模型的共享、面向制造的设计、设计与工艺的协同等内容。

(1)MBD 数据的完整性:三维实体模型在 MBD 技术中是作为唯一制造依据的标准载体,利用这个载体进行加工制造,首先要保证这个载体所负载信息的完整性,这些信息包括单位制、材料、公差标准、精度、参数完整性、三维标注完整性等。MBD 数据的完整性直接影响到后续加工制造的准确性,对整个 MBD 工程化应用至关重要。

(2)MBD 模型的共享:三维标注的实体模型作为唯一的设计数据指导生产和制造,其模型将在不同的部门之间实现共享和共用。这些模型的建模方法和建模规范是否标准直接影响到后续部门的模型重用。

（3）面向制造的设计：MBD技术关注的重点是设计和制造采用唯一的三维模型作为数据源。在传统的设计模式下，设计师的关注点都为三维模型的结构是否符合产品综合性能要求，如结构能否满足强度要求、重量要求等。所以在MBD工程化应用中，必须考虑三维模型的可制造性检查，并使设计师在设计阶段得到相应的改进意见。

（4）设计与工艺的协同：MBD的工程化应用还需要关注设计与工艺的协同，这样才能最大程度地提高协作效率。

MBD技术不仅使产品的设计方式发生了根本变化，而且它对企业管理及设计下游的活动（包括工艺规划、车间生产等）产生重大影响，引起了数字化制造技术的重大变革，真正开启了三维数字化制造时代。MBD工程化应用是MBD技术推广应用的重要阶段，它可以减少设计部门和生产制造部门之间的交流沟通成本，真正让三维标注模型满足全流程的使用，可以最大程度地提高产品研发生产的效率，缩短新产品上市时间，为企业创造更大的价值。

👉 知识拓展

三坐标测量机

三坐标测量机（Coordinate Measuring Machine，CMM），是能在三个相互垂直方向上精确测量工件长度的测量仪器。随着计算机技术的进步以及电子控制系统、检测技术的发展，其具备高精度、高效率和万能性的特点，可实现对工件的尺寸、形状和几何公差的精密检测，是测量和获得数据的最有效的工具

三坐标测量机

之一。三坐标测量机主要用于机械、汽车、航空、军工、家具、机器等中小型配件及模具等行业中的箱体、机架、齿轮、凸轮、蜗轮、蜗杆、叶片、曲线、曲面等的测量，还可用于电子、五金、塑胶等行业，可以对工件的尺寸、形状和形位公差进行精密测量，从而完成零件检测、外形测量、过程控制等任务。

👉 思考题与习题

1-1 何为互换性？互换性在机械制造业中的作用是什么？

1-2 完全互换与不完全互换有何区别？各用于何种场合？

1-3 什么是标准及标准化？标准化与互换性生产有何联系？标准与标准化的作用是什么？

1-4 试写出R10优先数系从1至100的全部优先数（常用值）。

1-5 说明下列术语的区别：示值范围与测量范围，直接测量与绝对测量，间接测量与相对测量。

第2章　尺寸精度设计与检测

机械精度设计通常包含尺寸精度、几何精度和表面粗糙度,其中尺寸精度是最基本的。就尺寸而言,要求零件某一尺寸准确,是指要求该尺寸在某一合理的范围之内。对有配合要求的零件,该范围既要保证配合尺寸之间形成一定的关系以满足不同的使用要求,又要保证在制造上经济合理。为此,我国发布了一系列与尺寸精度设计相关的国家标准。本章的重点是国家标准中关于标准公差和基本偏差的内容,难点是如何利用标准公差和基本偏差等内容进行零件尺寸精度的设计。

课前问题

(1) 如何查阅标准公差数值表和基本偏差数值表?

(2) 采用类比法进行零件尺寸精度设计时需要进行哪些方面的选择?

国家标准

《产品几何技术规范(GPS) 线性尺寸公差 ISO 代号体系 第1部分:公差、偏差和配合的基础》(GB/T 1800.1—2020);

《产品几何技术规范(GPS) 线性尺寸公差 ISO 代号体系 第2部分:标准公差带代号和孔、轴的极限偏差表》(GB/T 1800.2—2020);

《一般公差 未注公差的线性和角度尺寸的公差》(GB/T 1804—2000);

《产品几何技术规范(GPS) 尺寸公差 第1部分:线性尺寸》(GB/T 38762.1—2020);

《产品几何技术规范(GPS) 光滑工件尺寸的检验》(GB/T 3177—2009);

《光滑极限量规 技术条件》(GB/T 1957—2006)。

2.1　基本术语及其定义

2.1.1　尺寸、偏差和公差

孔通常是指工件的圆柱形内表面,也包括非圆柱形内表面(由两平行平面或切平面形成的包容面)。

轴通常是指工件的圆柱形外表面,也包括非圆柱形外表面(由两平行平面或切平面形成的被包容面)。

在机器或仪器中,最基本的装配关系是由一个零件的内表面包容另

孔轴尺寸精度
的术语和定义

23

一个零件的外表面所形成的。这里的孔与轴具有广泛的含义,不仅表示圆柱形的内、外表面,而且表示其他几何形状的内、外表面中由单一尺寸确定的部分。

如图 2-1 所示的各表面中,由 D_1、D_2、D_3、D_4 和 D_5 各单一尺寸所确定的部分称为孔,由 d_1、d_2、d_3 和 d_4 各单一尺寸所确定的部分称为轴。

如果两表面同向,不能形成包容与被包容状态,则该单一尺寸所确定的部分既不是孔也不是轴,如图 2-1 中由尺寸 L_1、L_2、L_3 所确定的部分。

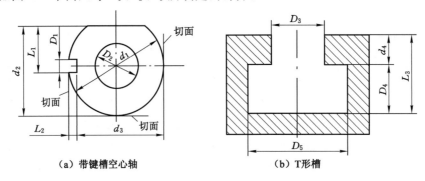

(a) 带键槽空心轴 　　　　　　　　(b) T形槽

图 2-1　孔、轴定义示意图

2.1.1.1　尺寸

尺寸通常分为两类:线性尺寸和角度。线性尺寸(简称尺寸)是指两点之间的距离,如直径、宽度、高度、深度、厚度及中心距等。

线性尺寸有以下几种:

(1) 公称尺寸:指设计给定的尺寸,它是根据零件的强度、刚度等要求计算并经圆整后确定的。一般采用标准尺寸,以减少定值刀具、量具的规格。用 D 和 d 表示孔和轴的基本尺寸。

(2) 极限尺寸:指允许尺寸变化的两个界限值。孔和轴的最大极限尺寸分别用 D_{max} 和 d_{max} 表示,最小极限尺寸分别用 D_{min} 和 d_{min} 表示。极限尺寸用于控制完工零件的实际尺寸。

(3) 实际尺寸:指通过测量得到的尺寸。由于零件表面存在形状误差,所以测量同一表面不同部位得到的实际尺寸不尽相同。由于存在测量误差,所以实际尺寸并非尺寸真值,而是近似真值的尺寸。一个孔或轴的任意横截面中的任何两相对点之间测得的尺寸称为局部实际尺寸。用 D_a 和 d_a 分别表示孔和轴的实际尺寸。公称尺寸和极限尺寸是设计时给定的,实际尺寸应限制在极限尺寸范围内,也可达到极限尺寸。孔或轴实际尺寸的合格条件分别为:$D_{min} \leqslant D_a \leqslant D_{max}$,$d_{min} \leqslant d_a \leqslant d_{max}$。

(4) 最大实体尺寸:实际要素(孔或轴)在给定长度上处处位于尺寸极限之内并具有实体最大(即材料最多)时的状态,称为最大实体状态(MMC)。实际要素(孔或轴)在最大实体状态下的极限尺寸称为最大实体尺寸(MMS)。最大实体尺寸对于外表面为最大极限尺寸,对于内表面为最小极限尺寸。孔和轴的最大实体尺寸分别用 D_M 和 d_M 表示。

(5) 最小实体尺寸:实际要素(孔或轴)在给定长度上处处位于尺寸极限之内并具有实体最小时的状态,称为最小实体状态(LMC)。实际要素(孔或轴)在最小实体状态下的极限尺寸称为最小实体尺寸(LMS)。最小实体尺寸对于外表面为最小极限尺寸,对于内表面为最大极限尺寸。孔和轴的最小实体尺寸分别用 D_L 和 d_L 表示。

（6）体外作用尺寸：在被测要素（孔或轴）的给定长度上与实际内表面体外相接的最大理想面或与实际外表面相接的最小理想面的直径或宽度，称为体外作用尺寸。内、外表面的体外作用尺寸分别用 D_{fe} 和 d_{fe} 表示。

单一要素的体外作用尺寸如图 2-2 所示。

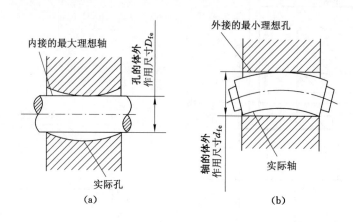

图 2-2　单一要素的体外作用尺寸

2.1.1.2　偏差

尺寸偏差简称偏差，是指某一尺寸（实际尺寸、极限尺寸等）减其公称尺寸所得的代数差。偏差包括实际偏差和极限偏差，极限偏差分为上偏差和下偏差。

最大极限尺寸减其公称尺寸的代数差称为上偏差，孔的上偏差用 ES 表示，轴的上偏差用 es 表示。最小极限尺寸减其公称尺寸的代数差称为下偏差，孔的下偏差用 EI 表示，轴的下偏差用 ei 表示。

实际尺寸减其公称尺寸的代数差称为实际偏差，孔的实际偏差用 E_a 表示，轴的实际偏差用 e_a 表示。

极限偏差和实际偏差用公式表示为：$ES = D_{max} - D$，$es = d_{max} - D$；$EI = D_{min} - D$，$ei = d_{min} - D$；$E_a = D_a - D$，$e_a = d_a - D$。

偏差值可以为正值、负值或零，极限偏差用于控制实际偏差，即：$EI \leqslant E_a \leqslant ES$，$ei \leqslant e_a \leqslant es$。

2.1.1.3　公差与公差带

（1）尺寸公差

尺寸公差简称公差，是指允许尺寸的变动量，等于最大极限尺寸与最小极限尺寸之差，也等于上偏差与下偏差的代数差。孔和轴的公差分别用 T_h 和 T_s 表示。

公差与极限尺寸、极限偏差的关系如下：

$$\begin{cases} T_h = D_{max} - D_{min} = ES - EI \\ T_s = d_{max} - d_{min} = es - ei \end{cases} \tag{2-1}$$

（2）公差带图及公差带

图 2-3 清晰、直观地表示出公称尺寸、极限偏差、公差以及孔与轴配合的关系，将其简化成如图 2-4 所示的公差带图。以公称尺寸为零线，零线以上的偏差为正偏差，零线以下的偏

差为负偏差。由代表上、下偏差的两条直线段形成的区域称为公差带,其宽度代表公差值,用适当比例画出。公差带沿零线方向的长度可适当选取,图中公称尺寸单位为 mm,偏差和公差的单位为 μm。

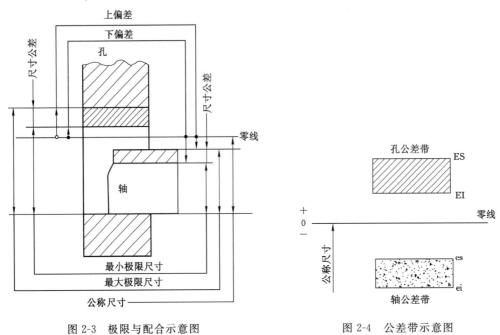

图 2-3　极限与配合示意图　　　　图 2-4　公差带示意图

公差带由公差值决定其大小或宽度,由极限偏差决定其在图中的位置。为了使公差带标准化,国家标准规定了标准公差和基本偏差。

标准公差是国家标准规定的公差值,使公差的大小标准化。基本偏差是国家标准规定的用于标准化公差带位置的上偏差或下偏差,一般是靠近零线的那个偏差。

2.1.2　配合与配合制

2.1.2.1　配合

配合是指公称尺寸相同、相互结合的孔和轴公差带之间的关系。组成配合的孔与轴的公差带位置不同,便形成不同的配合性质。

2.1.2.2　间隙或过盈

间隙或过盈是指在孔与轴的配合中孔的尺寸减去相配合的轴的尺寸所得的代数差值。该值为正时是间隙,用 X 表示;该值为负时是过盈,用 Y 表示。

配合与配合制

2.1.2.3　配合种类

根据孔、轴公差带之间的相互关系,配合分为以下三类:

(1) 间隙配合:具有间隙(包括最小间隙为零)的配合称为间隙配合。在这类配合中,孔的公差带在轴的公差带之上,如图 2-5 所示。

间隙配合中极限间隙与孔、轴的极限尺寸和极限偏差的关系如下:

最大间隙:　　　　　　$$X_{\max} = D_{\max} - d_{\min} = \text{ES} - \text{ei} \qquad (2\text{-}2)$$

最小间隙:　　　　　　$$X_{\min} = D_{\min} - d_{\max} = \text{EI} - \text{es} \qquad (2\text{-}3)$$

在实际设计中有时用到平均间隙,间隙配合中的平均间隙用符号 X_{av} 表示,即:

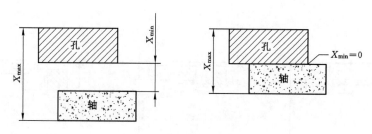

图 2-5　间隙配合示意图

$$X_{av} = (X_{max} + X_{min})/2 \qquad (2-4)$$

用式(2-2)减去式(2-3),得到间隙配合中间隙的允许变动量,即配合公差,用符号 T_f 表示:

$$T_f = X_{max} - X_{min} = T_h + T_s \qquad (2-5)$$

(2)过盈配合:具有过盈(包括最小过盈为零)的配合称为过盈配合。在这类配合中,孔的公差带在轴的公差带之下,如图 2-6 所示。

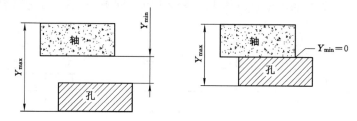

图 2-6　过盈配合示意图

过盈配合中极限过盈与孔、轴的极限尺寸和极限偏差的关系如下:

最小过盈:
$$Y_{min} = D_{max} - d_{min} = ES - ei \qquad (2-6)$$

最大过盈:
$$Y_{max} = D_{min} - d_{max} = EI - es \qquad (2-7)$$

在实际设计中有时用到平均过盈,过盈配合中的平均过盈用符号 Y_{av} 表示,即:

$$Y_{av} = (Y_{max} + Y_{min})/2 \qquad (2-8)$$

用式(2-6)减去式(2-7),得到过盈配合中过盈的允许变动量,即配合公差,用符号 T_f 表示:

$$T_f = Y_{min} - Y_{max} = T_h + T_s \qquad (2-9)$$

(3)过渡配合:可能具有间隙也可能具有过盈的配合称为过渡配合。在这类配合中,孔的公差带与轴的公差带相互交叠,如图 2-7 所示。

过渡配合中极限间隙(过盈)与孔、轴的极限尺寸和极限偏差的关系如下:

最大间隙:
$$X_{max} = D_{max} - d_{min} = ES - ei \qquad (2-10)$$

最大过盈:
$$Y_{max} = D_{min} - d_{max} = EI - es \qquad (2-11)$$

过渡配合中的平均间隙或过盈为:

$$X_{av} = (X_{max} + Y_{max})/2 \qquad (2-12)$$

用式(2-10)减去式(2-11),得到配合公差,即:

$$T_f = X_{max} - Y_{max} = T_h + T_s \qquad (2-13)$$

配合公差是指允许间隙或过盈的变动量。配合公差表示对配合精度的要求,控制间隙

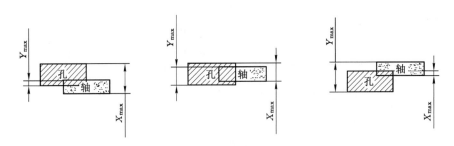

图 2-7　过渡配合示意图

或过盈变化范围、反映使用要求,是评定配合质量的一个重要指标。由式(2-5)、式(2-9)、式(2-13)可见,配合公差在数值上等于孔公差与轴公差之和,它反映了使用要求与制造要求的关系,也反映了配合精度与加工精度的关系。为提高装配精度,应减小零件的公差,提高零件的加工精度。设计时可根据配合精度的要求确定孔和轴的尺寸公差。

为了直观地表示相互结合的孔与轴的配合精度和配合性质,可用配合公差带来表示。如图 2-8 所示,零线表示间隙或过盈为零。零线上方为间隙,零线下方为过盈。

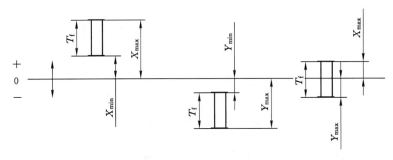

图 2-8　配合公差带

配合公差带完全在零线以上的配合是间隙配合,完全在零线以下的配合是过盈配合,跨在零线上、下的配合是过渡配合。

配合公差带两端的坐标值代表极限间隙或极限过盈的大小,两极限值之间区域的宽度为配合公差。

2.1.2.4　基准制

在机械产品中,有各种不同的配合要求,这就需要通过各种不同的孔、轴公差带来实现。为了设计和制造上的经济性,把其中孔公差带(或轴公差带)的位置固定而改变轴公差带(或孔公差带)的位置来实现所需要的各种配合,这种制度称为基准制。

GB/T 1800.1—2020 规定了两种基准制(基孔制和基轴制)来获得各种配合。

(1)基孔制:指基本偏差为一定的孔的公差带,与不同基本偏差的轴的公差带形成各种配合的一种制度,如图 2-9 所示。基孔制的孔为基准孔,它的基本偏差(下偏差)为零。

(2)基轴制:指基本偏差为一定的轴的公差带,与不同基本偏差的孔的公差带形成各种配合的一种制度,如图 2-10 所示。基轴制的轴为基准轴,它的基本偏差(上偏差)为零。

【例 2-1】　已知某一配合的公称尺寸为 $\phi 80$ mm,配合公差 $T_f = 49$ μm,最大间隙 $X_{max} = +19$ μm,孔的上偏差 ES$=30$ μm、公差 $T_h = 30$ μm,轴的下偏差 ei$=+11$ μm。试画出此配

合的孔、轴尺寸公差带图和配合公差带图,并说明基准制及配合类型。

解 由公式可得:

$$EI=ES-T_h=30-30=0$$

$$T_f=T_h+T_s=X_{max}-Y_{max}=49\ (\mu m)$$

$$T_s=T_f-T_h=49-30=19\ (\mu m)$$

$$es=ei+T_s=11+19=30\ (\mu m)$$

$$Y_{max}=X_{max}-T_f=19-49=-30\ (\mu m)$$

此配合的孔、轴尺寸公差带图和配合公差带图如图 2-11、图 2-12 所示。可见此配合为基孔制过渡配合。

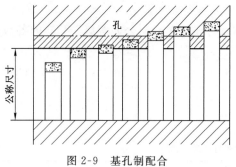

图 2-9 基孔制配合

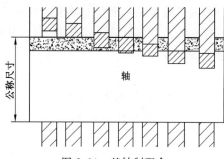

图 2-10 基轴制配合

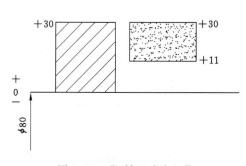

图 2-11 孔、轴尺寸公差带

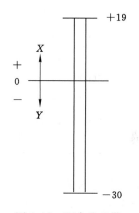

图 2-12 配合公差带

2.2 尺寸公差带与配合的标准化

机械产品中,基本尺寸不大于 500 mm 的尺寸段在生产中应用最广,该尺寸段称为常用尺寸。进行尺寸精度设计就是要合理确定组成机器的零部件的公差与配合,也就是说选择公差带的大小和公差带的位置。GB/T 1800.1—2020、GB/T 1800.2—2020 对公差带的这两个基本要素分别予以标准化,规定了标准公差系列和基本偏差系列。

2.2.1 标准公差系列

标准公差是国家标准规定的,用以确定公差带大小的任一公差值。标准公差的数值由标准公差等级和标准公差因子确定。

标准公差和
基本偏差

2.2.1.1 公差等级

国家标准将标准公差分为 20 个公差等级,用 IT 和阿拉伯数字表示,如 IT01,IT0,IT1,…,IT18,其中 IT01 最高,IT18 最低。在公称尺寸相同的前提下,公差等级越高,公差值越小,越难于加工;公差等级越低,公差值越大,越易于加工。

2.2.1.2 标准公差数值

标准公差数值由三部分构成:标准公差因子、公差等级系数和公称尺寸分段。其中,标准公差因子是制定标准公差数值表的基础。

标准公差数值计算公式见表 2-1。其中,基本尺寸≤500 mm、公差等级≥IT5 的各级标准公差按下式计算:

$$T = a \cdot i \tag{2-14}$$

式中 a——标准公差等级系数;

i——公差因子,μm。

表 2-1 标准公差数值的计算公式

标准公差等级	公式	标准公差等级	公式	标准公差等级	公式
IT01	$0.3+0.008D$	IT6	$10i$	IT13	$250i$
IT0	$0.5+0.012D$	IT7	$16i$	IT14	$400i$
IT1	$0.8+0.020D$	IT8	$25i$	IT15	$640i$
IT2	$(IT1)(IT5/IT1)^{1/4}$	IT9	$40i$	IT16	$1\,000i$
IT3	$(IT1)(IT5/IT1)^{2/4}$	IT10	$64i$	IT17	$1\,600i$
IT4	$(IT1)(IT5/IT1)^{3/4}$	IT11	$100i$	IT18	$2\,500i$
IT5	$7i$	IT12	$160i$	—	—

(1)标准公差因子

尺寸公差是用来控制尺寸误差的,通过大量生产实践和科学实验,发现机械零件的制造误差不仅与加工方法有关,而且与公称尺寸的大小有关。当尺寸较小时,是立方抛物线关系;当尺寸较大时,近似呈线性关系。又因为要考虑温度变化所产生的测量误差,故引入公差因子 i 的概念,它是计算标准公差的基本单位,是公称尺寸的函数,也是制定标准公差数值系列的基础。

在 IT5~IT18 范围内,对于公称尺寸 $D \leqslant 500$ mm 的常用尺寸段,公差因子 i 为:

$$i = 0.45\sqrt[3]{D} + 0.001D \tag{2-15}$$

标准公差因子计算公式中的第一项主要反映工件的加工误差;第二项用于补偿由于测量时温度不稳定和偏离基准温度所引起的与基本尺寸成正比的测量误差以及量规变形误差等。当基本尺寸很小时,第二项所占的比例很小。随着公称尺寸的增加,标准公差因子相应增大,与生产实际情况中误差变化的规律基本相同。

(2)公差等级系数

公称尺寸一定时,公差等级系数 a 是决定标准公差大小的唯一参数。a 的大小在一定程度上反映了加工的难易程度,所以说 a 是标准公差分级的依据。

由表 2-1 可见,IT5 级 $a=7$,从 IT6 开始,a 值为优先数系 R5 的优先数(公比为 1.6)。

(3) 尺寸分段

在进行精度设计时,标准公差数值并不直接计算,而是从公差表格中选取。公差表格按标准公差计算公式求出,然后加以修约。然而,不同的公称尺寸有相应的公差值,这样必然使表格非常庞大而不实用。为此,国家标准对公称尺寸进行了分段,将尺寸至 500 mm 范围内的公称尺寸分为 13 段,在同一尺寸段的尺寸用该尺寸段首、尾尺寸的几何平均值来计算公差,使一个公差段只规定有一个公差值,这样就使 i 得到大大简化。标准公差数值见表 2-2。

表 2-2　标准公差数值(摘自 GB/T 1800.1—2020)

公称尺寸 /mm	标准公差等级																	
	IT1	IT2	IT3	IT4	IT5	IT6	IT7	IT8	IT9	IT10	IT11	IT12	IT13	IT14	IT15	IT16	IT17	IT18
	μm											mm						
≤3	0.8	1.2	2	3	4	6	10	14	25	40	60	0.10	0.14	0.25	0.40	0.60	1.0	1.4
>3~6	1.0	1.5	2.5	4	5	8	12	18	30	48	75	0.12	0.18	0.30	0.48	0.75	1.2	1.8
>6~10	1.0	1.5	2.5	4	6	9	15	22	36	58	90	0.15	0.22	0.36	0.58	0.90	1.5	2.2
>10~18	1.2	2	3	5	8	11	18	27	43	70	110	0.18	0.27	0.43	0.70	1.10	1.8	2.7
>18~30	1.5	2.5	4	6	9	13	21	33	52	84	130	0.21	0.33	0.52	0.84	1.30	2.1	3.3
>30~50	1.5	2.5	4	7	11	16	25	39	62	100	160	0.25	0.39	0.62	1.00	1.60	2.5	3.9
>50~80	2	3	5	8	13	19	30	46	74	120	190	0.3	0.46	0.74	1.20	1.90	3.0	4.6
>80~120	2.5	4	6	10	15	22	35	54	87	140	220	0.35	0.54	0.87	1.40	2.20	3.5	5.4
>120~180	3.5	5	8	12	18	25	40	63	100	160	250	0.40	0.63	1.00	1.60	2.50	4.00	6.3
>180~250	4.5	7	10	14	20	29	46	72	115	185	290	0.46	0.72	1.15	1.85	2.90	4.6	7.2
>250~315	6	8	12	16	23	32	52	81	130	210	320	0.52	0.81	1.30	2.10	3.20	5.2	8.1
>315~400	7	9	13	18	25	36	57	89	140	230	360	0.57	0.89	1.40	2.30	3.60	5.7	8.9
>400~500	8	10	15	20	27	40	63	97	155	250	400	0.63	0.97	1.55	2.50	4.00	6.3	9.7
>500~630	9	11	16	22	32	44	70	110	175	280	440	0.70	1.10	1.75	2.80	4.40	7.0	11.0
>630~800	10	13	18	25	36	50	80	125	200	320	500	0.80	1.25	2.00	3.20	5.00	8.0	12.5
>800~1 000	11	15	21	28	40	56	90	140	230	360	560	0.90	1.40	2.30	3.60	5.60	9.0	14.0
>1 000~1 250	13	18	24	33	47	66	105	165	260	420	660	1.05	1.65	2.60	4.20	6.60	10.5	16.5
>1 250~1 600	15	21	29	39	55	78	125	195	310	500	780	1.25	1.95	3.10	5.00	7.80	12.5	19.5
>1 600~2 000	18	25	35	46	65	92	150	230	370	600	920	1.50	2.30	3.70	6.00	9.20	15.0	23.0
>2 000~2 500	22	30	41	55	78	110	175	280	440	700	1 100	1.75	2.80	4.40	7.00	11.00	17.5	28.0
>2 500~3 150	26	36	50	68	96	135	210	330	540	860	1 350	2.10	3.30	5.40	8.60	13.5	21.0	33.0

【例 2-2】 求公称尺寸为 65 mm 的 IT7 标准公差值。

解 由表 2-1 可知,IT7=16i,而 D=65 mm 属于"＞50～80 mm"尺寸段,该段的几何平均值为:

$$D_j = \sqrt{50 \times 80} \approx 63.25 \text{（mm）}$$

由式(2-15)有 $i = 0.45\sqrt[3]{63.25} + 0.001 \times 63.25 \approx 1.85$。因此,IT7=$16 \times 1.85 \approx 30$（$\mu$m）,与表 2-2 中数值相同,故实际应用时可直接查表。

2.2.2 基本偏差系列

基本偏差为 GB/T 1800.1—2020 中规定的用以确定公差带相对零线位置的那个极限偏差。它可以是上偏差或下偏差,一般指靠近零线的那个极限偏差。规定基本偏差系列的目的就是对公差带位置进行标准化。当孔或轴的标准公差和基本偏差确定后,就可以确定其另一极限偏差。

2.2.2.1 基本偏差代号

标准规定孔、轴各有 28 个基本偏差代号,孔的基本偏差代号用大写字母表示,轴的基本偏差代号用相应的小写字母表示,如图 2-13 所示。图中,28 个基本偏差代号有 21 个用单写字母表示,7 个用双写字母表示。前者从 26 个拉丁字母中去掉了 5 个易于与其他含义相混淆的字母,即 I、L、O、Q、W(i、l、o、q、w);后者是 CD、EF、FG、JS、ZA、ZB、ZC(cd、ef、fg、js、za、zb、zc)。JS,js 形成的公差带,在各个公差等级中完全对称于零线的两侧,其基本偏差可为上偏差(＋IT/2),也可为下偏差(−IT/2)。JS,js 将逐渐取代近似对称的基本偏差 J、j,目前在国标中孔仅保留了 J6、J7、J8,轴仅保留了 j5、j6、j7 和 j8。

图 2-13 中仅绘出了公差带的一端,而另一端未绘出,因为它随公差值的变化而变化。

基本偏差的布置特点如下:

(1) A～H 的基本偏差为下偏差 EI,J～ZC 的基本偏差为上偏差 ES;a～h 的基本偏差为上偏差 es,j～zc 的基本偏差为下偏差 ei。

(2) H 和 h 的基本偏差为 0,即 H 的 EI=0,h 的 es=0,故 H 代表基准孔,h 代表基准轴。

(3) 以 JS(js)为基本偏差组成的公差带完全对称于零线,其基本偏差为＋IT/2 或−IT/2;以 J(j)为基本偏差的公差带跨在零线上,呈不对称分布,它们的基本偏差不一定是靠近零线的那个偏差。

(4) K、M 和 N 的基本偏差为上偏差,k 的基本偏差为下偏差,但精度等级不同,其基本偏差数值不同,故同一代号在图中有两个位置,呈阶梯状。

2.2.2.2 各种基本偏差所形成配合的特征

(1) 间隙配合

a～h(或 A～H)等 11 种基本偏差与基准孔基本偏差 H(或基准轴基本偏差 h)形成间隙配合。其中,a 与 H(或 A 与 h)形成的配合间隙最大,此后间隙依次减小,基本偏差 h 与 H 形成的配合间隙最小,该配合的最小间隙为零。

(2) 过渡配合

js、j、k、m、n(或 JS、J、K、M、N)等 5 种基本偏差与基准孔基本偏差 H(或基准轴基本偏差 h)形成过渡配合。其中,js 与 H(或 JS 与 h)形成的配合较松,获得间隙的概率较大。此后,配合依次变紧,n 与 H(或 N 与 h)形成的配合较紧,获得过盈的概率较大。而标准公差等级很高的 n 与 H(或 N 与 h)形成的配合则为过盈配合。

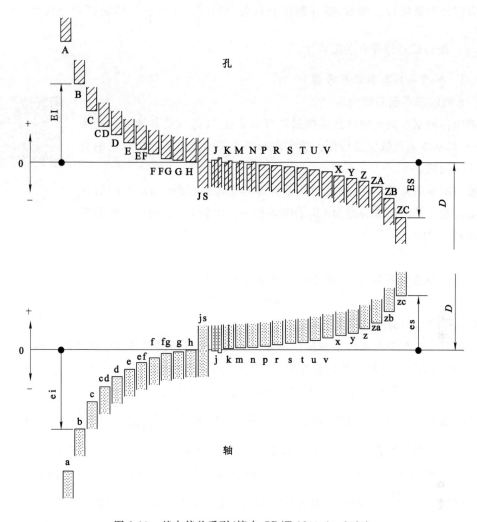

图 2-13　基本偏差系列(摘自 GB/T 1800.1—2020)

（3）过盈配合

p～zc(或 P～ZC)等 12 种基本偏差与基准孔基本偏差 H(或基准轴基本偏差 h)形成过盈配合。其中,p 与 H(或 P 与 h)形成的配合过盈最小,此后过盈依次增大,zc 与 H(或 ZC 与 h)形成的配合过盈最大。

2.2.2.3　孔、轴公差带代号及配合代号

（1）孔、轴公差带代号

把孔、轴基本偏差代号和标准公差等级代号中的阿拉伯数字组合,就构成孔、轴公差带代号。例如,孔公差带代号 H7、F8,轴公差带代号 h7、f6。公差带代号标注在零件图上,如 $\phi 50H7^{+0.025}_{\ \ 0}$、$\phi 50f6^{-0.025}_{-0.041}$。

（2）孔、轴配合代号

将孔和轴的公差带进行组合就构成孔、轴配合代号,用分数表示,分子为孔公差带代号,

分母为轴公差带代号。例如,基孔制配合代号 $\phi50\dfrac{\text{H7}}{\text{g6}}$、$\phi50\dfrac{\text{H7}}{\text{h6}}$,基轴制配合代号 $\phi50\dfrac{\text{G7}}{\text{h6}}$、$\phi50\dfrac{\text{H7}}{\text{h6}}$。配合代号标注在装配图上。

2.2.2.4 轴与孔的基本偏差的确定

（1）轴的基本偏差的确定

基本偏差数值的确定

轴的各种基本偏差的数据是根据轴与基准孔 H 组成的各种配合要求制定的,其基本偏差数值是根据大量实践和科学实验经统计分析总结的公式计算得到的。

轴的基本偏差确定后,在已知公差等级的情况下,即可确定轴的另一个极限偏差。轴的标准公差为 IT,若基本偏差为上偏差 es,则另一极限偏差下偏差 ei 为:

$$ei = es - IT$$

若基本偏差为下偏差 ei,则另一极限偏差上偏差 es 为:

$$es = ei + IT$$

（2）孔的基本偏差的确定

孔的基本偏差是由轴的基本偏差换算得到的。换算的前提是基于有关国家标准的两条原则:一是标准的基孔制与基轴制配合中,应保证孔和轴的"工艺等价",即孔、轴加工难度相当。当孔的公差等级低于 IT8 级时,应与相同公差等级的轴相配合;孔的公差等级高于或等于 IT8 级时,应比相配合的轴的公差等级低 1 级,如 $\dfrac{\text{H9}}{\text{d9}}$ 与 $\dfrac{\text{D9}}{\text{h9}}$ 或 $\dfrac{\text{H7}}{\text{f6}}$ 与 $\dfrac{\text{F7}}{\text{h6}}$。二是无论是基孔制还是基轴制的配合中,只要对应的孔与轴的基本偏差代号相当,如孔的 F 对应轴的 f,孔的 P 对应轴的 p,基孔制形成的配合与基轴制形成的配合就应相同,即所谓同名配合性质相同。例如,$\dfrac{\text{F7}}{\text{h6}}$ 和 $\dfrac{\text{H7}}{\text{f6}}$ 配合相同,两者的极限间隙是相同的,故称为"同名配合"。

根据上述前提,孔的基本偏差按以下两种规则换算:

① 通用规则。孔的基本偏差与对应的轴的基本偏差的绝对值相等而符号相反,即:

$$\begin{cases} EI = -\,es \\ ES = -\,ei \end{cases} \tag{2-16}$$

该规则适用于以下情况:

a. 对于 A～H,因其基本偏差（EI）和对应轴的基本偏差（es）的绝对值都等于最小间隙的绝对值,故不论孔、轴是否采用同级配合,均适用此原则。

b. 对于 K～ZC,因标准公差低于 IT8 的 K、M、N 和 IT7 的 P～ZC,故一般孔、轴采用同级配合,适用此原则。

② 特殊规则。孔、轴基本偏差的符号相反,而绝对值相差一个 Δ 值,即:

$$ES = -\,ei + \Delta \tag{2-17}$$

式中 $\Delta = \text{IT}n - \text{IT}(n-1)$,$\text{IT}n$ 和 $\text{IT}(n-1)$ 分别为某一级和比它高一级的标准公差。

该规则适用于基本尺寸至 500 mm,标准公差高于或等于 IT8 的 J、K、M、N 及标准公差高于或等于 IT7 的 P～ZC。此时为满足"工艺等价"，一般配合采用孔的公差等级比轴的公差等级低 1 级。为满足配合性质相同的要求，ES 与 ei 的绝对值相差一个 Δ 值。

根据上述公式和原则计算编制出轴与孔的基本偏差见表 2-3、表 2-4，精度设计时可直接使用。

【例 2-3】 查表确定 $\phi50\dfrac{H8}{g7}$ 和 $\phi50\dfrac{G8}{h7}$ 的孔、轴极限偏差，计算两个配合的极限间隙。

解 ① 确定孔、轴极限偏差

由表 2-2 查得，基本尺寸 $\phi50$ mm 的 IT8＝39 μm，IT7＝25 μm。

基准孔 $\phi50H8$ 的 EI＝0，ES＝EI+IT8＝0+39＝+39（μm）。

基准轴 $\phi50h7$ 的 es＝0，ei＝es-IT7＝0-25＝-25（μm）。

查表 2-3 得 g 的上偏差 es＝-9 μm，查表 2-4 得 G 的下偏差 EI＝+9 μm。所以，g7 的下偏差 ei＝es-IT7＝-9-25＝-34（μm），G8 的上偏差 ES＝EI+IT8＝9+39＝+48（μm）。

两配合的孔、轴极限偏差如下：基孔制配合 $\phi50\dfrac{H8}{g7}$ 为 $\phi50^{+0.039}_{0}/\phi50^{-0.009}_{-0.034}$；基轴制配合 $\phi50\dfrac{G8}{h7}$ 为 $\phi50^{+0.048}_{+0.009}/\phi50^{0}_{-0.025}$。

② 计算配合的极限间隙

$\phi50\dfrac{H8}{g7}$ 的极限间隙：

$$X_{max} = ES - ei = +39 - (-34) = 73 \ (\mu m)$$
$$X_{min} = EI - es = 0 - (-9) = +9 \ (\mu m)$$

$\phi50\dfrac{G8}{h7}$ 的极限间隙：

$$X_{max} = ES - ei = +48 - (-25) = 73 \ (\mu m)$$
$$X_{min} = EI - es = +9 - 0 = +9 \ (\mu m)$$

计算结果表明，$\phi50\dfrac{H8}{g7}$ 和 $\phi50\dfrac{G8}{h7}$ 的最大间隙、最小间隙相等，说明其配合性质相同。

【例 2-4】 查表确定 $\phi30\dfrac{H7}{p6}$ 和 $\phi30\dfrac{P7}{h6}$ 的孔、轴极限偏差，计算两个配合的极限过盈。

解 ① 确定孔、轴极限偏差。

由表 2-2 查得，基本尺寸 $\phi30$ mm 的 IT7＝21 μm，IT6＝13 μm。

基准孔 $\phi30H7$ 的 EI＝0，ES＝EI+IT7＝0+21＝+21（μm）。

基准轴 $\phi30h6$ 的 es＝0，ei＝es-IT6＝0-13＝-13（μm）。

查表 2-3 得 $\phi30p6$ 轴的基本偏差 ei＝+22 μm，则另一极限偏差 es＝ei+IT6＝22+13＝35（μm）。于是基孔制配合 $\phi30\dfrac{H7}{p6}$ 的孔、轴极限偏差为 $\phi30^{+0.021}_{0}/\phi30^{+0.035}_{+0.022}$。

查表 2-4 得 $\phi30P7$ 孔的基本偏差 ES＝(-22)+Δ（μm），而 Δ＝IT7-IT6＝21-13＝8（μm），因此 ES＝(-22)+8＝-14（μm），另一极限偏差 EI＝ES-IT7＝(-14)-21＝-35（μm）。于是基轴制配合 $\phi30\dfrac{P7}{h6}$ 的孔、轴极限偏差为 $\phi30^{-0.014}_{-0.035}/\phi30^{0}_{-0.013}$。

表 2-3 轴的基本偏差数值表

公称尺寸 /mm		上偏差 es/μm												基本偏			
		所有标准公差等级											IT5 IT6	IT7	IT8	IT4 ～ IT7	
大于	至	a	b	c	cd	d	e	ef	f	fg	g	h	js	j			k
—	3	−270	−140	−60	−34	−20	−14	−10	−6	−4	−2	0		−2	−4	−6	0
3	6	−270	−140	−70	−46	−30	−20	−14	−10	−6	−4	0		−2	−4		+1
6	10	−280	−150	−80	−56	−40	−25	−18	−13	−8	−5	0		−2	−5		+1
10	14	−290	−150	−95	−70	−50	−32	−23	−16	−10	−6	0		−3	−6		+1
14	18																
18	24	−300	−160	−110	−85	−65	−40	−25	−20	−12	−7	0		−4	−8		+2
24	30																
30	40	−310	−170	−120	−100	−80	−50	−35	−25	−15	−9	0		−5	−10		+2
40	50	−320	−180	−130													
50	65	−340	−190	−140		−100	−60		−30		−10	0		−7	−12		+2
65	80	−360	−200	−150													
80	100	−380	−220	−170		−120	−72		−36		−12	0		−9	−15		+3
100	120	−410	−240	−180													
120	140	−460	−260	−200		−145	−85		−43		−14	0		−11	−18		+3
140	160	−520	−280	−210													
160	180	−580	−310	−230													
180	200	−650	−340	−240		−170	−100		−50		−15	0		−13	−21		+4
200	225	−740	−380	−260													
225	250	−820	−420	−280													
250	280	−920	−480	−300		−190	−110		−56		−17	0		−16	−26		+4
280	315	−1 050	−540	−330													
315	355	−1 200	−600	−360		−210	−125		−62		−18	0		−18	−28		+4
355	400	−1 350	−680	−400													
400	450	−1 500	−760	−440		−230	−135		−68		−20	0		−20	−32		+5
450	500	−1 650	−840	−480													

偏差＝±ITn/2,式中ITn是IT值数

注:1. 公称尺寸≤1 mm 时,基本偏差 a 和 b 均不采用。

2. 公差带 js7～js11,若 ITn 值数是奇数,则取偏差＝$\pm\dfrac{\text{IT}n-1}{2}$。

机械精度设计与检测

(摘自 GB/T 1800.1—2020)

差数值

下偏差 ei/μm

| ≤IT3 | 所有标准公差等级 | | | | | | | | | | | | | |
| >IT7 | | | | | | | | | | | | | | |
k	m	n	p	r	s	t	u	v	x	y	z	za	zb	zc
0	+2	+4	+6	+10	+14		+18		+20		+26	+32	+40	+60
0	+4	+8	+12	+15	+19		+23		+28		+35	+42	+50	+80
0	+6	+10	+15	+19	+23		+28		+34		+42	+52	+67	+97
0	+7	+12	+18	−23	+28		+33		+40		+50	+64	+90	+130
								+39	+45		+60	+77	+108	+150
0	+8	+15	+22	+28	+35		+41	+47	+54	+63	+73	+98	+136	+188
						+41	+48	+55	+64	+75	+88	+118	+160	+218
0	+9	+17	+26	+34	+43	+48	+60	+68	+80	+91	+112	+148	+200	+274
						+54	+70	+81	+97	+114	+136	+180	+242	+325
0	+11	+20	+32	+41	+53	+66	+87	+102	+122	+144	+172	+226	+300	+405
				+43	+59	+75	+102	+120	+146	+174	+210	+274	+360	+480
0	+13	+23	+37	+51	+71	+91	+124	+146	+178	+214	+258	+335	+445	+585
				+54	+79	+104	+144	+172	+210	+254	+310	+400	+525	+690
0	+15	+27	+43	+63	+92	+122	+170	+202	+248	+300	+365	+470	+620	+800
				+65	+100	+134	+190	+228	+280	+340	+415	+535	+700	+900
				+68	+108	+146	+210	+252	+310	+380	+465	+600	+780	+1 000
0	+17	+31	+50	+77	+122	+166	+236	+284	+350	+425	+520	+670	+880	+1 150
				+80	+130	+180	+258	+310	+385	+470	+575	+740	+960	+1 250
				+84	+140	+196	+284	+340	+425	+520	+640	+820	+1 050	+1 350
0	+20	+34	+56	+94	+158	+218	+315	+385	+475	+580	+710	+920	+1 200	+1 550
				+98	+170	+240	+350	+425	+525	+650	+790	+1 000	+1 300	+1 700
0	+21	+37	+62	+108	+190	+268	+390	+475	+590	+730	+900	+1 150	+1 500	+1 900
				−114	+208	+294	+435	+530	+660	+820	+1 000	+1 300	+1 650	+2 100
0	+23	+40	+68	−126	+232	+330	+490	+595	+740	+920	+1 100	+1 450	+1 850	+2 400
				+132	+252	+360	+540	+660	+820	+1 000	+1 250	+1 600	+2 100	+2 600

表 2-4　孔的基本偏差数值表

基本偏差（续）

下偏差 EI/μm（所有标准公差等级）：A、B、C、CD、D、E、EF、F、FG、G、H

基本尺寸/mm 大于	至	A	B	C	CD	D	E	EF	F	FG	G	H	JS	J IT6	J IT7	J IT8	K ≤IT8	K >IT8	M ≤IT8	M >IT8	N ≤IT8	N >IT8
—	3	+270	+140	+60	+34	+20	+14	+10	+6	+4	+2	0		+2	+4	+6	0	0	−2	−2	−4	−4
3	6	+270	+140	+70	+46	+30	+20	+14	+10	+6	+4	0		+5	+6	+10	−1+Δ		−4+Δ	−4	−8+Δ	0
6	10	+280	+150	+80	+56	+40	+25	+18	+13	+8	+5	0		+5	+8	+12	−1+Δ		−6+Δ	−6	−10+Δ	0
10	14	+290	+150	+95	+70	+50	+32	+23	+16	+10	+6	0		+6	+10	+15	−1+Δ		−7+Δ	−7	−12+Δ	0
14	18	+290	+150	+95	+70	+50	+32	+23	+16	+10	+6	0		+6	+10	+15	−1+Δ		−7+Δ	−7	−12+Δ	0
18	24	+300	+160	+110	+85	+65	+40	+28	+20	+12	+7	0		+8	+12	+20	−2+Δ		−8+Δ	−8	−15+Δ	0
24	30	+300	+160	+110	+85	+65	+40	+28	+20	+12	+7	0		+8	+12	+20	−2+Δ		−8+Δ	−8	−15+Δ	0
30	40	+310	+170	+120	+100	+80	+50	+35	+25	+15	+9	0		+10	+14	+24	−2+Δ		−9+Δ	−9	−17+Δ	0
40	50	+320	+180	+130	+100	+80	+50	+35	+25	+15	+9	0		+10	+14	+24	−2+Δ		−9+Δ	−9	−17+Δ	0
50	65	+340	+190	+140		+100	+60		+30		+10	0	偏差 $\pm\dfrac{ITn}{2}$，式中 ITn 是 IT 值数	+13	+18	+28	−2+Δ		−11+Δ	−11	−20+Δ	0
65	80	+360	+200	+150		+100	+60		+30		+10	0		+13	+18	+28	−2+Δ		−11+Δ	−11	−20+Δ	0
80	100	+380	+220	+170		+120	+72		+36		+12	0		+16	+22	+34	−3+Δ		−13+Δ	−13	−23+Δ	0
100	120	+410	+240	+180		+120	+72		+36		+12	0		+16	+22	+34	−3+Δ		−13+Δ	−13	−23+Δ	0
120	140	+460	+260	+200		+145	+85		+43		+14	0		+18	+26	+41	−3+Δ		−15+Δ	−15	−27+Δ	0
140	160	+520	+280	+210		+145	+85		+43		+14	0		+18	+26	+41	−3+Δ		−15+Δ	−15	−27+Δ	0
160	180	+580	+310	+230		+145	+85		+43		+14	0		+18	+26	+41	−3+Δ		−15+Δ	−15	−27+Δ	0
180	200	+660	+310	+240		+170	+100		+50		+15	0		+22	+30	+47	−4+Δ		−17+Δ	−17	−31+Δ	0
200	225	+740	+380	+260		+170	+100		+50		+15	0		+22	+30	+47	−4+Δ		−17+Δ	−17	−31+Δ	0
225	250	+820	+420	+280		+170	+100		+50		+15	0		+22	+30	+47	−4+Δ		−17+Δ	−17	−31+Δ	0
250	280	+920	+480	+300		+190	+110		+56		+17	0		+25	+36	+55	−4+Δ		−20+Δ	−20	−34+Δ	0
280	315	+1 050	+540	+330		+190	+110		+56		+17	0		+25	+36	+55	−4+Δ		−20+Δ	−20	−34+Δ	0
315	355	+1 200	+600	+360		+210	+125		+62		+18	0		+29	+39	+60	−4+Δ		−21+Δ	−21	−37+Δ	0
355	400	+1 350	+680	+400		+210	+125		+62		+18	0		+29	+39	+60	−4+Δ		−21+Δ	−21	−37+Δ	0
400	450	+1 500	+760	+440		+230	+135		+68		+20	0		+33	+43	+65	−5+Δ		−23+Δ	−23	−40+Δ	0
450	500	+1 650	+840	+480		+230	+135		+68		+20	0		+33	+43	+65	−5+Δ		−23+Δ	−23	−40+Δ	0

注：1. 公称尺寸≤1 mm 时，基本偏差 A 和 B 及大于 IT8 的 N 均不采用。

2. 公差带 JS7～JS11，若 ITn 值数是奇数，则取偏差 $=\pm\dfrac{ITn-1}{2}$。

3. 对≤IT8 的 K、M、N 及≤IT7 的 P～ZC，所需 Δ 值从表内右侧选取，如 18～31 μm。

4. 特殊情况：250～315 mm 段的 M6，ES=−9 μm（代替−11 μm）。

(摘自 GB/T 1800.1—2020)

差数值 上偏差 ES/μm													Δ值					
≤IT7	标准公差等级>IT7												标准公差等级					
P~ZC	P	R	S	T	U	V	X	Y	Z	ZA	AB	ZC	IT3	IT4	IT5	IT6	IT7	IT8
在 > IT7 的相应数值上增加一个Δ值	-6	-10	-14		-18		-20		-26	-32	-40	-60	0	0	0	0	0	0
	-12	-15	-19		-23		-28		-35	-42	-50	-80	1	1.5	1	3	4	6
	-15	-19	-23		-28		-34		-42	-52	-67	-97	1	1.5	2	3	6	7
	-18	-23	-28		-33		-40		-50	-64	-90	-130	1	2	3	3	7	9
						-39	-45		-60	-77	-108	-150						
	-22	-28	-35		-41	-47	-54	-63	-73	-98	-136	-188	1.5	2	3	4	8	12
				-41	-48	-55	-64	-75	-88	-118	-160	-218						
	-26	-34	-43	-48	-60	-68	-80	-94	-112	-148	-200	-274	1.5	3	4	5	9	14
				-54	-70	-81	-97	-114	-136	-180	-242	-325						
	-32	-41	-53	-66	-87	-102	-122	-144	-172	-226	-300	-405	2	3	5	6	11	16
		-43	-59	-75	-102	-120	-146	-174	-210	-274	-360	-480						
	-37	-51	-71	-91	-124	-146	-178	-214	-258	-335	-445	-585	2	4	5	7	13	19
		-54	-79	-104	-144	-172	-210	-254	-310	-400	-525	-690						
	-43	-63	-92	-122	-170	-202	-248	-300	-365	-470	-620	-800	3	4	6	7	15	23
		-65	-100	-134	-190	-228	-280	-340	-415	-535	-700	-900						
		-68	-108	-146	-210	-252	-310	-380	-465	-600	-780	-1 000						
	-50	-77	-122	-166	-236	-284	-350	-425	-520	-670	-880	-1 150	3	4	6	9	17	26
		-80	-130	-180	-258	-310	-385	-470	-575	-740	-960	-1 250						
		-84	-140	-196	-284	-340	-425	-520	-640	-820	-1 050	-1 350						
	-56	-94	-158	-218	-315	-385	-475	-580	-710	-920	-1 200	-1 550	4	4	7	9	20	29
		-98	-170	-240	-350	-425	-525	-650	-790	-1 000	-1 300	-1 700						
	-62	-108	-190	-268	-390	-475	-590	-730	-900	-1 150	-1 500	-1 900	4	5	7	11	21	32
		-114	-208	-294	-435	-530	-660	-820	-1 000	-1 300	-1 650	-2 100						
	-68	-126	-232	-330	-490	-595	-740	-920	-1 100	-1 450	-1 850	-2 400	5	5	7	13	23	34
		-132	-252	-360	-540	-660	-820	-1 000	-1 250	-1 600	-2 100	-2 600						

② 计算配合的极限过盈。

$\phi30\dfrac{H7}{p6}$ 的极限过盈：

$$Y_{max} = EI - es = 0 - 35 = -35\ (\mu m)$$
$$Y_{min} = ES - ei = 21 - 22 = -1\ (\mu m)$$

$\phi30\dfrac{P7}{h6}$ 的极限过盈：

$$Y_{min} = ES - ei = -14 - (-13) = -1\ (\mu m)$$
$$Y_{max} = EI - es = -35 - 0 = -35\ (\mu m)$$

计算结果表明，$\phi30\dfrac{H7}{p6}$ 和 $\phi30\dfrac{P7}{h6}$ 的最大过盈、最小过盈相等，说明其配合性质相同。

2.2.3 公差带与配合的标准化

理论上，标准公差系列和基本偏差系列可组成各种大小和位置不同的公差带。在基本尺寸小于或等于 500 mm 的范围内，轴的公差带有 544 种、孔的公差带有 543 种，而这些孔、轴的公差带又可组成数目更多的配合。如此大量的公差带及配合全部投入使用，显然是不经济的，而且也没有必要。

为此，国家标准规定了常用孔公差带 45 种，常用轴公差带 50 种，优先用孔、轴公差带各 17 种，如图 2-14 和图 2-15 所示，圈出的公差带为优先选用的公差带。

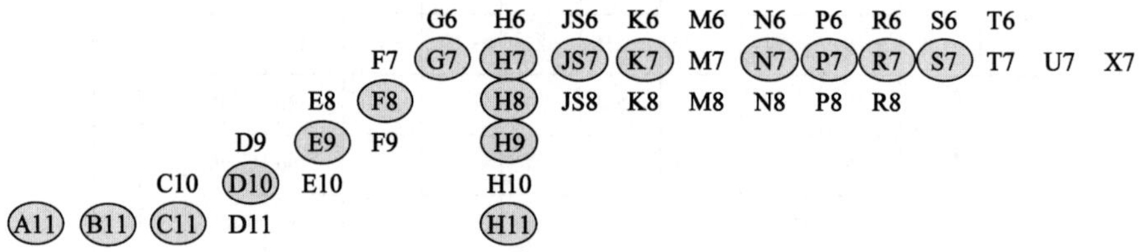

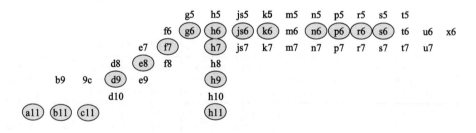

图 2-14 孔的优先、常用公差带(摘自 GB/T 1800.1—2020)

图 2-15 轴的优先、常用公差带(摘自 GB/T 1800.1—2020)

为了使配合的选择更为集中，国家标准规定了 16 种基孔制的优先配合、18 种基轴制的优先配合、45 种基孔制的常用配合、38 种基轴制的常用配合，见表 2-5 和表 2-6。

表 2-5 基孔制优先、常用配合(摘自 GB/T 1800.1—2020)

基准孔	轴公差带代号		
	间隙配合	过渡配合	过盈配合
H6	g5 h5	js5 k5 m5	n5 p5
H7	f6 g6 h6	js6 k6 m6 n6	p6 r6 s6 t6 u6 x6
H8	e7 f7 h7	js7 k7 m7	s7 u7
	d8 e8 f8 h8		
H9	d8 e8 f8 h8		
H10	b9 9c d9 e9 h9		
H11	b11 c11 d10 h10		

注:圈出的配合为优先配合。

表 2-6 基轴制优先、常用配合(摘自 GB/T 1800.1—2020)

基准轴	孔公差带代号		
	间隙配合	过渡配合	过盈配合
h5	G6 H6	JS6 K6 M6	N6 P6
h6	F7 G7 H7	JS7 K7 M7 N7	P7 R7 S7 T7 U7 X7
h7	E8 F8 H8		
h8	D9 E9 F9 H9		
	E8 F8 H8		
h9	D9 E9 F9 H9		
	B11 C10 D10 H10		

注:圈出的配合为优先配合。

2.2.4 大尺寸公差与一般公差

2.2.4.1 大尺寸公差与配合

大尺寸是指公称尺寸为 500~3 150 mm 的尺寸。大尺寸与常用尺寸的孔、轴公差与配合相比较,既有联系又有区别。

在常用尺寸分段中,标准公差因子与公称尺寸呈立方抛物线关系,它反映构成总误差的主要部分是加工误差。但是,随着公称尺寸的增大,测量误差、温度及形状误差等因素的影响将显著增加,测量误差(包括温度的影响)在总误差中所占比例将随公称尺寸的增大而增加,并逐步转化成主要部分。所以,大尺寸的标准公差因子 i 与公称尺寸 D 呈线性关系,如图 2-16 所示。其关系式为:

$$i = 0.004D + 2.1 \ \mu m \tag{2-18}$$

按 GB/T 1800.1—2020 的规定,大尺寸的标准公差等级分为 18 级,即 IT1~IT18。标准公差数值 IT$=a \cdot i$。IT5~IT18 的公差等级系数 a 和常用尺寸的 a 值相同。IT1~IT4 的计算公式中,大尺寸的 a 值依次为 2、2.7、3.7、5。由于大尺寸孔、轴加工和测量都比较困难,因此选用大尺寸的标准公差等级时,以 IT6~IT18 为宜。

大尺寸孔和轴的配合一般采用基孔制配合,并且孔和轴采用相同的标准公差等级。

大尺寸孔或轴可按互换性原则加工。但单件小批生产时标准公差等级较高的大尺寸孔

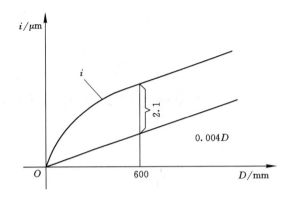

图 2-16　标准公差因子 i 与公称尺寸 D 的关系

或轴按互换性原则加工就不经济,在这种情况下,可采用配制配合。配制配合是指以相互配合的孔和轴中的孔或轴的实际尺寸为基数,来配制与它配合的轴或孔的工艺措施。

设计产品时,孔和轴应按互换性原则选取配合。当采用配制配合时,配制配合的极限间隙或极限过盈必须与按互换性原则选取的配合的极限间隙或极限过盈相符合。

采用配制配合时,通常选择相互配合的孔和轴中较难加工的那一件(多数情况下取孔)作为先加工件,按照比较容易达到的尺寸公差把它加工好,并且用尽可能准确的测量方法测出它的实际尺寸,然后按设计所要求的配合公差,给定另一件(即配制件,通常取轴)一个适当的公差来加工它。配制件的极限尺寸以先加工件的实际尺寸为基数来确定。

在装配图上和零件图上,配制配合要用代号 MF 表示。在装配图上的标注,须借用基准孔的代号 H 或基准轴的代号 h 表示先加工件,如 $\phi 1\,500\,\dfrac{H7}{f7}$ MF 表示先加工件为孔、$\phi 1\,500\,\dfrac{F7}{h7}$ MF 表示先加工件为轴。在零件图上则标明配制加工的公差带代号,如先加工件(孔)按 $\phi 1\,500$ H9MF 加工、配制件(轴)按 $\phi 1\,500$ f8MF 加工。

2.2.4.2　一般公差

在零件图上,对于在车间一般加工条件下能够保证的非配合线性尺寸的公差和极限偏差可以不注出。GB/T 1804—2000 对未注公差的尺寸规定了一般公差。该标准对线性尺寸的未注公差规定了 4 个公差等级:f 级(精密级)、m 级(中等级)、c 级(粗糙级)和 v 级(最粗级),并制定了相应的极限偏差数值,见表 2-7。但这些数值在图样上不标出,而由车间在加工时加以控制。

表 2-7　未注公差线性尺寸的极限偏差值(摘自 GB/T 1804—2000)

公差等级	尺寸分段							
	0.5～3	>3～6	>6～30	>30～120	>120～400	>400～1 000	>1 000～2 000	>2 000～4 000
f 级(精密级)	±0.05	±0.05	±0.1	±0.15	±0.2	±0.3	±0.5	—
m 级(中等级)	±0.1	±0.1	±0.2	±0.3	±0.5	±0.8	±1.2	±2
c 级(粗糙级)	±0.2	±0.3	±0.5	±0.8	±1.2	±2	±3	±4
v 级(最粗级)	—	±0.5	±1	±1.5	±2.5	±4	±6	±8

线性尺寸的未注公差要求应写在零件图上或技术文件中。例如,选用中等级时,表示为:未注公差尺寸按 GB/T 1804-m。

2.3 尺寸精度设计

尺寸精度设计是机械设计和制造中的重要环节,包括选择基准制、选择公差等级和选择配合种类等三方面内容。选择是否恰当,对机械的使用性能和制造成本有很大影响,有时甚至起决定性作用,因此,必须对相应的国家标准构成原则有比较深入的了解,还要对产品的使用条件、技术性能和精度要求以及具体的生产条件等进行全面分析,并以实践经验和科学实

尺寸精度的设计与选用

验为基础,正确、合理地进行精度设计。精度设计的基本原则是在满足使用要求的前提下获得最佳的技术经济效益,选择的方法有计算法、试验法和类比法。

2.3.1 基准制的选择

基孔制与基轴制是两种并行的配合制度,除基准件不同外,从中选择配合性质都可满足使用要求。在精度设计时究竟选择哪种基准制与使用要求无关,主要考虑工艺的经济性和结构的合理性。

2.3.1.1 基孔制的选择

一般情况下,应优先选用基孔制。从工艺上看,对高精度的中小尺寸孔,通常用钻头、铰刀、拉刀等定尺寸刀具加工即可保证加工质量。但这种刀具是定值的,每一种刀具只能加工一种孔。若孔的公差带位置改变,则要更换刀具,而这种刀具的价格一般比较昂贵。例如,加工一批基孔制配合的 $\phi 20 \dfrac{\text{H7}}{\text{g6}}$、$\phi 20 \dfrac{\text{H7}}{\text{k6}}$、$\phi 20 \dfrac{\text{H7}}{\text{s6}}$ 的孔,只要使用一种定值刀、量具(塞规)即可完成加工和检验;而加工具有相同性质的 $\phi 20 \dfrac{\text{G7}}{\text{h6}}$、$\phi 20 \dfrac{\text{K7}}{\text{h6}}$、$\phi 20 \dfrac{\text{S7}}{\text{h6}}$ 的孔,却各需一种定值刀具和量具,显然采用基孔制比较经济。

对于尺寸较大、精度较低的孔,从工艺上讲采用基孔制和基轴制都可以,但一般情况下还是采用基孔制较经济。

2.3.1.2 基轴制的选择

在以下一些具体情况下,选择基轴制可以获得明显的经济效益:

(1) 在农业机械、纺织机械和仪器、仪表制造中,常用不需切削加工的冷拉棒材直接制作轴,选用基轴制最为合理。

(2) 与标准件(或标准部件)相配合的孔或轴,必须以标准件(或标准部件)为基准来选择基准制。例如,滚动轴承内圈与轴颈的配合必须采用基孔制,外圈与外壳孔的配合必须采用基轴制。

(3) 结构上的特殊需要。例如,在活塞连杆机构[图 2-17(a)]中,活塞销与活塞孔的配合要求紧些 $\left(\dfrac{\text{M6}}{\text{h5}} \right)$,而活塞销与连杆孔的配合则要求松些 $\left(\dfrac{\text{H6}}{\text{h5}} \right)$。若采用基孔制[图2-17(b)],则活塞孔和连杆孔的公差带相同,而两种不同的配合就需要按两种公差来加工活塞销,这时活塞销应制成如同哑铃一样的轴,不利于加工与装配;反之,若采用基轴制

[图 2-17(c)]，则活塞销按基准轴加工成光轴，活塞孔和连杆孔按不同的公差带加工来获得两种不同的配合。这样，活塞销加工方便，并能顺利装配。

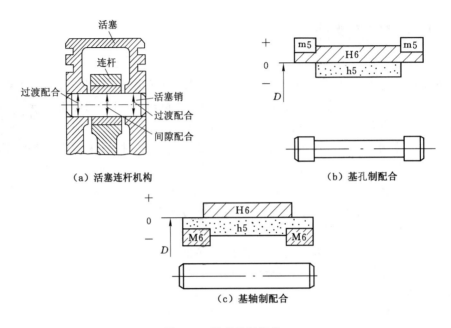

（a）活塞连杆机构

（b）基孔制配合

（c）基轴制配合

图 2-17　活塞连杆机构

因此，根据结构上的需要，在同一公称尺寸的轴上装有不同配合要求的几个孔件时，应采用基轴制。

（4）非基准制的选择。为了满足配合的特殊需要，可用任意孔、轴公差带组成的非基准制配合。例如，圆柱齿轮减速器箱体孔与轴承盖的配合，箱体孔的公差带已由与轴承外圈相配合而确定为 $\phi 100 J7$，而与之相配合的轴承盖只要求轴向定位和拆装方便，故要求可松一些，允许配合的间隙较大，因此选 e9，这样构成 $\phi 100 \dfrac{J7}{e9}$ 可满足使用要求（也为间隙配合，只是无基准件）。同理，轴上的隔套与轴上 $\phi 55$ 外轴颈的配合也采用 $\phi 55 \dfrac{D9}{j6}$ 的非基准制间隙配合。

2.3.2　公差等级的选择

公差等级的高低与制造成本密切相关，公差等级越高，则成本越高。公差等级选择的实质是解决零件的使用要求与制造工艺和成本之间的矛盾，因此，其基本原则是在满足使用要求的前提下，尽量采用低的公差等级。

公差等级的选择方法有类比法和计算法。在实际应用中，大多采用类比法，即参照实践验证的、合理的同类产品中相似结构、相同要求、相近尺寸的孔、轴公差等级，经分析后确定选用的公差等级。为此，必须广泛收集和掌握大量技术资料，同时要对常用公差等级的应用范围（表 2-8）、各种加工方法所能达到的公差等级（表 2-9）有所了解，以便于对公差等级进行选择。

表 2-8 公差等级及应用举例

公差等级	应用范围	应用举例
IT01～IT1		用于精密的尺寸传递基准,高精度测量工具,极个别特别重要的精密配合尺寸,精密尺寸标准块公差,个别特别重要的精密机械零件尺寸
IT2～IT5		用于很高精密度和重要配合处。例如,精密机床主轴颈与高精度滚动轴承的配合,车床尾架座体孔与顶尖套的配合,活塞销与活塞销孔的配合
IT6(孔至IT7)	配合尺寸	用于要求精密配合处,在机械制造中广泛应用。例如,机床中一般传动与轴承的配合,齿轮、皮带轮与轴的配合,精密仪器、光学仪器中的精密轴,电子计算机外围设备中的重要尺寸,手表、缝纫机中重要的轴
IT7～IT8		用于精度要求一般的场合,在机械制造中属于中等精度。例如,一般机械中速度不高的皮带轮,重型机械、农用机械中的重要配合处,精密仪器、光学仪器中精密配合的孔,手表中离合杆压簧,缝纫机重要配合的孔
IT9～IT10		用于只有一般要求的圆柱配合。例如,机床制造中轴套外径与孔的配合,操纵系统的轴与轴承的配合,空转皮带轮与轴,光学仪器中的一般配件,发动机中机油泵体内孔,键宽与键槽宽的配合,纺织机械中的一般配合零件
IT11～IT12		用于不重要配合处。例如,机床中法兰盘止口与孔,滑块与滑移齿轮凹槽,钟表中不重要的工件,手表制造中所用的工具及设备中的未注公差尺寸,纺织机械中低精度的间隙配合
IT12～IT18	非配合尺寸	用于非配合尺寸及不重要的粗糙连接的尺寸公差(包括未注公差的尺寸)、工序间尺寸等

表 2-9 各种加工方法可能达到的公差等级

加工方法	公差等级(IT)																		
	01	0	1	2	3	4	5	6	7	8	9	10	11	12	13	14	15	16	17	18
研磨	√	√	√	√	√	√	√													
珩磨						√	√	√	√											
圆磨							√	√	√	√										
平磨							√	√	√	√										
金刚石车							√	√	√											
金刚石磨							√	√	√											
拉削							√	√	√											
铰孔								√	√	√	√	√								
车									√	√	√	√								
镗									√	√	√	√								
铣										√	√	√								
刨、插												√	√							
钻												√	√	√	√					
滚压、挤压												√	√							
冲压												√	√	√	√					
压铸													√	√	√	√				
粉末冶金成型								√	√	√										
粉末冶金烧结								√	√	√										
砂型铸造、气割																		√	√	√
锻造																		√	√	

在选择公差等级时,要从综合经济效益考虑问题,不能盲目追求局部的低成本。对重要的配合,应适当提高配合精度,也就是要适当提高孔、轴的公差等级,以保证生产高质量的产品。精度高,可以延长机器的使用寿命,提高可靠性,并提供一定的精度储备,这样会带来更大的经济效益;反之,对不重要的配合,要尽量采用较低的公差等级,如圆柱齿轮减速器中隔套、端盖的公差等级比相配的孔和轴颈公差等级低2~3级,以利于降低成本。

在选择公差等级时,还应满足"工艺等价"原则,公差等级高于IT8、公称尺寸小于或等于500 mm时,因为孔比轴加工困难,常取孔公差等级比轴低1级;公差等级低于IT8级、公称尺寸大于500 mm时,孔、轴可以采用相同的公差等级。

选择公差等级时还应注意相关件和相配零件的精度。例如,与齿轮相配合的轴的公差等级取决于相关件齿轮的精度;与滚动轴承相配合的壳体孔和轴颈的公差等级取决于滚动轴承的精度等级。

2.3.3 配合种类的选择

在确定了配合的基准制和公差等级以后,即确定了基准孔或基准轴的公差带,以及相应的非基准件公差带的大小。选择配合种类就是根据使用要求——配合公差(间隙或过盈)的大小确定非基准件的公差带位置,即选择非基准件基本偏差的代号。

对间隙配合,由于基本偏差的绝对值等于最小间隙,故可按最小间隙确定基本偏差代号。对过盈配合,在确定基准件的公差等级后,即可按最小过盈选定配合件的基本偏差代号。但是,在配合所需的最小间隙(过盈)未知的情况下,这种选择就很难进行。为此,在选择配合时一般可采用计算法、类比法和试验法。

(1)计算法:根据一定的理论和公式,计算出所需的间隙或过盈。对于滑动轴承的间隙配合,可以根据液体润滑理论计算允许的最小间隙,按承载能力计算允许的最大间隙,从而选择适当的配合。对于完全靠过盈传递负荷的过盈配合,可根据传递负荷的大小计算允许的最小过盈,根据材料的弹性极限计算允许的最大过盈,从而选择相近的配合。这种方法的理论根据比较充分,但工作量比较大,一般可借助计算机来完成,目前应用范围正在逐步扩大。

(2)试验法:对产品性能影响很大的一些配合,往往用试验法来确定机器工作性能的最佳间隙或过盈。例如,风镐锤体与镐筒配合的间隙量对风镐工作性能有很大影响,一般采用试验法较为可靠,但需做大量试验,故费用很高。

(3)类比法:分析机器或机构的功能、工作条件和技术要求,明确零件的工作条件和使用要求,并对照典型的、经过实践检验的应用实例来确定。这种方法目前应用最多,下面重点介绍其具体的应用方法。

在采用类比法选择配合时,首先应分析零件的使用要求与工作条件。通常,孔、轴配合的使用要求有以下三种情况:孔、轴配合后有相对运动(转动或移动),应选间隙配合;靠配合传递负荷的,应选过盈配合;孔、轴配合后有定位精度要求(对中要求)和装拆频繁的,大多要选用过渡配合,也可按具体情况选用小间隙或小过盈配合。在参考实例的过程中,必须充分掌握零件的具体工作条件和使用要求,考虑工作时结合件的相对运动状态、承受负荷情况、润滑条件、温度变化、装卸条件以及材料的物理力学性能等,根据具体情况做相应调整。采用类比法选择孔或轴的基本偏差代号,应尽量采用国家标准规定的优先配合。表2-10所列各种基本偏差的应用实例可供参考。

表 2-10 各种基本偏差的应用实例

配合	基本偏差	各种基本偏差的特点及应用实例
间隙配合	a(A) b(B)	可得到特别大的间隙,很少采用。主要用于工作时温度高、热变形大的零件的配合,如内燃机中活塞与缸套的配合为 H9/a9
	c(C)	可得到很大的间隙。一般用于工作条件较差(如农业机构)、工作时受力变形大及装配工艺性不好的零件的配合,也适用于高温工作的间隙配合,如内燃机排气阀杆与导管的配合为 H8/c7
	d(D)	与 IT7~IT11 对应,适用于较松的间隙配合(如滑轮、活套的带轮与轴的配合),以及大尺寸滑动轴承与轴颈的配合(如涡轮机、球磨机等的滑动轴承),如活塞环与活塞环槽的配合可用 H9/d9
	e(E)	与 IT6~IT9 对应,具有明显的间隙,用于大跨距及多支点的转轴轴颈与轴承的配合,以及高速、重载的大尺寸轴颈与轴的配合,如大型电机、内燃机的主要轴承处的配合为 H8/c7
	f(F)	多与 IT6~IT8 对应,用于一般的转动配合,受温度影响不大,采用普通润滑轴的轴颈与滑动轴承的配合,如齿轮箱、小电机、泵等的转轴轴颈与滑动轴承的配合为 H7/f6
	g(G)	多与 IT5~IT7 对应,形成配合的间隙较小,用于轻载精密装置中的转动配合,用于插销的定位配合以及滑阀、连杆销等处的配合,如钻套导向孔多用 G6
	h(H)	多与 IT4~IT11 对应,广泛用于无相对转动的配合、一般的定位配合。若没有温度变形的影响,也可用于精密滑动轴承,如车床尾座导向孔与滑动套筒的配合为 H6/h5
过渡配合	js(JS)	多用于 IT4~IT7 具有平均间隙的过渡配合以及略有过盈的定位配合,如联轴器、齿圈与轮毂的配合,滚动轴承外圈与外壳孔的配合多用 JS7。一般用手或木槌装配
	k(K)	多用于 IT4~IT7 平均间隙接近于零的配合以及用于定位配合,如滚动轴承的内、外圈分别与轴颈、外壳孔的配合。一般用木槌装配
	m(M)	多用于 IT4~IT7 平均过盈较小的配合以及用于精密的定位配合,如涡轮的青铜轮缘与轮毂的配合为 H7/m6
	n(N)	多用于 IT4~IT7 平均过盈较大的配合,很少形成间隙。用于加键传递较大转矩的配合,如冲床上齿轮的孔与轴的配合。一般用压力机装配
过盈配合	p(P)	用于过盈小的配合。与 H6 或 H7 的孔形成过盈配合,而与 H8 的孔形成过渡配合。碳钢和铸铁零件形成的配合为标准压入配合,如卷扬机绳轮的轮毂与齿圈的配合为 H7/p6,合金钢零件的配合需要过盈小时可用 p(或 P)
	r(R)	用于传递大转矩或受冲击负荷而需要加键的配合,如涡轮孔与轴的配合为 H7/r6。必须注意,H8/r8 配合在基本尺寸小于 100 mm 时为过渡配合
	s(S)	用于钢和铸铁零件的永久性结合,可产生相当大的结合力,如套环压在轴、阀座上的配合为 H7/s6
	t(T)	用于钢和铸铁零件的永久性结合,不用键可传递转矩,需用热套法或冷轴法装配,如联轴器与轴的配合为 H7/t6
	u(U)	用于过盈大的配合,最大过盈需验算。用热套法进行装配,如火车轮毂与轴的配合为 H6/u5
	v(V)、x(X) y(Y)、z(Z)	用于过盈特大的配合,目前使用的经验和资料很少,须经试验然后才能应用,一般不推荐

此外,选择配合种类时还应注意以下问题:

(1) 热变形

选择配合种类时要注意温度条件。国家标准规定的尺寸、极限偏差数值均是在标准温度 20 ℃时的数值。当相互配合的孔、轴工作时的温度与装配时的温度差别很大时,应当重视工作温度的影响。下面以铝活塞与气缸钢套孔的配合为例加以说明。

设配合的基本尺寸 $D = 110$ mm,活塞的工作温度 $t_1 = 180$ ℃,线膨胀系数 $\alpha_1 = 24 \times 10^{-6}/$℃;钢套的工作温度 $t_2 = 110$ ℃,线膨胀系数 $\alpha_2 = 12 \times 10^{-6}/$℃。要求工作间隙在 $+0.1 \sim +0.28$ mm 范围内。试确定装配时($t = 20$ ℃)的配合种类。

由热变形引起的钢套孔与活塞之间的间隙变化量 $\Delta x = D[\alpha_2(t_2 - t) - \alpha_1(t_2 - t)] = -0.304$ (mm),即工作时将使装配间隙减小 0.304 mm。因此,装配时必须满足最小间隙 $X_{min} = 0.1 + 0.304 = +0.404$ (mm),最大间隙 $X_{max} = 0.28 + 0.304 = +0.584$ (mm),这样才能保证工作间隙在 $+0.1 \sim +0.28$ mm 的范围内。

配合公差 $T_f = X_{max} - X_{min} = T_h + T_s = 0.584 - 0.404 = 0.18$ (mm)。取钢套孔和活塞的标准公差等级相同,并采用基孔制,则 $T_h = T_s = 90$ μm,孔的下偏差 EI = 0。由表 2-2 查得孔、轴的标准公差等级靠近 IT9。由 $X_{min} = EI - es$ 得 es = EI - X_{min} = -0.404 (mm),即轴的基本偏差数值。由表 2-3 选取轴的基本偏差代号为 a(其数值为 -410 μm)。最后确定钢套孔与铝活塞的配合为 $\phi 110 H9^{+0.087}_{0}/a9^{-0.410}_{-0.497}$。

(2) 精度储备

一些精密仪器或机械的损坏原因,常常不是其零件的强度、刚度不够,而是其关键部件工作部分尺寸精度降低所致。因此,为了长期保持精密机械和仪器的良好工作性能,提高其工作可靠性和使用寿命,需要在公差与配合精度的选择方面像机械零件的强度计算那样引入安全系数,建立一定的精度储备。

滑动轴承设计中已知形成液体摩擦的 X_{min} 以及保证承载能力的 X_{max},再考虑其他条件,应保证该轴承所要求的 X'_{min} 和 X'_{max}。选择标准规定的配合时,若无恰当的配合可直接采用,应使所选配合的 X_{min} 稍大于 X'_{min} 以满足使用性能,最大间隙 X_{max} 应稍小于 X'_{max} 以留有一定的磨损储备。

对于过盈配合,最小过盈取决于使用要求,如传递载荷的大小,最大过盈取决于材料的弹性极限。若已知某一过盈配合所要求的 Y'_{min} 和 Y'_{max},可直接从标准中选用恰当的配合,以便满足预定的性能指标。若标准中无恰当的配合可以直接选用时,应使所选配合的最小过盈 $|Y_{min}|$ 稍大于 $|Y'_{min}|$,以保证孔、轴结合有足够的连接强度;最大过盈 $|Y_{max}|$ 稍小于 $|Y'_{max}|$,以保证材料的强度储备。但应注意的是,上述各种储备不能过大。

(3) 装配变形

在机械结构中,有时会遇到薄壁套筒装配后变形的问题。在如图 2-18 所示的机械结构中,套筒外表面与机座孔的配合为过盈配合 $\left(\phi 80 \dfrac{H7}{u6}\right)$,套筒内孔与轴的配合为间隙配合 $\left(\phi 60 \dfrac{H7}{f6}\right)$。由于套筒外表面与机座孔的装配会产生过盈,当套筒压入机座孔后,套筒内孔会收缩,产生变形,使套筒孔径减小,而不能满足使用要求。因此,在选择套筒内孔与轴的配合时,应考虑变形量的影响。具体办法有两个:① 预先将套筒内孔加工得比 $\phi 60 H7$ 稍大,以补偿装配变形;② 用工艺措施保证,将套筒压入机座孔后,再按 $\phi60H7$ 加工套筒内孔。

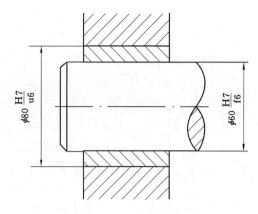

图 2-18　装配变形的结构

（4）生产批量

加工后零件的尺寸分布与生产批量有关。一般大批量生产多用"调整法"加工,实际尺寸接近正态分布;而单件小批生产多用"试切法"加工,实际尺寸呈偏态分布,分布中心偏向最大实体极限。因此,造成同一种配合的松紧程度不同。在选择配合时,应根据生产规模和批量

大小适当选用。例如,配合 $\phi50\dfrac{H7}{js6}$,如图 2-19 中粗实线所示,平均间隙 $X_{av}=+12.5\ \mu m$,过盈概率极小;单件小批生产时,尺寸偏向最大实体极限,呈偏态分布,如图 2-19 中细实线所示,过盈概率显著增大,以至于出现比正态分布下 $\phi50\dfrac{H7}{k6}$ 的过盈概率还要大的状况。

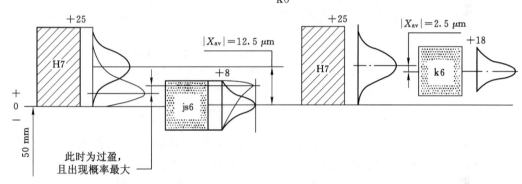

图 2-19　尺寸分布特性对配合的影响

GB/T 1800.1—2020 中各种配合基本上是根据大批量生产、用调整法加工时,尺寸按正态分布规定的,对于单件小批量生产,在选择配合时应当注意其变化。

2.3.4　尺寸精度设计实例

下面介绍用类比法选择公差与配合的实例,供尺寸精度设计时参考。

【例 2-5】　图 2-20 所示为 C616 型车床尾座装配图。已知尾座在车床上的作用是它与主轴的顶尖共同夹持工件,承受切削力。尾座工作时,扳动手柄 11 通过偏心机构将尾座夹紧在床身上,再转动手轮 9,通过丝杠、螺母使套筒 3 带动顶尖 1 向前移动,顶住工件。最后转动夹紧手柄 21,使夹紧套 20 靠摩擦夹住套筒,从而使顶尖的位置固定。试分析确定尾座部件有关部位的配合。

解　根据各零件的作用与特点,按照尺寸精度设计的内容,分析有关部位的配合如下:

① 尾座体 2 孔与套筒 3 外圆柱面的配合。

根据尾座体孔的作用及结构特点,确定采用基孔制。由于车床工作时承受较大切削力,顶尖应保证较高的精度,套筒 3 外圆柱面与尾座体 2 孔是主要的配合部位,因此尾座体 2 孔

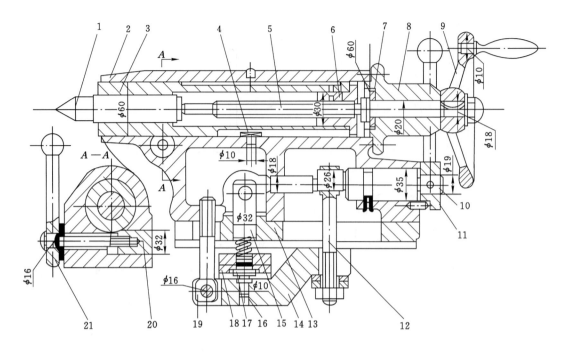

1—顶尖；2—尾座体；3—套筒；4—定位块；5—丝杠；6—丝杠螺母；7—挡油圈；8—后盖；
9—手轮；10—偏心轴；11—手柄；12—拉紧螺钉；13—滑座；14—杠杆；15—圆柱；
16,17—圆柱销；18—压板；19—螺钉；20—夹紧套；21—夹紧手柄。

图 2-20 C616 型车床尾座装配图

的公差等级确定为 IT6，公差带为 H6。考虑加工高精度孔与轴的工艺等价原则，确定套筒
3 外圆柱面为 IT5；又因套筒在调整时要在孔中滑动，应有一定的间隙，而在工作时顶尖 1 却
要保证较高的精度，又不能有较大的间隙，故套筒 3 外圆柱面的公差带确定为 h5。最终其

配合确定为 $\phi 60 \dfrac{H6}{h5}$，这样才能满足结合件无相对转动、高精度和最小间隙为零的要求。

② 套筒 3 内孔与螺母 6 外圆柱面的配合。

此处配合选用基孔制，它是卧式车床的主要部位，应选套筒 3 内孔公差等级为 IT7，公
差带则为 H7；丝杠螺母 6 外圆柱面的公差等级确定为 IT6。由于螺母零件装入套筒，靠其
圆柱面来径向定位，并用螺钉固定，为了装配方便，应该没有过盈，但也不允许间隙过大，以
免螺母在套筒中偏心，影响丝杠移动的灵活性，因此，相配件丝杠螺母 6 外圆柱面的公差带

确定为 h6，故该配合确定为 $\phi 30 \dfrac{H7}{h6}$。

③ 套筒 3 上长槽与定位块 4 侧面的配合。

由图中结构分析，此处配合起导向作用，但不影响机床加工精度，属一般要求的配合，公
差等级可选用 IT9、IT10。定位块 4 的宽度按平键标准，为基轴制配合，取公差带为 h9；考
虑长槽与套筒轴线有歪斜，故采用较松配合，长槽公差带为 D10，故此处配合应为 $\phi 12 \dfrac{D10}{h9}$。

④ 丝杠 5 轴颈与后盖 8 内孔的配合。

选用基孔制配合。根据丝杠在传动中的作用,该配合为重要配合部位,应选内孔公差等级为 IT7,公差带为 H7;遵循工艺等价原则,丝杠 5 轴颈公差等级确定为 IT6。由于丝杠可在后盖 8 内孔中转动,故选定丝杠 5 轴颈公差带为 g6,故该配合为 $\phi20\dfrac{H7}{g6}$。

⑤ 后盖 8 凸肩与尾座体 2 孔的配合。

由于此处配合面较短,尾座体 2 孔按 H6 加工,孔口易做成喇叭状,因此相配件后盖 8 的凸肩选用公差带 js5 即可满足使用要求,实际配合是有间隙的。装配时,此间隙可使后盖 8 窜动,以补偿偏心误差,使丝杠轴能够灵活转动,故此处配合为 $\phi60\dfrac{H6}{js5}$。

⑥ 手轮 9 孔与丝杠 5 轴端的配合。

由于手轮 9 通过半圆键带动丝杠一起转动,考虑装拆方便并避免手轮 9 在丝杠 5 轴端上晃动,故此处配合应选 $\phi18\dfrac{H7}{js6}$。

⑦ 手柄 11 孔与偏心轴 10 的配合。

因手柄 11 通过销转动偏心轴 10,装配时销与偏心轴 10 配合。配合前要调整手柄 11 处于紧固位置,同时偏心轴 10 也处于偏心向上的位置。此处配合既有定位要求又需调整方便,配合不能有过盈,故该配合应为 $\phi19\dfrac{H7}{h6}$。

⑧ 偏心轴 10 两轴颈与尾座体 2 上两支承孔的配合。

该配合应能使偏心轴 10 在尾座两支承孔中转动。考虑偏心轴 10 两轴颈和尾座两支承孔可能分别产生同轴度误差,故采用间隙较大的间隙配合。因此,这两处的配合分别选择 $\phi35\dfrac{H8}{d7}$ 和 $\phi18\dfrac{H8}{d7}$。

⑨ 偏心轴 10 偏心圆柱面与拉紧螺钉 12 的配合。

此处配合没有其他要求,主要考虑装配方便,故采用较大间隙的配合 $\phi26\dfrac{H8}{d7}$。

⑩ 夹紧套 20 外圆柱面与尾座体 2 槽孔的配合。

考虑夹紧手柄 21 放松后夹紧套易于退出,便于套筒 3 移动,此处配合应选间隙较大的配合 $\phi32\dfrac{H8}{e7}$。

2.4 孔、轴尺寸的检测

在生产中为了保证零件的尺寸精度及互换性,除了必须按照国家标准的规定进行尺寸精度设计外,加工后的工件尺寸必须控制在极限尺寸范围之内。为此,国家标准又规定了相应的检验标准作为技术保证。

国家标准规定了两种检验方法:一种是用普通计量器具测量,如用游标卡尺、千分尺等,测量工件的实际尺寸是否超越尺寸公差所允许的极限;另一种是用光滑极限量规检验。

孔、轴实际尺寸通常使用普通计量器具按两点法进行测量,测量结果获得的是孔、轴实际尺寸的具体数值。

对于采用包容要求(第 3 章中详细论述)的孔、轴,它们的实际尺寸和形状误差的综合结果可以使用光滑极限量规进行检验,检验的结果可以判断实际孔、轴合格与否,但不能获得孔、轴实际尺寸和形状误差的具体数值。量规的使用极为方便,检验效率高,因而在大批量生产中得到广泛应用。

2.4.1 用普通计量器具测量

2.4.1.1 孔、轴实际尺寸的验收极限

按图样要求,孔、轴的真实尺寸位于规定的最大与最小极限尺寸范围内才算合格。考虑到车间实际情况,通常工件的形状误差取决于加工设备及工艺装备的精度。工件合格与否只按一次测量来判断,对于温度、压陷效应以及计量器具和标准器(如量块)的系统误差均不进行修正,因此,测量孔、轴实际尺寸时,由于存在诸多因素产生的测量误差,测得的实际尺寸通常不是真实尺寸,即测得的实际尺寸＝真实尺寸±测量误差,如图 2-21 所示。

鉴于上述情况,测量孔、轴实际尺寸时,首先应确定判断其合格与否的尺寸界限,即验收极限。如果根据测得的实际尺寸是否超出极限尺寸来判断其合格性,即孔、轴的极限尺寸作为孔、轴实际尺寸的验收极限,则有可能把真实尺寸位于公差带上、下

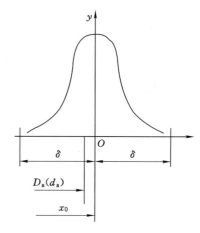

x_0—真实尺寸;

$D_a(d_a)$—测得的实际尺寸;

δ—测量极限误差。

图 2-21 实际尺寸与真实尺寸的关系

两端外侧附近的不合格品误判为合格品而接收,这称为误收。但也有可能把真实尺寸位于公差带上、下两端内侧附近的合格品误判为不合格品而报废,这称为误废。误收会影响产品质量,误废会造成经济损失。为了保证产品质量,可以把孔、轴实际尺寸的验收极限从它们的最大和最小极限尺寸分别向公差带内移动一段距离,这就能减小误收率或达到误收率为零,但会增大误废率。因此,正确地确定验收极限具有重要的意义。

GB/T 3177—2009 对如何确定验收极限规定了两种方式,并对如何选用这两种验收极限方式做了具体规定。

(1) 内缩方式

内缩方式的验收极限是从规定的最大和最小极限尺寸分别向工件尺寸公差带内移动一个安全裕度 A 的距离来确定。

由于测量误差的存在,一批工件(孔或轴)的实际尺寸是随机变量。表示一批工件实际尺寸分散极限的测量误差范围用测量不确定度表示。测量孔或轴的实际尺寸时,应根据孔、轴公差的大小规定测量不确定度允许值,以作为保证产品质量的措施,此允许值称为安全裕度。国家标准规定,A 值按工件尺寸公差 T 的 1/10 确定,其数值列于表 2-11。令 K_s 和 K_i 分别表示上、下验收极限,L_{max} 和 L_{min} 分别表示最大和最小极限尺寸,如图 2-22 所示,则有:

$$\begin{cases} K_s = L_{max} - A \\ K_i = L_{min} + A \end{cases} \tag{2-19}$$

表 2-11　安全裕度 A 与计量器具的测量不确定度允许值 u_1（摘自 GB/T 3177—2009）

单位：μm

孔、轴的标准公差等级		6					7					8					9				
公称尺寸/mm		T	A	u_1			T	A	u_1			T	A	u_1			T	A	u_1		
大于	至			I	II	III			I	II	III			I	II	III			I	II	III
—	3	6	0.6	0.54	0.9	1.4	10	1.0	0.9	1.5	2.3	14	1.4	1.3	2.1	3.2	25	2.5	2.3	3.8	5.6
3	6	8	0.8	0.72	1.2	1.8	12	1.2	1.1	1.8	2.7	18	1.8	1.6	2.7	4.1	30	3.0	2.7	4.5	6.8
6	10	9	0.9	0.81	1.4	2.0	15	1.5	1.4	2.3	3.4	22	2.2	2.0	3.3	5.0	36	3.6	3.3	5.4	8.1
10	18	11	1.1	1.0	1.7	2.5	18	1.8	1.7	2.7	4.1	27	2.7	2.4	4.1	6.1	43	4.3	3.9	6.5	9.7
18	30	13	1.3	1.2	2.0	2.9	21	2.1	1.9	3.2	4.8	33	3.3	3.0	5.0	7.4	52	5.2	4.7	7.8	12
30	50	16	1.6	1.4	2.4	3.6	25	2.5	2.3	3.8	5.6	39	3.9	3.5	5.9	8.8	62	6.2	5.6	9.3	14
50	80	19	1.9	1.7	2.9	4.3	30	3.0	2.7	4.5	6.8	46	4.6	4.1	6.9	10	74	7.4	6.7	11	17
80	120	22	2.2	2.0	3.3	5.0	35	3.5	3.2	5.3	7.9	54	5.4	4.9	8.1	12	87	8.7	7.8	13	20
120	180	25	2.5	2.3	3.8	5.6	40	4.0	3.6	6.0	9.0	63	6.3	5.7	9.5	14	100	10	9.0	15	23
180	250	29	2.9	2.6	4.4	6.5	46	4.6	4.1	6.9	10	72	7.2	6.5	11	16	115	12	10	17	26
250	315	32	3.2	2.9	4.8	7.2	52	5.2	4.7	7.8	12	81	8.1	7.3	12	18	130	13	12	19	29
315	400	36	3.6	3.2	5.4	8.1	57	5.7	5.1	8.4	13	89	8.9	8.0	13	20	140	14	13	21	32
400	500	40	4.0	3.6	6.0	9.0	63	6.3	5.7	9.5	14	97	9.7	8.7	15	22	155	16	14	23	35

（2）不内缩方式

不内缩方式的验收极限是以规定的最大和最小极限尺寸分别作为上、下验收极限，即取安全裕度为零（$A=0$），因此，$K_s=L_{max}$，$K_i=L_{min}$。

选择哪种验收极限方式，应综合考虑被测工件的不同精度要求、标准公差等级的高低、加工后尺寸的分布特性和工艺能力等因素来确定。具体原则如下：

① 对于遵循包容要求Ⓔ的尺寸和标准公差等级高的尺寸，其验收极限按内缩方式确定。

② 当工艺能力指数 $C_p \geqslant 1$ 时，验收极限可以按不内缩方式确定；但对于采用包容要求Ⓔ的孔、轴，其最大实体尺寸一边的验收极限应该按单向内缩方式确定。

这里的工艺能力指数 C_p 是指工件尺寸公差 T 与加工工序工艺能力 $c\sigma$ 的比值，c 为常数，σ 为工序样本的标准偏差。如果工序尺寸遵循正态分布，则该工序的工艺能力为 6σ。在这种情况下，$C_p=T/(6\sigma)$。

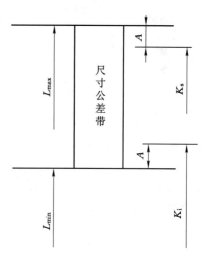

图 2-22　工件尺寸公差带及内缩方式的验收极限

③ 对于偏态分布的尺寸,其验收极限可以只对尺寸偏向的一边按单向内缩方式确定。

④ 对于非配合尺寸和一般公差的尺寸,其验收极限按不内缩方式确定。

确定工件尺寸验收极限后,还需正确选择计量器具进行测量。

2.4.1.2　计量器具的选择

根据测量误差的来源,测量不确定度 u 是由计量器具的测量不确定度 u_1 和测量条件引起的测量不确定度 u_2 组成的。u_1 是表征由计量器具内在误差所引起的测得的实际尺寸对真实尺寸可能分散的一个范围,其中还包括使用的标准器(如调整比较仪示值零位用的量块,调整千分尺示值零位用的校正棒)的测量不确定度。u_2 是表征测量过程中由温度、压陷效应及工件形状误差等因素所引起的测得的实际尺寸对真实尺寸可能分散的一个范围。u_1 与 u_2 均为独立随机变量,它们的合成也为随机变量,即 $u = \sqrt{u_1^2 + u_2^2}$。u_1 对 u 的影响比 u_2 的大,一般按 $2:1$ 分配,因此 $u_1 = 0.9u$,$u_2 = 0.45u$。

计量器具的测量不确定度允许值 u_1 按测量不确定度允许值 u 与公差 T 的比值(u/T)分挡:对于 IT6～T11,分为Ⅰ、Ⅱ、Ⅲ三挡;对于 IT12～IT18,分为Ⅰ、Ⅱ两挡。Ⅰ、Ⅱ、Ⅲ三挡对应的 u/T 分别为 $1/10$、$1/6$ 和 $1/4$。在应用中,一般应优选Ⅰ挡,其次选用Ⅱ、Ⅲ挡。u_1 的数值列于表 2-11。

选择计量器具的原则是:按照计量器具的测量不确定度允许值 u_1 选择计量器具,所选用的计量器具的测量不确定度数值 u_1' 应小于或等于允许值 u_1。当对测量结果有争议时,可以用更精确的计量器具或按事先商定的方法解决。几种常用普通计量器具的测量不确定度 u_1' 的数值见表 2-12～表 2-14。

表 2-12　千分尺和游标卡尺的测量不确定度

尺寸范围 /mm	分度值为 0.01 mm 的外径千分尺	分度值为 0.01 mm 的内径千分尺	分度值为 0.02 mm 的游标卡尺	分度值为 0.05 mm 的游标卡尺
	不确定度 u_1'/mm			
≤50	0.004	0.008	0.020	0.050
>50～100	0.005			
>100～150	0.006			
>150～200	0.007	0.013		

表 2-13　比较仪的测量不确定度

尺寸范围 /mm	分度值为 0.000 5 mm	分度值为 0.001 mm	分度值为 0.002 mm	分度值为 0.005 mm
	不确定度 u_1'/mm			
≤25	0.000 6	0.001 0	0.001 7	0.003 0
>25～40	0.000 7			
>40～65	0.000 8	0.001 1	0.001 7	
>65～90	0.000 8			
>90～115	0.000 9	0.012 0	0.001 9	

表 2-14　指示表的测量不确定度

尺寸范围 /mm	分度值为 0.001 mm 的千分表(0 级在全程范围内，1 级在 0.2 mm 内)，分度值为 0.002 mm 的千分表(在 1 转范围内)	分度值为 0.001 mm、0.002 mm、0.005 mm 的千分表(1 级在全程范围内)，分度值为 0.01 mm 的百分表(0 级在任意 1 mm 内)	分度值为 0.01 mm 的百分表(0 级在全程范围内，1 级在任意 1 mm 内)	分度值为 0.01 mm 的百分表(1 级在全程范围内)
	不确定度 u'_1/mm			
≤25				
>25～40				
>40～65	0.005	0.010	0.018	0.030
>65～90				
>90～115				

【例 2-6】　若检验尺寸为 $\phi 60\text{f}8^{-0.030}_{-0.076}$ Ⓔ 的轴，已知工艺能力系数 $C_p=0.67$，工件尺寸服从正态分布，试确定验收极限并选择计量器具。

解　① 确定验收极限。

因该工件遵循包容要求，且 $C_p<1$，故应按内缩方式确定验收极限。查表 2-11 得，IT8＝46 μm，$A=4.6$ μm，则验收极限为：

$$K_s=[(60-0.030)-0.004\,6]=59.965\,4\ (\text{mm})$$
$$K_i=[(60-0.076)+0.004\,6]=59.928\,6\ (\text{mm})$$

② 选择计量器具。

计量器具的测量不确定度允许值 u_1 优先按 Ⅰ 挡选取。查表 2-11 得，$u_1=0.004\,1$ mm。按表 2-13 确定选用分度值为 0.005 的比较仪，其不确定度 $u'_1=0.003\,0$ mm，可满足使用要求。

2.4.2　用光滑极限量规检验

2.4.2.1　光滑极限量规的功用和种类

根据检验对象不同，量规可分为光滑极限量规、光滑圆锥量规、位置量规、花键量规及螺纹量规等。本节仅介绍光滑极限量规。

光滑极限量规是一种无刻度的专用量具，它用模拟装配状态的方法检验工件孔或轴，只能检验工件孔或轴的尺寸是否合格，而不能测出其实际尺寸值。但这种检验器具结构简单，使用方便、可靠，检验效率高，因此在生产中得到广泛应用。

极限量规的外形与被检对象相反，即检验孔的量规称为塞规，检验轴的量规称为卡规，如图 2-23 所示。极限量规一般用通规和止规成对使用。通规按工件的最大实体极限制造，止规按工件的最小实体极限制造。检验时，通规通过，止规通不过，工件合格。用这种方法检验，虽不知工件的具体尺寸，但被检的合格工件具有完全互换性。通规和止规分别用汉语拼音字母"T"和"Z"表示。

极限量规按用途分为：

(1) 工作量规：是零件的制造者进行自检时所用的量规。

(2) 验收量规：是检验员和订货人验收产品时所用的量规。检验部门应使用与加工工

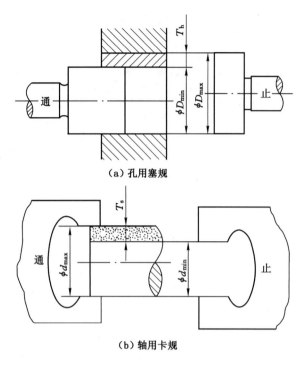

(a) 孔用塞规

(b) 轴用卡规

图 2-23　光滑极限量规

人所用量规型号相同且已磨损较多但未超出其磨损极限的工作量规通规。

（3）校对量规：用于检验新制造的和校对使用中的轴用工作量规的量规。孔用塞规测量容易，标准没有规定其校对量规，所以只有轴用量规（环规、卡规）才使用校对量规（塞规）。

2.4.2.2　极限量规的设计原则

由于形状误差的存在，所以工件的尺寸虽然位于极限尺寸范围内，但也有可能使装配过紧，而不能满足预定的设计要求。设计光滑极限量规时，应遵守泰勒原则（极限尺寸判断原则）的规定。泰勒原则是指孔或轴的实际尺寸和形状误差综合形成的体外作用尺寸（D_{fe} 或 d_{fe}）不允许超出最大实体尺寸（D_M 或 d_M），在孔或轴任何位置上的实际尺寸（D_a 或 d_a）不允许超出最小实体尺寸（D_L 或 d_L），即：

对于孔：$\qquad D_{fe} \geqslant D_M = D_{min}$　　且　　$D_a \leqslant D_L = D_{max}$

对于轴：$\qquad d_{fe} \leqslant d_M = d_{max}$　　且　　$d_a \geqslant d_L = d_{min}$

包容要求是从设计的角度出发，反映对孔、轴设计要求的；而泰勒原则是从验收的角度出发，反映对孔、轴验收要求的。从保证孔与轴的配合性质的要求来看，两者是一致的。

极限量规的设计应符合泰勒原则。通规用以控制工件的作用尺寸，它的测量面应设计成全形的，即与被测孔或轴有相应的完整表面，长度等于配合长度，其基本尺寸等于孔或轴的最大实体极限，故通规与工件是面接触。止规用于控制工件的实际尺寸，它的测量面理论上应为点状的，即不全形量规，其基本尺寸等于孔或轴的最小实体极限，因此止规与工件应是点接触。

在实际生产中，由于量规的制造和使用等方面的原因，极限量规常常偏离泰勒原则。例如，为了量规的标准化，允许通规的长度小于配合长度；为了减轻量规的质量和便于使用，检验大孔的通规不用全形塞规,而用不全形塞规或球端卡规;由于环规不能检验曲轴,允许通规用卡规;为了减少磨损,止规也可不用点接触工件,一般做成小平面、圆柱面或球面;检验小孔时,止规常常制造成全形塞规。

2.4.2.3 极限量规的定形尺寸公差带与各项公差

光滑极限量规的精度比被测孔、轴的精度高得多,但前者的定形尺寸也不可能加工成某一确定的数值,因此 GB/T 1957—2006 规定了量规工作部分的定形尺寸公差带和各项公差。

通规在使用过程中要通过合格的被测孔、轴,因而会逐渐磨损。为了使通规具有一定的使用寿命,应留出适当的磨损储量,因此对通规应规定磨损极限。止规通常不通过被测孔、轴,因此不留磨损储量。校对量规也不留磨损储量。

（1）工作量规公差带

为了确保产品质量,GB/T 1957—2006 规定量规定形尺寸公差带不得超出被测孔、轴公差带。孔用和轴用工作量规定形尺寸公差带分别如图 2-24 和图 2-25 所示。图中,T 为量规定形尺寸公差,Z 为通规定形尺寸公差带中心到被测孔、轴最大实体尺寸之间的距离。通规的磨损极限为被测孔、轴的最大实体尺寸。

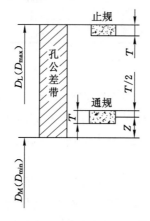

图 2-24　孔用工作量规定形公差带图

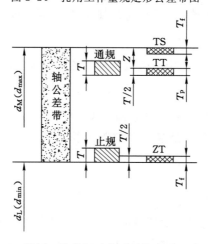

图 2-25　轴用工作量规及校对量规定形尺寸公差带

为了不使量规占用过多的工件公差,并考虑到量规的制造能力及使用寿命,国家标准按被检验工件的基本尺寸和公差等级规定了工件量规的制造公差 T 和通规公差带的位置要素 Z 的数值,见表 2-15。

表 2-15　工作量规的 T 值和 Z 值(摘自 GB/T 1957—2006)　　　单位:μm

零件公称尺寸/mm	IT6			IT7			IT8			IT9			IT10			IT11			IT12		
	IT6	T	Z	IT7	T	Z	IT8	T	Z	IT9	T	Z	IT10	T	Z	IT11	T	Z	IT12	T	Z
≤3	6	1	1	10	1.2	1.6	14	1.6	2	25	2	3	4.0	2.4	4	60	3	6	100	4	9
>3~6	8	1.2	1.4	12	1.4	2	18	2	2.6	30	2.4	4	48	3	5	75	4	8	120	5	11
>6~10	9	1.4	1.6	15	1.8	2.4	22	2.4	3.2	36	2.8	5	58	3.6	6	90	5	9	150	6	13
>10~18	11	1.6	2	18	2	2.8	27	2.8	4	43	3.4	6	70	4	8	110	6	11	180	7	15
>18~30	13	2	2.4	21	2.4	3.4	33	3.4	5	52	4	7	84	5	9	130	7	13	210	8	18
>30~50	16	2.4	2.8	25	3	4	39	4	6	62	5	8	100	6	11	160	8	16	250	10	22
>50~80	19	2.8	3.4	30	3.6	4.6	46	4.6	7	74	6	9	120	7	13	190	9	19	300	12	26
>80~120	22	3.2	3.8	35	4.2	5.4	54	5.4	8	87	7	10	140	8	15	220	10	22	350	14	30
>120~180	25	3.8	4.4	40	4.8	6	63	6	9	100	8	12	160	9	18	250	12	25	400	16	35

(2) 轴用校对量规公差带

校对量规有下列三种(它们工作部分的定形尺寸公差带如图 2-25 所示):

① 制造轴用通规时所使用的校对量规(代号为 TT)

新的通规能被 TT 校对量规通过,则表示该通规制造合格,这就能保证被测轴具有足够的尺寸加工公差。

② 制造轴用止规时所使用的校对量规(代号为 ZT)

新的止规能被 ZT 校对量规通过,则表示该止规制造合格,这就能保证被测轴的质量。

③ 检验使用中的通规是否磨损到极限时所用的校对量规(代号为 TS)

通规在使用过程中,应不能被 TS 校对量规通过,如果通规被 TS 校对量规通过,则表示该通规已磨损到极限,应予报废。

【例 2-7】　计算 $\phi25\dfrac{\mathrm{H8}}{\mathrm{f7}}$ 配合中检验孔与轴的各种量规的极限尺寸,并将其转换成图样标注尺寸。

　　解　① 查出孔、轴的标准公差和基本偏差及极限偏差。

② 由表 2-15 查出量规制造公差 T 和位置元素 Z。

③ 画量规公差带图,如图 2-26 所示。

④ 计算各种量规的极限尺寸。

按此步骤进行,结果列于表 2-16。

光滑极限量规结构形式多样,量规测量面材质多为合金结构钢、合金工具钢等,硬度为 HRC58~65。量规几何公差应不大于尺寸公差的 1/2,量规测量表面的表面粗糙度值 Ra 为 0.025~0.4,且校准量规的表面粗糙度比工作量规小。

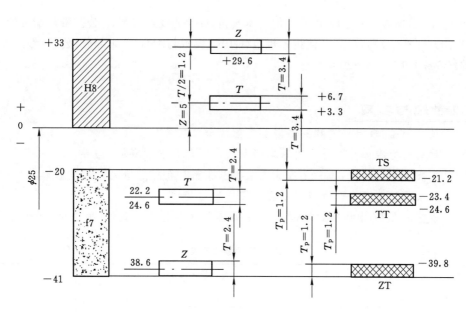

图 2-26　量规公差带

表 2-16　量规尺寸计算表

工件	量规	量规公差/μm	$Z/\mu m$	量规极限尺寸/mm		量规尺寸图样标注/mm
				最大	最小	
$\phi25H8^{+0.033}_{0}$	通规	3.4	5	$\phi25.0067$	$\phi25.0033$	$\phi25^{+0.0067}_{+0.0033}$
	止规	3.4	—	$\phi25.0330$	$\phi25.0296$	$\phi25^{+0.0330}_{+0.0096}$
$\phi25f7^{-0.020}_{-0.041}$	通规	2.4	3.4	$\phi24.9778$	$\phi24.9754$	$\phi25^{-0.0222}_{-0.0246}$
	止规	2.4	—	$\phi24.9614$	$\phi24.9590$	$\phi25^{-0.0386}_{-0.0410}$
校对量规	TT	1.2		$\phi24.9766$	$\phi24.9754$	$\phi25^{-0.0234}_{-0.0246}$
	ZT	1.2		$\phi24.9602$	$\phi24.9590$	$\phi25^{-0.0398}_{-0.0410}$
	TS	1.2		$\phi24.9800$	$\phi24.9788$	$\phi25^{-0.0200}_{-0.0212}$

👉 **知识拓展**

尺寸公差新国标(GB/T 1800.1—2020)

《产品几何技术规范(GPS)线性尺寸公差 ISO 代号体系》分为两个部分,分别为《产品几何技术规范(GPS)线性尺寸公差 ISO 代号体系 第 1 部分:公差、偏差和配合的基础》(GB/T 1800.1—2020)和《产品几何技术规范(GPS)线性尺寸公差 ISO 代号体系 第 2 部分:标准公差带代号和孔、轴的极限偏差表》(GB/T 1800.2—2020)。

其中,《产品几何技术规范(GPS)线性尺寸公差 ISO 代号体系 第 1 部分:公差、偏差和配合的基础》(GB/T 1800.1—2020)于 2020 年 4 月发布,并

GB/T 1800.1
—2020

于 2020 年 11 月实施,替代了《产品几何技术规范(GPS) 极限与配合 公差带和配合的选择》(GB/T 1801—2009)和《产品几何技术规范(GPS) 极限与配合 第 1 部分:公差、偏差和配合的基础》(GB/T 1800.1—2009)。

☞ **思考题与习题**

2-1 尺寸公差、极限偏差和实际偏差有何区别与联系?

2-2 什么叫标准公差?什么叫基本偏差?它们与公差带有何关系?

2-3 在配合制选择中,为什么应优先采用基孔制?在什么情况下采用基轴制?

2-4 什么是配制配合?其应用场合和应用目的是什么?

2-5 根据表 2-17 中已有的数值,计算并填写该表空格中的数值(单位为 mm)。

表 2-17 题 2-5 表

公称尺寸	最大极限尺寸	最小极限尺寸	上偏差	下偏差	公差
孔 $\phi 10$	10.040	10.025			
轴 $\phi 60$				−0.060	0.046
孔 $\phi 40$		40.025			0.039
轴 $\phi 50$			+0.051	+0.026	

2-6 试根据表 2-18 中已有的数值,计算并填写该表空格中的数值(单位为 mm)。

表 2-18 题 2-6 表

公称尺寸	孔			轴			最大间隙或最小过盈	最小间隙或最大过盈	平均间隙或平均过盈	配合公差	配合性质
	上偏差	下偏差	公差	上偏差	下偏差	公差					
$\phi 25$		0				0.013	+0.074		+0.057		
$\phi 12$			0.018		−0.011			−0.008	+0.006 5		
$\phi 45$			0.025	0				−0.050		0.041	

2-7 已知下列 4 个配合代号,试从 GB/T 1800.1—2020 中的公差表格查取有关数值,并计算最大间隙(或最小过盈)和最小间隙(或最大过盈)。

(1) $\phi 50 \dfrac{\text{D9}}{\text{h9}}$;(2) $\phi 60 \dfrac{\text{H8}}{\text{js7}}$;(3) $\phi 30 \dfrac{\text{H7}}{\text{u6}}$;(4) $\phi 100 \dfrac{\text{H8}}{\text{h7}}$。

2-8 判断下列各对配合的配合性质是否相同,并说明理由。

(1) $\phi 25 \dfrac{\text{H7}}{\text{g6}}$ 与 $\phi 25 \dfrac{\text{G7}}{\text{h6}}$;

(2) $\phi 60 \dfrac{\text{H8}}{\text{f8}}$ 与 $\phi 60 \dfrac{\text{F8}}{\text{h8}}$;

(3) $\phi 40 \dfrac{\text{K7}}{\text{h6}}$ 与 $\phi 40 \dfrac{\text{H7}}{\text{k6}}$;

(4) $\phi 50 \dfrac{\text{K6}}{\text{h6}}$ 与 $\phi 50 \dfrac{\text{H6}}{\text{k6}}$;

(5) $\phi 40 \dfrac{\text{H7}}{\text{s7}}$ 与 $\phi 40 \dfrac{\text{H7}}{\text{h7}}$;

(6) $\phi 60 \dfrac{\text{H7}}{\text{s6}}$ 与 $\phi 60 \dfrac{\text{S7}}{\text{h6}}$。

2-9 已知公称尺寸为 $\phi 30$ mm 基孔制的孔、轴同级配合,$T_f = 0.066$ mm,$Y_{max} =$

－0.081 mm，求孔、轴的极限偏差。

2-10 设孔、轴基本尺寸和使用要求如下：

(1) $D=\phi 35$ mm，$X_{max}=+120$ μm，$X_{min}=+50$ μm；

(2) $D=\phi 40$ mm，$Y_{max}=-80$ μm，$Y_{min}=-35$ μm；

(3) $D=\phi 60$ mm，$X_{max}=+50$ μm，$Y_{max}=-32$ μm。

试按基孔制确定各组的配合代号，并画出尺寸公差带图和配合公差带图。

第3章 几何精度设计与检测

👆 **教学导读**

零件在加工过程中,由于机床-夹具-刀具系统存在几何误差,以及加工中受力变形、热变形、振动和磨损等的影响,被加工零件的几何要素不可避免地会产生误差。这些误差除了上一章学习的尺寸偏差外,还包括本章将要学习的几何误差,如形状误差、方向误差、位置误差和跳动误差。为了约束上述几何误差,保证产品的互换性和产品的性能,我国发布了一系列与几何精度设计相关的国家标准。本章的重点是国家标准中关于几何公差特征项目的标注规范和不同类型几何公差带的区别,难点是不同公差原则的区别及零件几何精度的设计。

👆 **课前问题**

(1) 不同几何公差特征项目的公差带有何异同?

(2) 公差原则中包容要求和最大实体要求的区别是什么?

👆 **国家标准**

本章所引用和参考的相关国家标准有:

《产品几何技术规范(GPS) 几何要素 第 1 部分:基本术语和定义》(GB/T 18780.1—2002);

《产品几何量技术规范(GPS) 几何要素 第 2 部分:圆柱面和圆锥面的提取中心线、平行平面的提取中心面、提取要素的局部尺寸》(GB/T 18780.2—2003);

《产品几何技术规范(GPS) 几何公差 形状、方向、位置和跳动公差标注》(GB/T 1182—2018);

《形状和位置公差 未注公差值》(GB/T 1184—1996);

《产品几何技术规范(GPS) 基础 概念、原则和规则》(GB/T 4249—2018);

《产品几何技术规范(GPS) 几何公差 最大实体要求(MMR)、最小实体要求(LMR)和可逆要求(RPR)》(GB/T 16671—2018);

《产品几何技术规范(GPS) 几何公差 成组(要素)与组合几何规范》(GB/T 13319—2020);

《产品几何技术规范(GPS) 几何公差 检测与验证》(GB/T 1958—2017);

《产品几何技术规范(GPS) 几何公差 基准和基准体系》(GB/T 17851—2022);

《产品几何技术规范(GPS) 几何公差 轮廓度公差标注》(GB/T 17852—2018);

《产品几何技术规范(GPS) 光滑工件尺寸的检验》(GB/T 3177—2009);

《光滑极限量规 技术条件》(GB/T 1957—2006)。

3.1 几何要素和几何公差特征项目

零件在加工过程中,由于机床-夹具-刀具系统存在几何误差,以及加工中受力变形、热变形、振动和磨损等的影响,被加工零件的几何要素不可避免地会产生误差。这些误差包括尺寸偏差和几何误差(即形状和位置误差)。为了保证产品的互换性和产品的性能,零件需要保证尺寸精度,同样需要保证其几何精度。例如,轴颈的圆度误差会降低轴的旋转精度;导轨的直线度误差会影响运动部件的运动精度;齿轮副轴线平行度误差使齿轮工作齿面接触不均匀等。总之,零件的几何误差对机器或仪器的工作精度、连接强度、密封性、运动平稳性、噪声、耐磨性及寿命等性能均有较大影响,对精密、高速、重载、高温、高压下工作的机器或仪器的影响更为突出。因此,为满足零件装配后的功能要求,保证零件的互换性和经济性,必须对零件的几何误差予以限制,即对零件的几何要素规定必要的几何公差。

几何要素与几何
公差特征项目

对此,我国已发布了一系列形状和位置公差标准,见表1-3。

3.1.1 零件几何要素及分类

机械零件不管有多么复杂,都是由基本的几何要素构成的,即由构成零件几何特征的点、线和面组成,如图3-1所示。

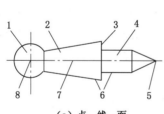
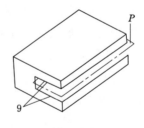

（a）点、线、面　　　　　　　（b）中心平面

1—圆球;2—圆锥面;3—端平面;4—圆柱面;5—圆锥顶点;

6—素线;7—轴线;8—球心;9—两平行平面;P—中心平面。

图 3-1 零件的几何要素

为了方便定义零件的几何精度,需要从不同的角度去分析、研究零件的几何要素。

3.1.1.1 按要素存在状态分

（1）理想要素

理想要素是指零件在几何学意义上的理想要素,即点、线、面。各要素不存在任何误差,图样上标注的均是理想要素。

（2）实际要素

零件实际存在的要素称为实际要素,由于制造等原因,实际要素都存在一定的误差,在测量与评定时,以实际测得的要素来代替实际要素。

3.1.1.2 按测量关系分

(1)被测要素

在零件图上给出的几何公差的要素称为被测要素,是检测的对象,在零件图上体现的是被测要素。

(2)基准要素

用来确定被测要素的方向或位置的要素称为基准要素,它是在检测时用来确定被测要素几何位置关系的参考对象,是理想要素。在测量时,实际基准是存在误差的,因此,应对基准要素规定适当的几何公差。此外,基准要素除用作确定被测要素的方向或位置参考外,在使用上还有本身的功能,同样要规定其几何公差,可见,基准要素同样也是被测要素。

3.1.1.3 按功能关系分

(1)单一要素

单一要素是指按本身功能要求而给出几何公差的被测要素。

(2)关联要素

关联要素是指对基准要素有功能关系而给出方向、位置或跳动公差的被测要素。

可见,对有几何公差要求的要素,它既是单一要素又是关联要素。

3.1.1.4 按要素的结构特征分

(1)组成要素(轮廓要素)

组成要素指构成零件外形的点、线、面。由一定的定形尺寸确定其几何形状的组成要素称尺寸要素,如图3-1(a)所示。组成要素按是否有定形尺寸分为尺寸要素和非尺寸要素:尺寸要素是有一定大小的定形尺寸的几何形状,如图3-1(a)中的圆柱面、球面;非尺寸要素是不具有定形尺寸的几何形状,如图3-1(a)中的环状端平面(它具有表示外形大小的直径尺寸,却不具有厚度定形尺寸)。

(2)导出要素(中心要素)

由一个或几个组成要素对称中心得到的中心点(如球心)、中心线(轴线)或中心平面(对称中心平面)称为导出要素。如图3-1(a)所示零件上的圆柱面轴线7、圆球的球心8和图3-1(b)所示两平行平面。导出要素依存于对应的尺寸要素,离开了对应的尺寸要素,便不存在导出要素。例如,没有尺寸要素,球就没有导出要素球心。

3.1.2 几何公差特征项目

GB/T 1182—2018规定的几何公差的特征项目分为形状公差、方向公差、位置公差和跳动公差四大类,共有19个,它们的类型、特征项目及符号见表3-1。其中,形状公差特征项目有6个,它们没有基准要求;方向公差特征项目有5个,位置公差特征项目有6个,跳动公差特征项目有2个,它们都有基准要求。没有基准要求的线、面轮廓度公差属于形状公差,而有基准要求的线、面轮廓度公差则属于方向、位置公差。

机械精度设计与检测

表 3-1　几何公差的类型、特征项目及符号

公差类型	特征项目	符号	公差类型	特征项目	符号
形状公差	直线度	—	位置公差	同心度（用于中心点）	◎
	平面度	▱		同轴度（用于轴线）	◎
	圆度	○		对称度	=
	圆柱度	⌭		位置度	⊕
	线轮廓度	⌒		线轮廓度	⌒
	面轮廓度	⌓		面轮廓度	⌓
方向公差	平行度	∥	跳动公差	圆跳动	↗
	垂直度	⊥		全跳动	↗↗
	倾斜度	∠			
	线轮廓度	⌒			
	面轮廓度	⌓			

3.2　几何公差的图样表示

3.2.1　几何公差的二维图样表示

国家标准规定,几何公差采用直线和框格来表示。

3.2.1.1　几何公差框格与基准符号

（1）形状公差框格

形状公差框格有两格,从左到右第一格填写几何公差特征项目符号,第二格填写以 mm 为单位的公差值和有关符号。用带箭头的指引线从左端或右端垂直引出,指向被测要素,通常只允许折弯一次,如图 3-2 所示的标注示例。

（2）方向、位置和跳动公差框格

方向、位置和跳动公差框格有三、四、五格三种,如图 3-2 所示。从左到右第一格填写位

几何公差的
标注

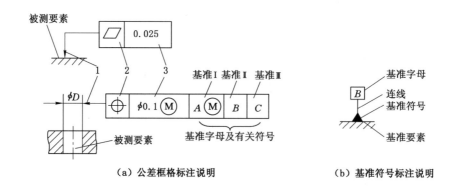

（a）公差框格标注说明　　　　　　　　（b）基准符号标注说明

1—指引箭头；2—项目符号；3—几何公差及有关符号。

图 3-2　公差框格及基准符号

置公差项目符号，第二格填写公差值和相关符号，第三格填写第一基准，第四格填写第二基准，第五格填写第三基准。其基准标注必须用英文大写字母表示，但不得使用 E、F、I、J、L、M、O、P、R 等 9 个英文字母，如图 3-3 所示。框格可以水平或垂直绘制。

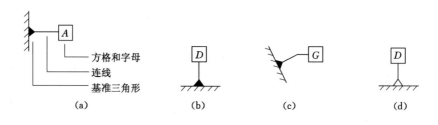

图 3-3　基准代号

（3）基准的表示

基准符号由一个基准方框（基准字母注写在方框内）和一个涂黑的或空白的基准三角形用细实线连接而构成，如图 3-3 所示。涂黑的和空白的基准三角形的含义相同。表示基准的字母也要注写在相应被测要素的方向、位置或跳动公差框格内。基准符号引向基准要素时，无论基准符号在图面上的方向如何，其方框中的字母都应水平书写。

3.2.1.2　被测要素的图样表示

（1）组成要素（轮廓要素）的表示方法

被测要素的图样表示是采用带箭头的指引线将被测要素与公差带框格的一端相连，当被测要素是组成要素时，箭头指引线指向被测要素的轮廓线或它的延长线上，但必须同尺寸线明显错开，如图 3-4 所示。

（2）导出要素（中心要素）的表示方法

当被测要素是导出要素时，箭头指引线应与尺寸线对齐，如图 3-5 所示。

若尺寸线处两个箭头安排不下时，则另一箭头可以用横线代替，如图 3-5（b）所示。基准符号的三角形应与尺寸线对齐。当圆锥采用角度标注时，则基准符号的三角形应正对该角度的尺寸线，如图 3-6 所示。

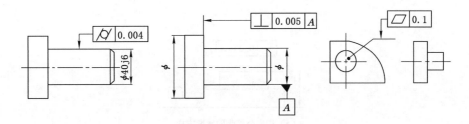

图 3-4　被测组成要素的标注示例

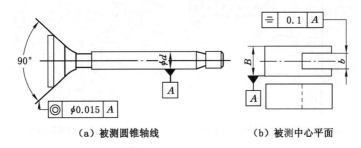

（a）被测圆锥轴线　　　　（b）被测中心平面

图 3-5　被测导出要素的标注示例

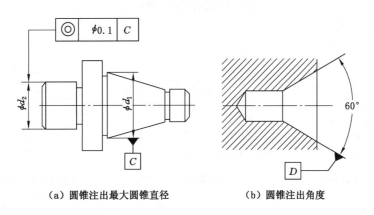

（a）圆锥注出最大圆锥直径　　　　（b）圆锥注出角度

图 3-6　对基准圆锥轴线标注基准符号

　　　箭头应指向公差带的宽度方向或直径方向。当指引线指向公差带的宽度方向时,公差带格中的几何公差值只填写公差值数字,该方向垂直于被测要素或与给定方向相同。当指引线指向圆形、圆柱形公差带的直径方向时,需要在几何公差值的数字前面标注符号"ϕ",如图 3-7(b)所示。若是球形公差带,需要在公差数值前标注符号"$S\phi$",如图 3-7(c)所示。

3.2.1.3　基准要素的图样表示

对基准要素应标注基准符号,并按下列方法进行标注。

（1）基准组成要素的标注方法

当基准要素为表面或表面上的线等组成要素(轮廓要素)时,应把基准符号的基准三角形的底边放置在该要素的轮廓线上或它的延长线上,并且基准三角形放置处必须与尺寸线明显错开,如图 3-8(a)和(b)所示。对于基准表面,可以用带点的引出线把该表面引出(这个点指在该表面上),基准三角形的底边放置于该基准表面引出线的水平线上,如图 3-8(c)所示的圆环形基准表面的标注方法。

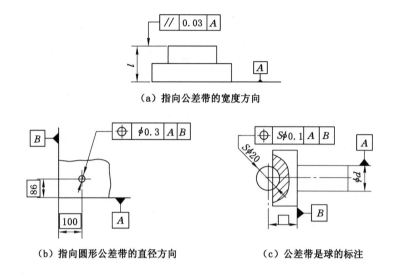

(a) 指向公差带的宽度方向

(b) 指向圆形公差带的直径方向　　　　　　(c) 公差带是球的标注

图 3-7　指引线箭头的指向

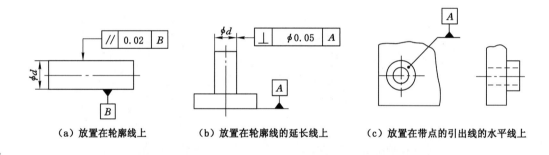

(a) 放置在轮廓线上　　　(b) 放置在轮廓线的延长线上　　　(c) 放置在带点的引出线的水平线上

图 3-8　基准组成要素标注中基准三角形的底边的放置位置示例

（2）基准导出要素的标注方法

当基准要素为轴线或中心平面等导出要素（中心要素）时，应把基准符号的基准三角形的底边放置于基准轴线或基准中心平面所对应的尺寸要素（轮廓要素）的尺寸界线上，并且基准符号的细实线位于该尺寸要素尺寸线的延长线上，如图 3-6 所示。

（3）公共基准的标注方法

对于由两个同类要素构成而作为一个基准使用的公共基准轴线、公共基准中心平面等公共基准，应对这两个同类要素分别标注基准符号（采用两个不同的基准字母），并且在被测要素方向、位置或跳动公差框格第三格或其以后某格中填写用横线隔开的这两个字母，如图 3-9 所示。

3.2.1.4　特殊表示方法

（1）任选基准的表示方法

当被测要素和基准允许对调而标注任选基准时，采用如图 3-10 所示的标注方法。

（2）局部限制的规定

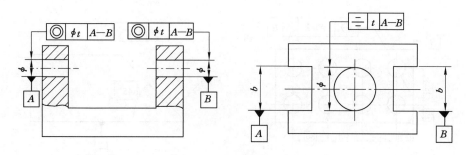

图 3-9 公共基准标注示例

如对同一要素的公差值在全部被测范围内的任一部分有进一步的限制时,该限制部分(长度或面积)的公差值应放在公差值的后面并用斜线相隔,这种限制要求可以直接放在表示全部被测要素公差要求的框格下面,如图 3-11 所示。

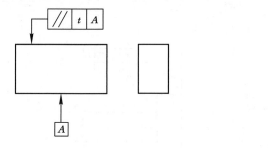

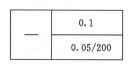

图 3-10　任选基准的标注方法　　　　图 3-11　要素任一部分公差值的限制

如仅要求要素的某一部分公差值时,则用粗点画线表示其范围并加注尺寸,如图 3-12所示。若仅要求要素的某一部分作为基准时,则该部分用粗点画线表示并加注尺寸,如图 3-13 所示。

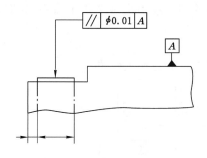

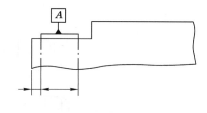

图 3-12　某一部分限制的标注　　　　图 3-13　某一部分作为基准的标注

（3）理论正确尺寸

对于要素的位置度、轮廓度或倾斜度,其尺寸由不带公差的理论正确位置确定,这种尺寸称为理论正确尺寸。理论正确尺寸应围以方框表示。零件实际尺寸仅由在公差框格中的位置度、轮廓度或倾斜度公差值来限定,如图 3-14 所示。

（4）简化标注

为了提高绘图效率,在保证读图方便又不致引起误解的前提下,可采用简化标注的

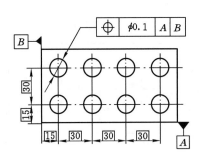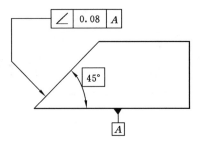

图 3-14　理论正确尺寸标注示例

方法。

　　① 同一要素有多项几何公差要求时,可在一条指引线的末端画出多个框格,如图 3-15(a)、(b) 所示。

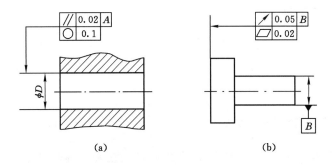

图 3-15　同一要素有多项几何公差要求时的简化标注示例

　　② 当各要素有相同几何公差要求时,可从框格的同一端引出多个指示箭头,如图 3-16 所示。

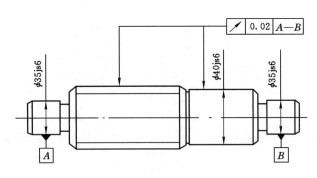

图 3-16　各要素有相同几何公差要求时的简化标注

　　③ 对不同的要素有相同的多项几何公差要求时,可以将多个公差框格连在一起,在一端引出多个指示箭头,如图 3-17 所示。

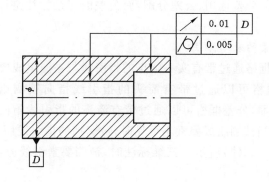

图 3-17　不同的要素有相同的几何公差要求的标注示例

④ 对于同样的结构要素具有相同的几何公差要求时,可以只标注一个公差框格,并在框格上方加文字说明,如图 3-18 所示。

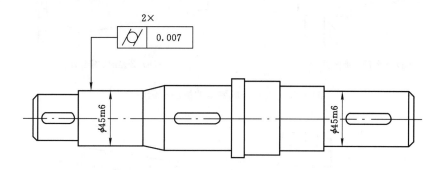

图 3-18　同样的结构要素具有相同的几何公差要求的标注示例

⑤ 用同一公差带控制几个被测要素时,应在公差框格上方注明"共面"或"共线",如图 3-19(a)所示。如各要素相距较远或由于图画限制不便与框格相连时,可采用如图 3-19(b)所示的方法表示。

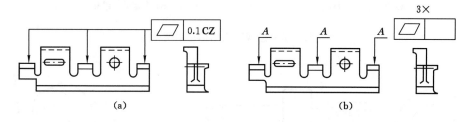

(a)　　　　　　　　　　　　　(b)

图 3-19　同一公差带控制几个被测要素的标注示例

3.2.2　几何公差的三维图样表示

公差的三维标注可以将所有信息集成在三维模型上,有效避免三维和二维转换的复杂性,清晰直观,容易理解,对技术人员的水平要求较低。公差的三维标注可以使所有信息在整个产品生命周期中使用和共享,全过程使用数字量传递,有利于实现 CAD、CAPP、CAM 的集成,可以更好地促进制造智能化和制造全球化发展。计算机辅助公差设计是利用计算机完成公差的数据管理、公差选用、公差分配,而公差的三维标注是计算机辅助公差设计的基础。

3.2.2.1 被测组成要素的表示方法

三维标注时,公差框格通过带有实心圆点的指引线与被测组成要素相连,如图 3-20(b)所示的上表面;公差框格可以通过带有箭头的指引线指向被测组成要素的延长线,如图 3-20(b)所示的台阶面;公差框格可以通过带有箭头的指引线指向被测组成要素的引出线,如图 3-21(b)所示;当被测组成要素不可见时,被遮挡的指引线用虚线,通过空心圆与被测组成要素相连,如图 3-22(b)所示。三维标注时,被测要素引线方向无要求,公差框格一般与零件的上表面平行。

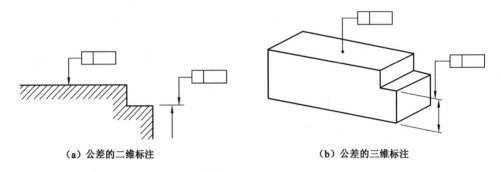

（a）公差的二维标注　　　　　　　（b）公差的三维标注

图 3-20　被测组成要素的标注示例（一）

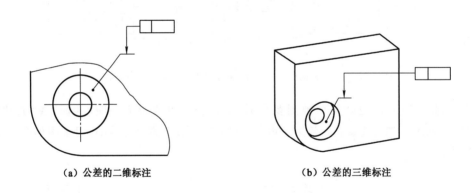

（a）公差的二维标注　　　　　　　（b）公差的三维标注

图 3-21　被测组成要素的标注示例（二）

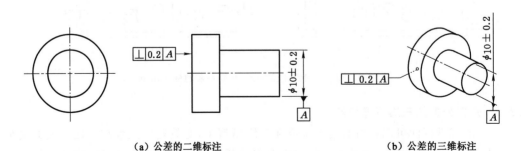

（a）公差的二维标注　　　　　　　（b）公差的三维标注

图 3-22　被测组成要素的标注示例（三）

3.2.2.2 被测导出要素的表示方法

三维标注时,公差框格通过指引线与被测导出要素所在的尺寸线对齐并相连,指引线末端为箭头[图 3-23(b)],指引线箭头可与尺寸线箭头合并;指引线末端也可以通过圆点或箭头与被测要素对应的组成要素表面相连,同时公差值后标注修饰符Ⓐ,如图 3-24(b)所示。

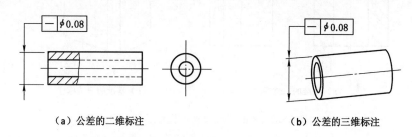

（a）公差的二维标注　　　　　　　　（b）公差的三维标注

图 3-23　被测导出要素的标注示例（一）

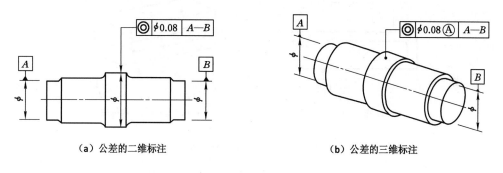

（a）公差的二维标注　　　　　　　　（b）公差的三维标注

图 3-24　被测导出要素的标注示例（二）

3.2.2.3 基准组成要素的表示方法

在进行几何公差的三维标注时,基准符号的三角形底边与基准要素对齐;基准字母的上方正对连接线,如图 3-25(b)所示中的基准 B 和 C 的字母方向。当基准要素不可见时,延伸基准连线至基准框格完全可见,如图 3-25(b)中的基准 A;也可以通过基准延长线将基准要素延长至基准符号完全可见,如图 3-26(b)所示。基准要素不可见时,也可以添加引出线,引出线遮挡部分用虚线,通过空心圆与基准要素相连,如图 3-27(b)所示。

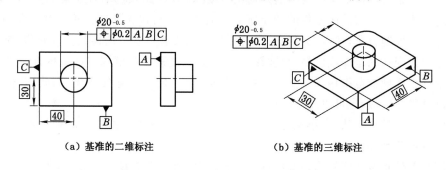

（a）基准的二维标注　　　　　　　　（b）基准的三维标注

图 3-25　基准组成要素的标注示例（一）

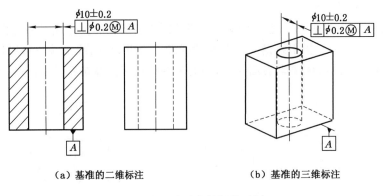

（a）基准的二维标注　　　　　　　　（b）基准的三维标注

图 3-26　基准组成要素的标注示例（二）

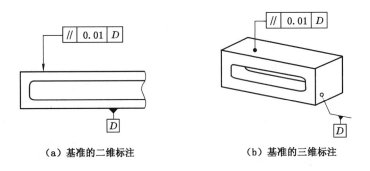

（a）基准的二维标注　　　　　　　　（b）基准的三维标注

图 3-27　基准组成要素的标注示例（三）

3.2.2.4　基准导出要素的表示方法

几何公差的三维标注中，基准为导出要素时，基准符号三角形底边与导出要素所在的尺寸线对齐，如图 3-22(b)和图 3-24(b)所示。

3.3　几何公差带

几何公差是对零件上某些要素的几何精度要求，并以此来控制该要素的实际形状或实际位置的变化。该要求是由零件的功能所决定的，因此，可以说几何公差是对要素的形状或其位置的一种控制方法，并以几何公差带的形式予以直接体现。所谓几何公差带，是指用来控制实际要素变动的范围或区域，只要该要素的实际要素在此范围或区域内即为合格。几何公差带这个区域或范围用于控制实际要素的形状、方向或位置的变化，因此，几何公差带区域可以是平面区域，也可以是空间区域。

几何公差带具有形状、大小和方向等特性，其形状取决于被测要素的理想形状、给定的几何公差特征项目和标注形式。

几何公差带是按几何概念定义的（跳动公差带除外），与测量方法无关，所以在实际生产中可以采用任何测量方法来测量和评定测量要素是否合格。根据实际要素的功能，形状精度和位置精度可以由多个几何公差项目来控制。

3.3.1 形状公差带

形状公差是单一实际被测要素对理想被测要素的允许变动,形状公差带是单一实际被测要素允许变动的区域,它们不涉及基准。所以说,形状公差带的方向和位置都是变动的,只有形状和大小的要求。

几何公差带
——形状公差

形状公差的项目共有四种,即直线度、平面度、圆度、圆柱度,其公差带的定义和标注见表 3-2。直线度公差是用来限制给定平面内或空间直线的形状误差,平面度公差是用来限制被测实际平面的形状误差,圆度公差是用来限制被测回转表面(如圆柱面、圆锥面等)的径向截面轮廓的形状误差。

3.3.2 基准

基准是确定实际被测要素的方向或位置的参考对象,因此应具有理想形状(有时还应具有理想方向)。

基准有基准点、基准直线(包括基准轴线)和基准平面(包括基准中心平面)等几种形式。一般有下列三种基准:

(1) 单一基准

单一基准是指由一个要素建立的基准,在公差框格中只有一个基准代号。

(2) 公共基准

公共基准是指由两个或两个以上的同类基准要素建立的一个独立的基准,又称组合基准。例如,如图 3-28 所示的同轴度示例中,由两个直径皆为 ϕd_1 的圆柱面的轴线 A 和 B 建立公共基准轴线 $A—B$,它作为一个独立的基准使用。

(3) 三基面体系

当单一基准或一个独立的公共基准不能对被测要素提供完整而正确的定向或定位时,就有必要引用基准体系。为了与空间直角坐标系一致,规定以三个互相垂直的基准平面构成一个基准体系——三基面体系,如图 3-29 所示。三个互相垂直的平面 A、B、C 构成了一个三基面体系,它们按功能要求分别称为第一、第二、第三基准平面(基准的顺序)。被测要素的方向和位置就由 A、B、C 这三个相互垂直相交的平面构成的基准来确定。

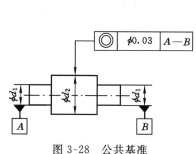

图 3-28 公共基准

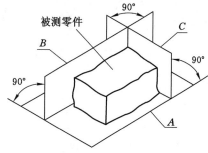

图 3-29 三基面体系

零件加工后,其实际基准要素不可避免地存在或大或小的形状误差(有时还存在方向误差)。如果以存在形状误差的实际基准要素作为基准,则难以确定实际被测要素的真正方向和位置。零件下表面基准存在形状误差,当用两点法测量上表面对下表面的平行度时,处处高度一致,则平面度几乎为零,但事实上上表面相对于理想基准平面(平板工作平面)的平行度有一误差 f,如图 3-30 所示。

机械精度设计与检测

表3-2 直线度、平面度、圆度、圆柱度公差带的定义和标注示例(摘自 GB/T 1182—2018)

特征项目	公差带定义	标注示例和解释
直线度公差	在任意方向上,公差带为直径等于直径公差值 ϕt 的圆柱面所限定的区域 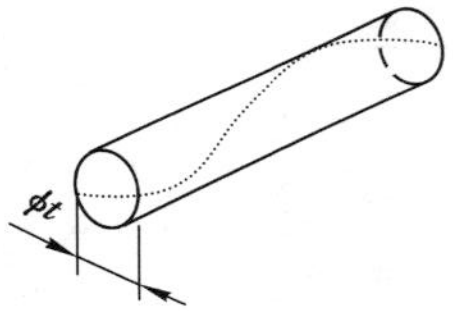	外圆柱面上的实际轴线应限定在直径等于 $\phi 0.08$ mm 的圆柱面内 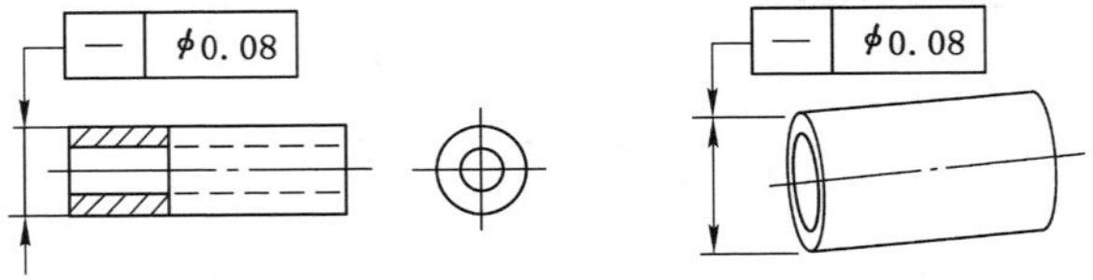
平面度公差	公差带为间距等于公差值 t 的两平行平面所限定的区域 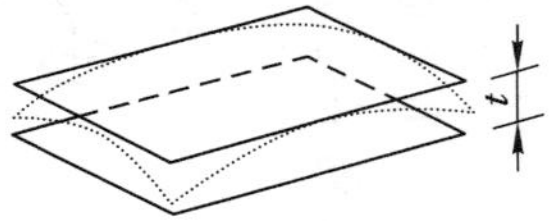	实际表面应限定在间距等于 0.08 mm 的两平行平面之间 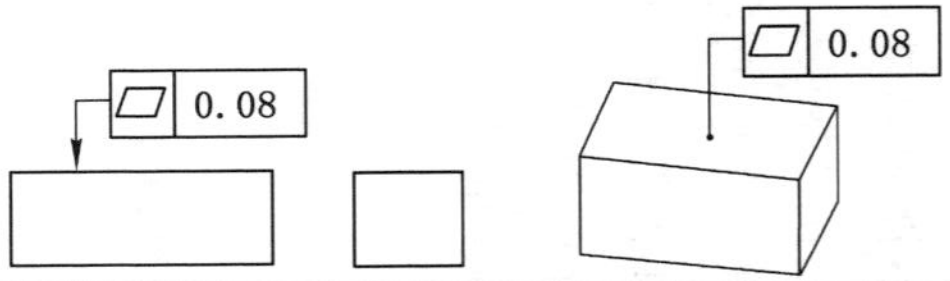
圆度公差	公差带为在各定义横截面内,半径差等于公差值 t 的两同心圆所限定的区域 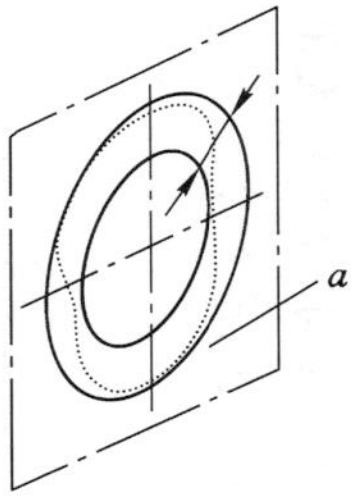 a—任意横截面	在圆柱面的任意横截面内,实际圆周应限定在半径差等于 0.03 mm 的两同心圆之间 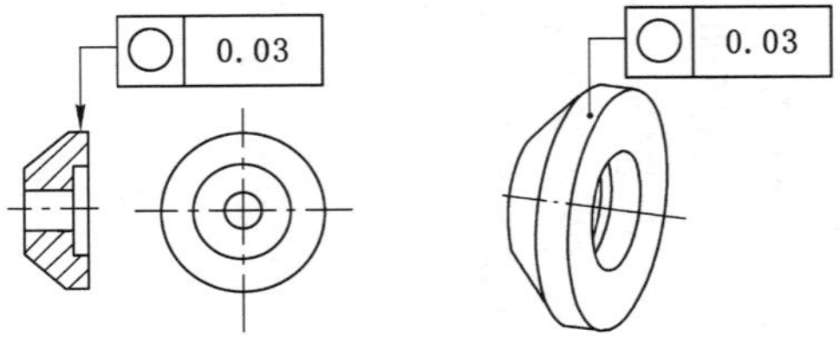
圆柱度公差	公差带为半径差等于公差值 t 的两同轴线圆柱面限定的区域 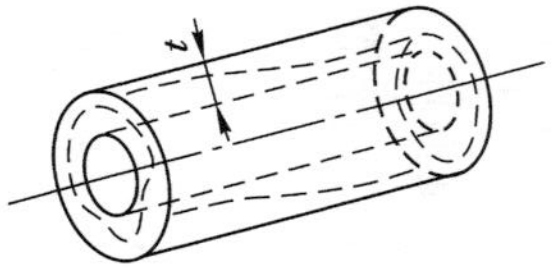	实际圆柱面应限定在半径差等于 0.1 mm 的两同轴线圆柱面之间 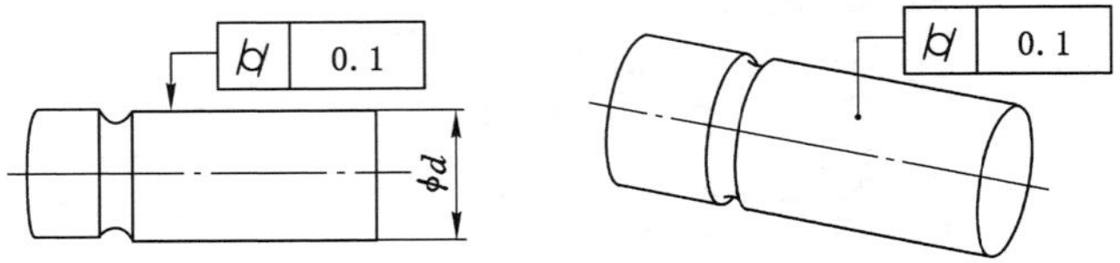

76

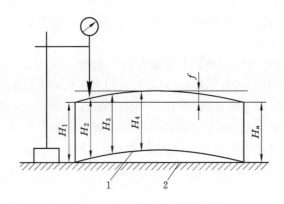

1—实际基准表面;2—平板工作平面。

图 3-30   实际基准要素存在几何误差

当实际基准要素有较大的几何误差时,不宜直接用作被测要素的基准,基准通常用形状足够精确的表面来担任。图 3-31 所示是采用心轴来模拟孔的轴线;图 3-32 所示是采用 V 形块来模拟轴的轴线。

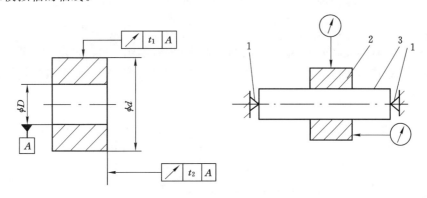

1—顶尖;2—被测零件;3—心轴。

图 3-31   采用心轴来模拟孔的轴线测量径向和端面圆跳动

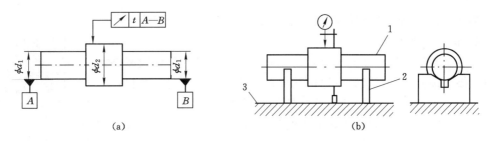

(a)   (b)

1—被测工件;2—两个等高 V 形块;3—平板。

图 3-32   采用 V 形块来模拟轴的轴线测量径向圆跳动

3.3.3   方向公差带

方向公差是关联实际被测要素对具有确定方向的理想被测要素的允许变动。理想被测要素的方向由基准及理论正确尺寸(角度)确定:当理论正确角度为 0°时,称为平行度公差;为 90°时,称为垂直度公差;为其他任意角度时,称为倾斜度公差。

方向公差带是关联实际被测要素允许变动的区域,它一般具有确定的方向,而其位置则往往是浮动的。

方向公差各项目的被测要素和基准要素各有平面和直线之分,因此,定向公差有被测平面相对于基准平面(面对面)、被测直线相对于基准平面(线对面)、被测平面相对于基准直线(面对线)和被测直线相对于基准直线(线对线)等四种形式;平行度、垂直度和倾斜度公差带分别相对于基准保持平行、垂直和倾斜一理论正确角度 α 的关系,如图 3-33 所示。

几何公差带
——方向公差

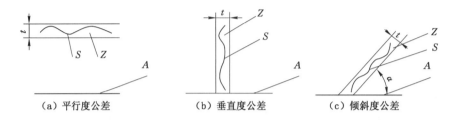

(a) 平行度公差   (b) 垂直度公差   (c) 倾斜度公差

A—基准;t—定向公差值;S—实际被测要素;Z—公差带。

图 3-33   方向公差带示例

当对被测要素给出方向公差,就自然限制了形状误差,如图 3-34 所示。被测要素给出方向公差后仅在对其形状精度有进一步要求时,才另行给出形状公差,而形状公差值必须小于方向公差值。

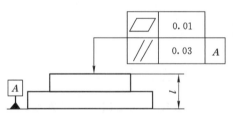

图 3-34   同时给出方向公差和形状公差示例

典型平行度、垂直度和倾斜度公差带的定义和标注示例见表 3-3。

3.3.4   位置公差带

位置公差是关联实际被测要素相对具有确定位置的理想被测要素的允许变动。理想被测要素的位置由基准及理论正确尺寸(长度或角度)确定。当理论正确尺寸为零,且基准要素和被测要素均为轴线时,称为同轴度公差;若基准要素和被测要素的轴线足够短或均为中心点时,称为同心度公差;当理论正确尺寸为零,基准要素或(和)被测要素为其他中心要素(中心平面)时,称为对称度公差;在其他情况下,均统称为位置度公差。

几何公差带
——位置公差

位置公差带是关联实际被测要素允许变动的区域,它一般具有确定的位置。

(1) 同轴度(同心度)公差带

同轴度公差带是直径为同轴度公差值 ϕt、轴线与基准轴线重合的圆柱体内的区域,如图 3-35 所示,表示 ϕd 轴的实际轴线必须位于同轴度公差值 $\phi 0.01$ mm、轴线与基准轴线 A 重合的圆柱面公差带内。

表 3-3　平行度、垂直度、倾斜度公差带定义及标注示例和解释（摘自 GB/T 1182—2018）

特征项目		公差带定义	标注示例和解释
平行度公差	面对面平行度公差	公差带为间距等于公差值 t 且平行于基准平面的两平行平面所限定的区域 a—基准平面	实际表面应限定在间距等于 0.01 mm 且平行于基准平面 D 的两平行平面之间
	线对面平行度公差	公差带为间距等于公差值 t 且平行于基准平面的两平行平面所限定的区域 a—基准平面	被测孔的实际轴线应限定在间距等于 0.01 mm 且平行于基准平面 B 的两平行平面之间
	面对线平行度公差	公差带为间距等于公差值 t 且平行于基准平面的两平行平面所限定的区域 a—基准轴线	实际表面应限定在间距等于 0.01 mm 且平行于基准平面 C 的两平行平面之间

表 3-3（续）

机械精度设计与检测

特征项目		公差带定义	标注示例和解释
平行度公差	任意方向上线对线平行度公差	公差带为直径等于公差值 ϕt 且轴线平行于基准轴线的圆柱面所限定的区域 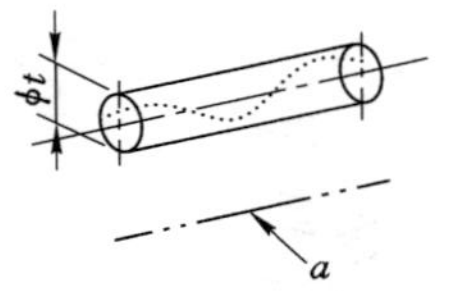 a—基准轴线	被测孔的实际轴线应限定在 $\phi 0.03$ mm 且平行于基准轴线 A 的圆柱面内 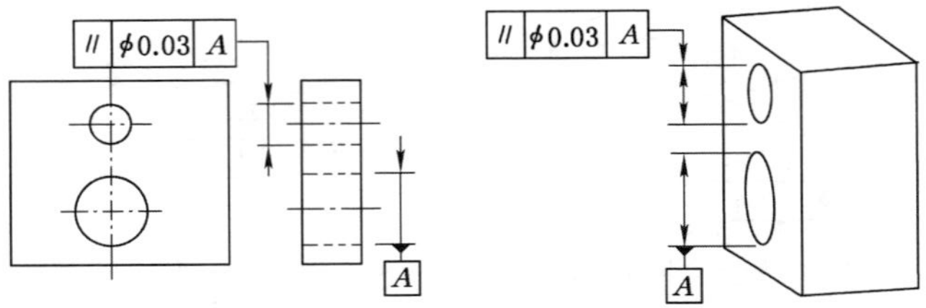 ∥ $\phi 0.03$ A
垂直度公差	面对面垂直度公差	公差带为间距等于公差值 t 且垂直于基准平面的两平行平面所限定的区域 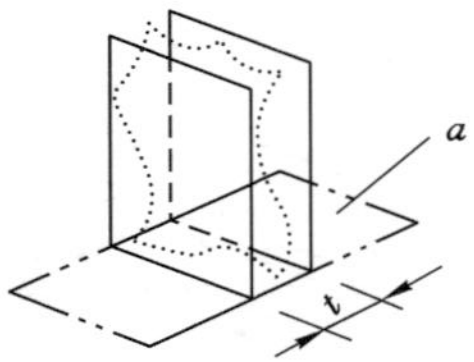 a—基准平面	实际表面应限定在间距等于 0.08 mm 且垂直于基准平面 A 的两平行平面之间 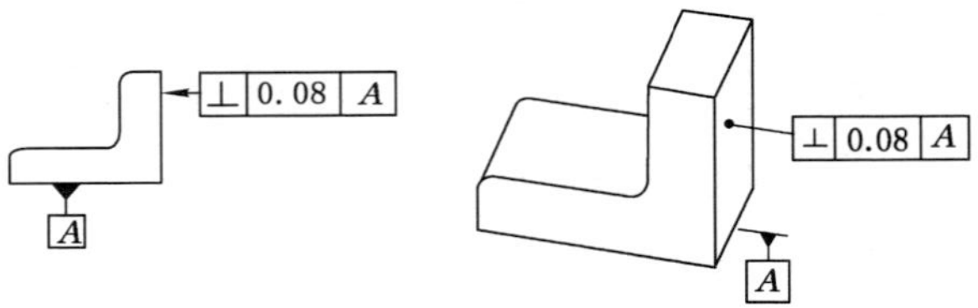 ⊥ 0.08 A
	面对线垂直度公差	公差带为间距等于公差值 t 且垂直于基准平面的两平行平面所限定的区域 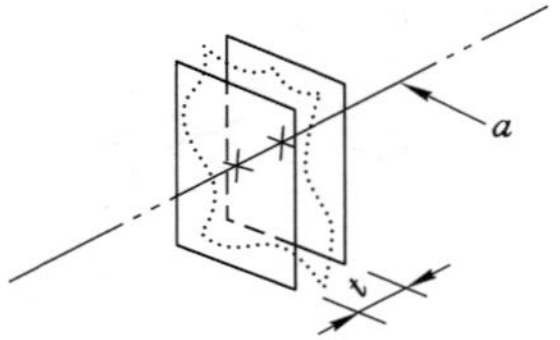 a—基准轴线	实际表面应限定在间距等于 0.08 mm 且垂直于基准轴线 A 的两平行平面之间 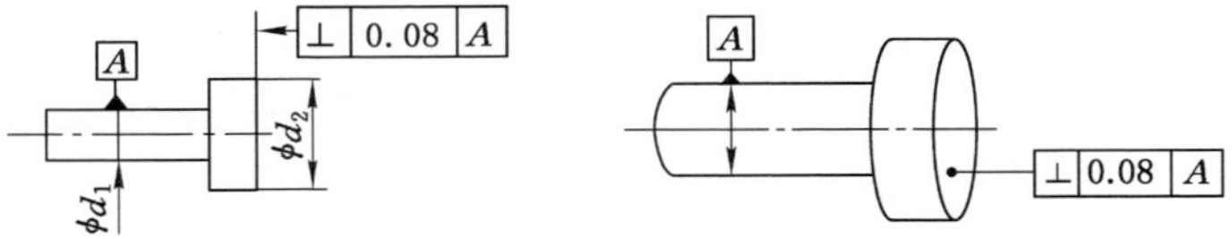 ⊥ 0.08 A

表 3-3（续）

特征项目	公差带定义	标注示例和解释
垂直度公差 · 线对线垂直度公差	公差带为间距等于公差值 t 且垂直于基准轴线的两平行平面所限定的区域 a—基准轴线	被测孔的实际轴线应限定在间距等于 0.06 mm 且垂直于基准轴线 A 的两平行平面之间 ⊥ 0.06 A　　⊥ 0.06 A
垂直度公差 · 线对面垂直度公差	在任意方向上，公差带为直径等于公差值 ϕt 且轴线垂直于基准平面的圆柱面所限定的区域 a—基准平面	被测圆柱面的实际轴线应限定在 $\phi 0.01$ mm 且轴线垂直于基准平面 A 的圆柱面内 ⊥ $\phi 0.01$ A　　⊥ $\phi 0.01$ A ϕd

表 3-3（续）

特征项目	公差带定义	标注示例和解释
倾斜度公差 — 面对面倾斜度公差	公差带为间距等于公差值 t 的两平行平面所限定的区域。该两平行平面按给定角度倾斜于基准平面 a—基准平面	实际表面应限定在间距等于 0.08 mm 的两平行平面之间。该两平行平面按理论正确角度 40°倾斜于基准平面 A
倾斜度公差 — 线对线倾斜度公差	被测直线与基准直线在同一平面上。公差带为间距等于公差值 t 的两平行平面所限定的区域。该两平行平面按给定角度倾斜于基准轴线 a—基准轴线	被测孔的实际轴线应限定在间距等于 0.08 mm 的两平行平面之间。该两平行平面按理论正确角度 60°倾斜于公共基准轴线 A—B

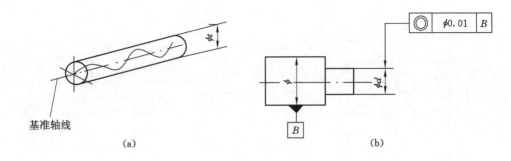

(a)   (b)

图 3-35　同轴度标注与公差带

同心度公差带是直径为同心圆公差值 ϕt，且与基准圆心同心的圆内的区域。

（2）对称度公差带

对称度公差带是指实际被测中心要素的位置对基准的允许变动量，是相对于基准中心要素（中心平面、中心线或轴线）对称配置的两平行面之间的区域，如图 3-36 所示。

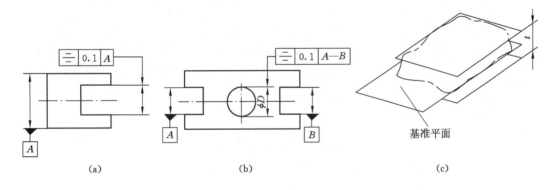

(a)   (b)   (c)

图 3-36　对称度标注与公差带

（3）位置度公差带

根据被测要素的不同，位置度公差可以分为点的位置度公差、线的位置度公差和面的位置度公差。位置度公差是指被测要素所在的实际位置对其理想位置的允许变动量。位置度公差带是指以被测要素的理想位置为中心来限制实际被测要素变动的区域，该区域相对于理想位置对称配置，该区域的宽度或直径等于公差值。

点的位置度公差用如图 3-37(a) 所示的图样标注，矩形布置的六孔组有位置度要求，六个孔心之间的相对位置关系由保持垂直关系的理论正确尺寸来确定；图 3-37(b) 所示为六孔组的几何图框；图 3-37(c) 所示为该几何图框的理想位置由基准 A、B 和定位的理论正确尺寸 L_x、L_y 来确定。各孔心位置度公差带是分别以各孔的理想位置为中心（圆心）的圆内的区域，它们分别相对于各自的理想位置对称配置，公差带的直径等于公差值 ϕt。

线的位置度公差用如图 3-38(a) 所示的图样标注。圆周布置的六孔组有位置度要求，六个孔的轴线之间的相对位置关系是它们均布在直径为正确理论尺寸 ϕL 的圆周上。如图 3-38(b) 所示，六孔组的几何图框就是这个圆周及均布的六条轴线，该几何图框的中心与基准轴线 A 重合，其定位的理论正确尺寸为零。各孔轴线的位置度公差带是以由基准轴线

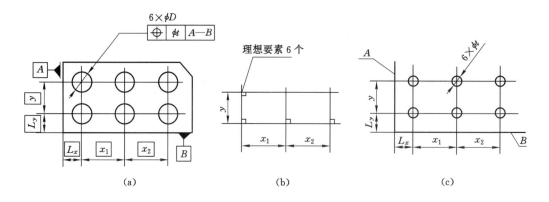

图 3-37　点的位置度标注与公差带

A 和几何图框确定的各自理想位置(按圆周均匀分布)为中心的圆柱面内的区域,它们分别相对于各自理想位置的变动量为 ϕt 的区域。

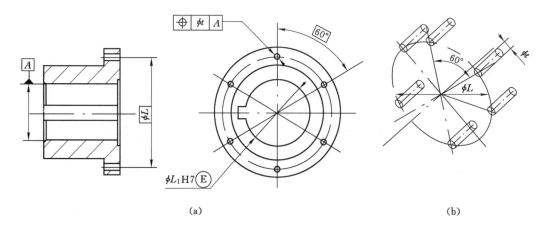

图 3-38　线的位置度标注与公差带

　　综上所述,位置公差带不仅有形状和大小的要求,而且相对于基准的定位尺寸为理论正确尺寸,因此还有特定方位的要求,即位置公差带的中心具有确定的理想位置,且以该理想位置来对称配置公差带。

　　位置公差带能自然地把同一被测要素的形状误差和方向误差控制在位置公差带范围内。如图 3-39 所示的被测平面位置度公差带,既控制实际被测平面距基准平面 A 的位置度误差,同时又自然地控制了被测平面相对于基准平面的平行度误差和被测平面的平面度误差。因此,对某一被测要素给出位置公差后,仅在对其方向精度或(和)形状精度有进一步要求时,才另行给出方向公差或(和)形状公差,而方向公差值必须小于位置公差值,形状公差值必须小于方向公差值,对被测平面同时给出 t_1 位置度公差、t_2 平行度公差和 t_3 平面度公差,应使 $t_1 < t_2 < t_3$。

　　典型同轴度(同心度)、对称度和位置度公差带的定义和标注示例见表 3-4。

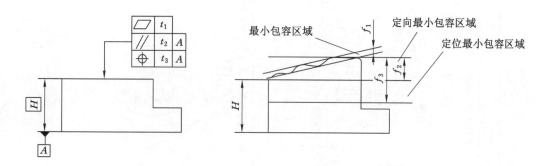

图 3-39 对同一被测要素同时给出定位、定向和形状误差

3.3.5 跳动公差带

跳动公差是基于特定的测量方法规定的具有综合性质的几何公差项目。

（1）圆跳动公差带

圆跳动公差是关联实际被测要素对理想圆的允许变动,理想圆的圆心在基准轴线上。

几何公差带
——跳动公差
和基准的体现

根据允许变动的方向,圆跳动可以分为径向圆跳动、轴向(端面)圆跳动和斜向圆跳动三种。

径向圆跳动公差带是在垂直于基准轴线的任一测量平面内、半径差为圆跳动公差值 t、圆心在基准轴线上的两同心圆之间的区域;轴向(端面)圆跳动公差带是在以基准轴线为轴线的任一直径的测量圆柱面上、沿其母线方向、宽度为圆跳动公差值 t 的圆柱面区域;斜向圆跳动公差带是在以基准轴线为轴线的任一测量圆锥面上、沿其母线方向、宽度为圆跳动公差值 t 的圆锥面区域。图 3-40 所示为三种圆跳动的标注。

（2）全跳动公差带

全跳动公差是关联实际被测要素对理想回转面的允许变动。当理想回转面是以基准轴线为轴线的圆柱面时,称为径向全跳动;当理想回转面是与基准轴线垂直的平面时,称为轴向(端面)全跳动。

径向全跳动公差带是半径差为全跳动公差值 t、以基准轴线为轴线的两同轴圆柱面内的区域,如图 3-41(a)所示;轴向(端面)全跳动公差带是距离为全跳动公差值 t 且与基准轴线垂直的两平行平面之间的区域,如图 3-42(a)所示。图 3-41(b)表示 ϕd 轴的实际轮廓必须位于半径差为全跳动公差值 0.2 mm、以公共基准轴线 A—B 为轴线的两同轴圆柱面公差带内;图 3-42(b)表示右端面的实际轮廓必须位于距离为全跳动公差值 0.05 mm、垂直于基准轴线 A 的两平行平面公差带内。

圆跳动和全跳动公差带的位置既有固定的特性,又有浮动的特性。径向圆跳动的两同心圆公差带必须在垂直于基准轴线的测量平面内,且其圆心必须在基准轴线上,但其直径可以在保持半径差等于圆跳动公差值的条件下随实际被测要素而变动;轴向(端面)圆跳动的圆柱面公差带的轴线必须在基准轴线上,但其轴向位置可以在保持轴向宽度等于圆跳动公差值的条件下随实际被测要素而变动;径向全跳动的两同轴圆柱面公差带的轴线必须在基准轴线上,但其直径可以在保持半径差等于全跳动公差值的条件下随实际被测要素而变动;轴向(端面)全跳动的两平行平面公差带必须垂直于基准轴线,但其轴向位置可以在保持宽度等于全跳动公差值的条件下随实际被测要素而变动。

表 3-4 典型同轴度、对称度、位置度公差带的定义和标注示例（摘自 GB/T 1182—2018）

特征项目		公差带定义	标注示例和解释
同心度与同轴度公差	点的同心度公差	公差带为直径等于公差值 ϕt 的圆周所限定的区域。该圆周的圆心与基准点重合 ϕt a a—基准点	在任意截面内（用符号 ACS 标注在几何公差框格的上方），内圆的实际中心点应限定在 $\phi 0.1$ mm 且以基准点 A 为圆心的圆周内 ⊚ $\phi 0.1$ A ACS A ⊚ $\phi 0.1$ A ACS
	线的同轴度公差	公差带为直径等于公差值 ϕt 且轴线与基准轴线重合的圆柱面所限定的区域 ϕt a a—基准轴线	被测圆柱面的实际轴线应限定在 $\phi 0.1$ mm 且轴线与基准轴线 A 重合的圆柱面内 ⊚ $\phi 0.1$ A A A

表 3-4（续）

特征项目		公差带定义	标注示例和解释
对称度公差	面对面对称度公差	公差带为距离等于公差值 t 且对称于基准中心平面的两平行平面所限定的区域 a—基准中心平面	两端为半圆的被测槽的实际中心平面应限定在间距等于 0.08 mm 且对称于公共基准中心平面 $A-B$ 的两平行平面之间
	面对线对称度公差	公差带为距离等于公差值 t 且对称于基准中心平面的两平行平面所限定的区域 a—基准中心平面； P_0—通过基准轴线的理想平面	被测槽的实际中心平面应限定在间距为 0.08 mm 的两平行平面之间。该两平行平面对称于中心平面 A
位置度公差	点的位置度公差	公差带为直径等于公差值 $S\phi t$ 的圆球所限定的区域。该圆球中心的理论正确位置由基准平面 A,B,C 和理论正确尺寸 x,y 确定 a,b,c—基准平面 A,B,C	实际球心应限定在 $S\phi 0.3$ mm 的圆球内。该圆球的中心应处于由基准平面 A,B,C 和理论正确尺寸 30 mm,25 mm 确定的理论正确位置上

表 3-4(续)

特征项目	公差带定义	标注示例和解释

位置度公差

线的位置度公差

公差带为直径等于公差值 ϕt 的圆柱面所限定的区域。该圆柱面轴线的理论正确位置由基准平面 C、A、B 和理论正确尺寸 x、y 确定

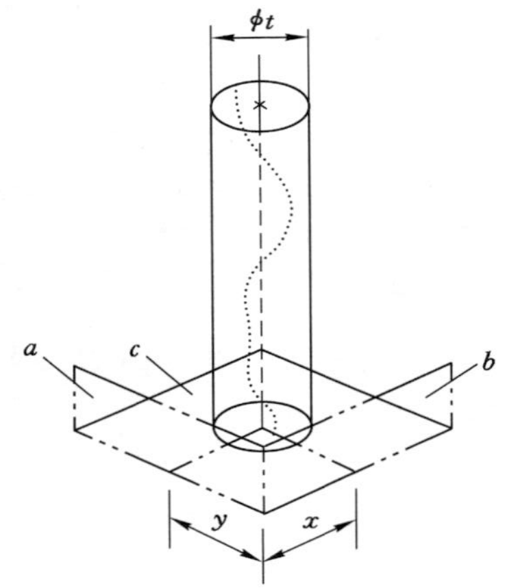

a、b、c—基准平面 A,B,C

被测孔的实际轴线应限定在直径等于 $\phi0.08$ mm 的圆柱面内。该圆柱面的轴线应处于由基准平面 C、A、B 和理论正确尺寸 100 mm、68 mm 确定的理论正确位置上

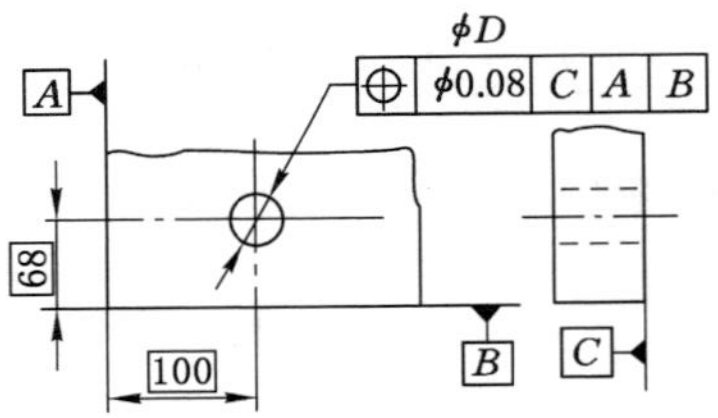

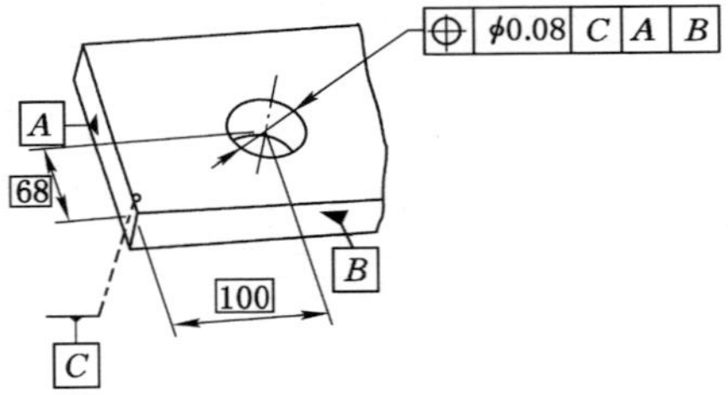

面的位置度公差

公差带为间距等于公差值 t 且对称于被测表面理论正确位置的两平行平面所限定的区域。该理论正确位置由基准平面 A、基准轴线和理论正确尺寸 L、理论正确角度 α 确定

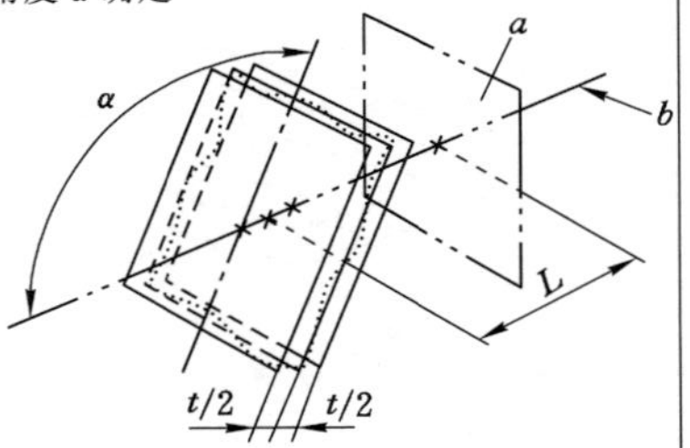

a—基准平面；
b—基准轴线

实际表面应限定在间距等于 0.05 mm 且对称于被测表面理论正确位置的两平行平面之间。该理论正确位置由基准平面 A、基准轴线 B 和理论正确尺寸 15 mm、理论正确角度 105° 确定

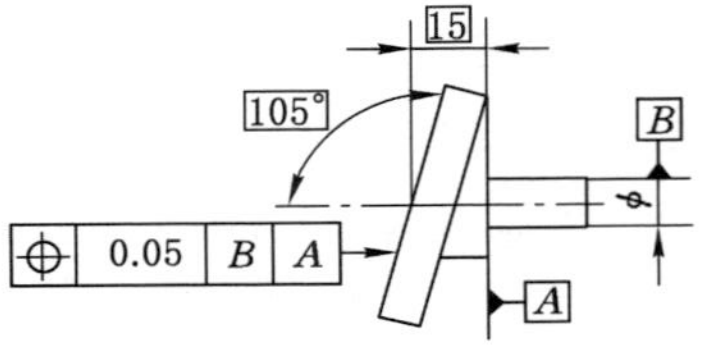

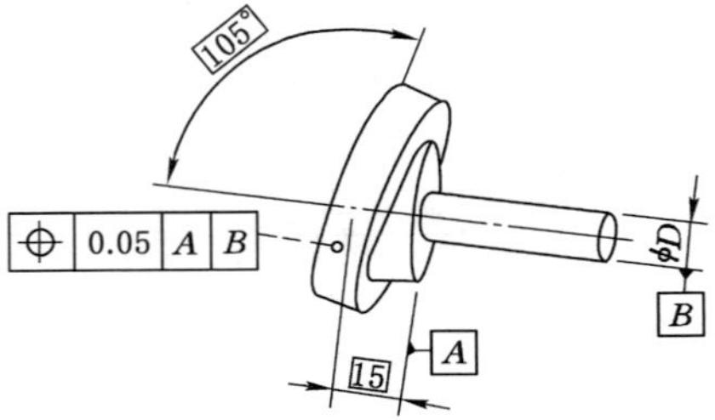

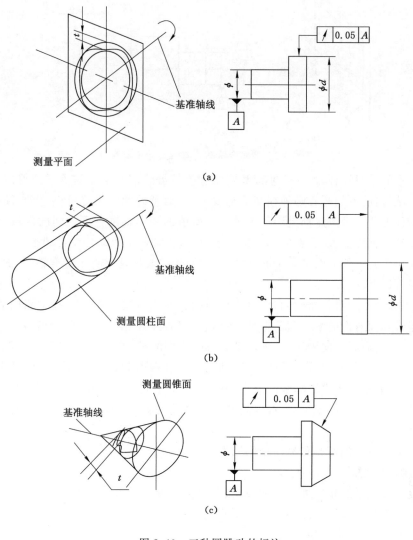

图 3-40 三种圆跳动的标注

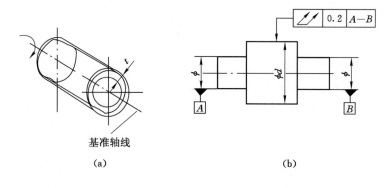

图 3-41 径向全跳动公差带及标注示例

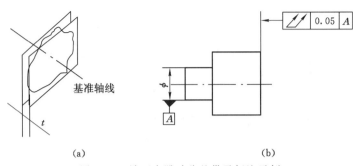

(a)　　　　　　　　　　　　　(b)

图 3-42　端面全跳动公差带及标注示例

需要注意的是,径向圆跳动公差带和圆度公差带虽然都是半径差等于公差值的两同心圆之间的区域,但前者的圆心必须在基准轴线上,而后者的圆心位置可以浮动;径向全跳动公差带和圆柱度公差带虽然都是半径差等于公差值的两同轴圆柱面之间的区域,但前者的轴线必须在基准轴线上,而后者的轴线位置可以浮动;端面全跳动公差带和平面度公差带虽然都是宽度等于公差值的两平行平面之间的区域,但前者必须垂直于基准轴线,而后者的方向和位置都可以浮动。

由此可见,公差带形状相同的各几何公差项目,其设计要求不一定都是相同的。例如,平面度公差带和面对面的平行度公差带,虽然它们都是两平行平面之间的区域,但前者方向和位置均可浮动,后者方向固定、位置浮动,因此,它们的设计要求、加工定位、检测方法和结果处理等都是不相同的。轴向(端面)全跳动公差带和端面对轴线的垂直度公差带,不仅形状相同,而且都有垂直于基准轴线的要求,并允许其位置浮动,所以只要给定的公差值相同,则无论在图样上标注哪一个项目,都体现同样的设计要求,因而可以采取相同的加工、检测和结果处理方法。

典型跳动公差带的定义和标注示例见表 3-5。

3.3.6　轮廓度公差带

轮廓度公差包括线轮廓度公差和面轮廓度公差,可以是形状公差,也可以是位置公差,面轮廓度公差带的定义和标注示例见表 3-6。

3.3.7　辅助平面和要素框格

辅助平面和要素框格仅用于容易引起误解的标注情况下,大多数情况下省略标注。在二维环境的规范中,GB/T 1182—2018 规定依靠尺寸线的方向来定义公差带的方向,但该方法不能确保在二维环境与三维环境下使用相似的标注,因此 GB/T 1182—2018 建议采用辅助要素框格来确定被测要素公差带的方向,确保在二维环境与三维环境下的一致性。辅助要素框格包括相交平面框格、定向平面框格、方向要素框格和组合平面框格四种类型,见表 3-7。

辅助平面和要素框格标注规范如下:

(1)辅助要素不独立使用,其框格标注在公差框格的右侧,如图 3-43 所示。公差框格右边可有多个辅助要素框格,由左向右依次为相交平面框格、定向平面框格或方向要素框格、组合平面框格。

(2)辅助要素框格最两侧的"<"">""←""○"符号用于区别不同框格。

(3)左起第一格是被测平面或要素相对于基准的构建方式或方向:平行"//"、垂直"⊥"、保持特定角度"∠"(需标出平面与基准之间的 TED 夹角)、对称"≡"、跳动"↗"等,见表 3-7。

表 3-5　典型跳动公差带的定义和标注示例(摘自 GB/T 1182—2018)

特征项目		公差带定义	标注示例和解释
圆跳动公差	径向圆跳动公差	公差带为在任一垂直于基准轴线的横截面内,半径差等于公差值 t、圆心在基准轴线上的两同心圆所限定的区域； a—基准轴线； b—横截面；	在任一垂直于基准轴线 A 的横截面内,被测圆柱面的实际圆应限定在半径差等于 0.1 mm 且圆心在基准轴线 A 上的两同心圆之间
	轴向圆跳动公差	公差带为在与基准轴线同轴线的任一直径的圆柱截面上,间距等于公差值 t 的两个等径圆所限定的圆柱面区域； a—基准轴线； b—公差带； c—任意直径	在与基准轴线 D 同轴线的任一直径的圆柱截面上,实际圆应限定在轴向距离等于 0.1 mm 的两个等径圆之间
	斜向圆跳动公差	公差带为与基准轴线同轴线的某一圆锥截面上,间距等于公差值 t 的两个等径圆所限定的圆锥面区域。除非另有规定,测量方向应垂直于被测表面； a—基准轴线； b—圆锥截面； c—公差带	在与基准轴线 C 同轴线的任一圆锥截面上,实际线应限定在素线方向间距等于 0.1 mm 的直径不相等的两个圆之间

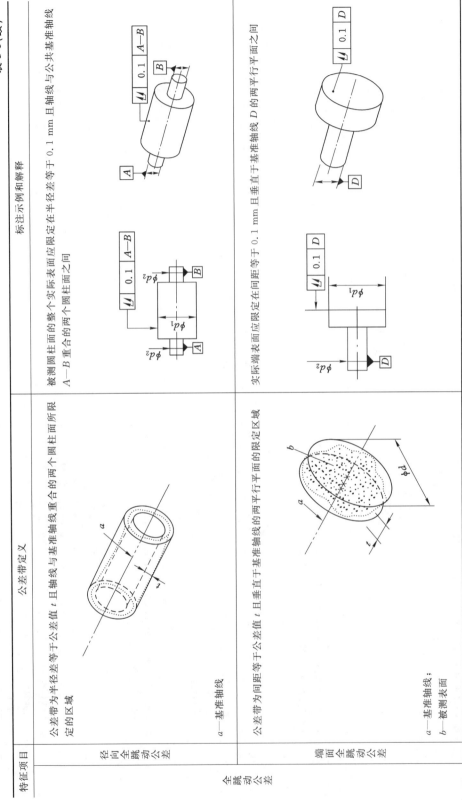

表 3-5（续）

特征项目		公差带定义	标注示例和解释
全跳动公差	径向全跳动公差	公差带为半径差等于公差值 t 且轴线与基准轴线重合的两个圆柱面所限定的区域 a—基准轴线	被测圆柱面的整个实际表面应限定在半径差等于 0.1 mm 且轴线与公共基准轴线 A—B 重合的两个圆柱面之间
	端面全跳动公差	公差带为间距等于公差值 t 且垂直于基准轴线的两平行平面的限定区域 a—基准轴线； b—被测表面	实际端表面应限定在间距等于 0.1 mm 且垂直于基准轴线 D 的两平行平面之间

表 3-6　面轮廓度公差带的定义和标注示例（摘自 GB/T 1182—2018）

特征项目	公差带定义	标注示例和解释
无基准的面轮廓度公差	公差带为直径等于公差值 t、球心位于被测要素理论正确几何形状上的一系列圆球包络面所限定的区域 	实际轮廓面应限定在 $\phi0.02$ mm、球心位于被测要素理论正确几何形状上的一系列圆球的两等距包络面之间
相对于基准体系的面轮廓度公差	公差带为直径等于公差值 t、球心位于由基准平面 A 确定的被测要素理论正确几何形状的两等距圆球面所限定的区域 a—基准平面 A； L—理论正确几何图形的顶点至基准平面 A 的距离 	实际轮廓面应限定在 $\phi0.1$ mm、球心位于由基准平面 A 确定的被测要素理论正确几何形状上的一系列圆球的两等距包络面之间

表 3-7　辅助要素框格类型及符号

相交平面框格	$\boxed{\!\!\lessgtr\!\! // \mid B}$ $\boxed{\!\!\lessgtr\!\! \perp \mid B}$ $\boxed{\!\!\lessgtr\!\! \angle \mid B}$ $\boxed{\!\!\lessgtr\!\! = \mid B}$
定向平面框格	$\boxed{\!\!\lessgtr\!\! // \mid D\!\!\gtrless}$ $\boxed{\!\!\lessgtr\!\! \perp \mid D\!\!\gtrless}$ $\boxed{\!\!\lessgtr\!\! \angle \mid D\!\!\gtrless}$
方向要素框格	$\leftarrow\boxed{// \mid C}$ $\leftarrow\boxed{\perp \mid C}$ $\leftarrow\boxed{\angle \mid C}$ $\leftarrow\boxed{\nearrow \mid C}$
组合平面框格	$\circlearrowleft\boxed{// \mid A}$

（4）左起第二格是标识基准的字母,作为公差框格中基准的辅助基准。

（5）指引线可根据需要,与相交平面框格相连,或与公差框格之一相连。

3.3.7.1　相交平面框格

相交平面是由零件的提取要素建立的平面,用于标识该面上的线要素(组成要素或中心要素)或提取线上的点要素。

（1）相交平面的作用。用它确定相交平面上线要素要求的方向。仅当面要素为回转型(如圆锥或圆环)、圆柱型(如圆柱)和平面型(如平面)时,才可构建相交平面族。

（2）相交平面框格。相交平面应使用相交平面框格标注,它作为公差框格的延伸部分标注在其右侧。相交平面框格有四种形式,见表 3-7。用特征符号定义相交平面相对于基准的构建方式,并将其放置在相交平面框格的第一格,其基准字母放在第二格。

（3）相交平面的应用规则。若几何公差标注中包含相交平面框格,则应符合下列规则:当被测要素是组成要素上的线要素时,应标注相交平面框格,以免产生误解,除非被测要素是圆柱、圆锥或球的直线度或圆度。当被测要素是在一个给定方向上的所有线要素,而且特征符号并未明确表明被测要素是平面要素还是该要素上的线要素时,应使用相交平面框格表示出被测要素是要素上的线要素及这些线要素的方向。如图 3-43 所示,此时被测要素是该面要素上与基准 A 平行的所有线要素。公差带是在平行于基准 A 的相交平面内间距等于公差值 t 的两平行直线所限定的区域。如图 3-44 所示,此时被测要素是该面要素上与基准 A 垂直的所有线要素。公差带是在垂直于基准 A 的相交平面内间距等于公差值 t 的两平行直线所限定的区域。

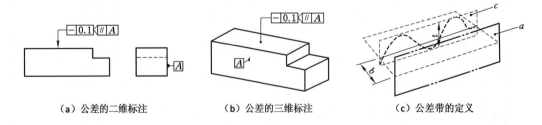

（a）公差的二维标注　　　　（b）公差的三维标注　　　　（c）公差带的定义

图 3-43　相交平面框格标注示例(一)

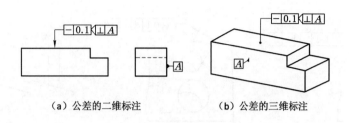

（a）公差的二维标注　　　　　　　　　（b）公差的三维标注

图 3-44　相交平面框格标注示例（二）

3.3.7.2　定向平面框格

定向平面是由提取要素建立的平面，用于标识公差带的方向。

（1）定向平面的作用。在下列情况中应标注定向平面框格：被测要素是中心线或中心点，且公差带的宽度是由两平行平面限定的；或被测要素是中心点，公差带是由一个圆柱限定的，且公差带要相对于其他要素定向，且该要素是基于零件的提取要素构建的，能够标识公差带的方向。被测要素是矩形局部区域时，也可以标注定向平面。仅当面要素为回转型、圆柱型和平面型时，才可用于构建定向平面。

（2）定向平面框格。定向平面应使用定向平面框格。定向平面框格有三种形式，见表 3-7。

（3）定向平面的应用规则。若几何公差标注中包含定向平面框格，则应符合下列规则：当定向平面所定义的角度等于 0° 或 90° 时，应分别使用平行度符号或垂直度符号。如图 3-45 所示，被测轴线应限定在间距为 0.1 mm 且平行于基准轴线 A 的两平行平面之间，公差带的两平行平面必须平行于基准平面 B。如图 3-46 所示，被测轴线应限定在间距为 0.1 mm 且平行于基准轴线 A 的两平行平面之间，公差带的两平行平面必须垂直于基准平面 B。如图 3-47 所示，被测轴线应限定在两对间距分别为 0.1 mm 和 0.2 mm，且平行于基准轴线 A 的平行平面之间；同时，0.2 mm 的公差带垂直于基准 B，0.1 mm 的公差带平行于基准 B。当定向平面所定义的角度不是 0° 或 90° 时，应使用倾斜度符号，并且应明确地定义出定向平面与定向平面框格中的基准之间的理论夹角。

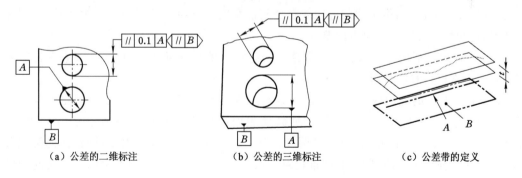

（a）公差的二维标注　　　　（b）公差的三维标注　　　　（c）公差带的定义

图 3-45　定向平面框格标注示例（一）

3.3.7.3　方向要素框格

方向要素是由零件的提取要素建立的理想要素。用于标识公差带宽度（局部偏差）的方向。

（1）方向要素的作用。当被测要素是组成要素且公差带宽度的方向与面要素不垂直

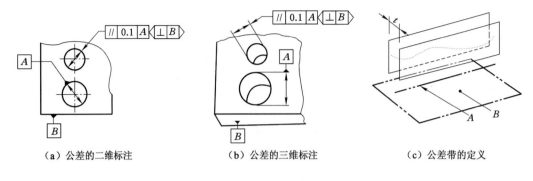

（a）公差的二维标注　　　　　（b）公差的三维标注　　　　　（c）公差带的定义

图 3-46　定向平面框格标注示例(二)

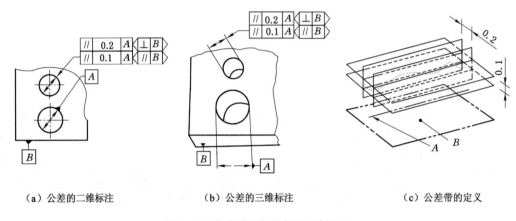

（a）公差的二维标注　　　　　（b）公差的三维标注　　　　　（c）公差带的定义

图 3-47　定向平面框格标注示例(三)

时,应使用方向要素确定公差带宽度的方向。另外,应使用方向要素标注非圆柱体或球体的回转体表面圆度的公差带宽度方向。在二维标注中,仅当指引线的方向以及公差带宽度的方向使用 TED 标注时,指引线的方向才是公差带宽度的方向。仅当面要素为回转型、圆柱型和平面型时,才可用于构建方向要素。

　　（2）方向要素框格。方向要素的框格是公差框格的延伸部分,它标注在公差框格的右侧。方向要素框格有四种形式,见表 3-7。

　　（3）方向要素的应用规则。当被测要素是组成要素,且公差带的宽度与规定的几何要素非法向关系,或对非圆柱体或球体的回转体表面使用圆度公差时,应标注方向要素,如图 3-48 所示。在图 3-48 中,圆柱面的圆度公差不需要标注方向要素框格,圆锥面的圆度公差需要标注方向要素框格,圆柱和圆锥任意横截面上的圆度公差带均为两同心圆之间的区域。当方向定义为与被测要素的面要素垂直时,应使用跳动符号,并且被测要素(或其导出要素)应在方向要素框格中作为基准标注,如图 3-49 所示。此时,公差带的宽度方向与圆锥面垂直。

3.3.7.4　组合平面框格

　　组合平面是由零件上的要素建立的平面,用于定义封闭的组合连续要素。组合连续要素是由单一要素无缝组合在一起的,它可以是封闭的或非封闭的。

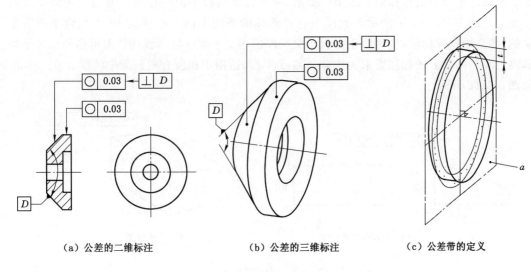

(a) 公差的二维标注　　　　　(b) 公差的三维标注　　　　　(c) 公差带的定义

图 3-48　方向要素框格标注示例(一)

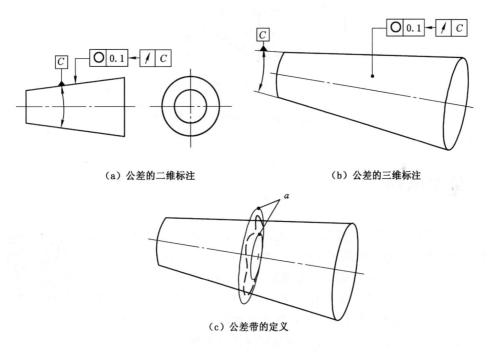

(a) 公差的二维标注　　　　　　　　　(b) 公差的三维标注

(c) 公差带的定义

图 3-49　方向要素框格标注示例(二)

（1）组合平面的作用。当几何公差标注"全周"符号时,应使用组合平面。组合平面可标识一个平行平面族,用来标识"全周"标注所包含的要素。相交平面的同一类要素也可用于构建组合平面。

（2）组合平面的框格。组合平面框格是公差框格的延伸部分,它标注在公差框格的右侧。组合平面框格见表 3-7。

（3）组合平面的应用规则。当使用"全周"符号标识适用于要素集合的规范时,应标注组合平面。组合平面可标识一组单一要素,与平行于组合平面的任意平面相交为线要素或点要素。图 3-50(a)、(b)所示为封闭组合且连续的表面上的一组线素上(由组合平面所定义的)的全周图样标注,应将用于标识相交平面的相交平面框格布置在公差框格与组合平面框格之间。图样上的标注要求为组合公差带(CZ),适用于在所有横截面中的线 a、b、c 与 d,如图 3-50(c)所示。

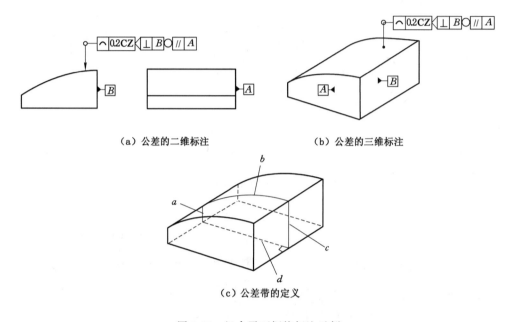

（a）公差的二维标注 　　　　　（b）公差的三维标注

（c）公差带的定义

图 3-50　组合平面框格标注示例

3.4　公差原则

公差原则就是表达尺寸(线性尺寸和角度尺寸)公差和几何公差之间相互关系的原则。公差原则的国家标准包括 GB/T 4249—2018 和 GB/T 16671—2018。基本的公差原则是独立原则。遵循独立原则时的尺寸和几何公差均是独立的,应分别满足各自的要求。当轮廓要素的尺寸公差与其相应的中心要素的几何公差之间的关系有特定要求时,采用相关要求。采用相关要求的几何公差和尺寸公差应按规定在图样上标明。相关要求可以分为包容要求、最大实体要求和最小实体要求等。

公差原则

3.4.1　术语和定义

(1) 局部实际尺寸(简称实际尺寸)

在实际要素的任意正截面上两对应点之间测得的距离,称为局部实际尺寸(线性尺寸),简称实际尺寸,如图 3-51 所示。

(2) 作用尺寸

作用尺寸可以分为体外作用尺寸和体内作用尺寸两种。

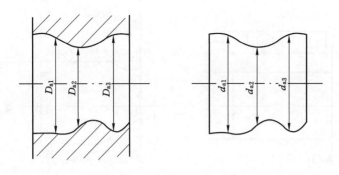

图 3-51 局部实际尺寸

① 体外作用尺寸

在被测要素的给定长度上,与实际内表面(孔)体外相接的最大理想面,或与实际外表面(轴)体外相接的最小理想面的直径或宽度,称为体外作用尺寸。

对于单一被测要素,内表面(孔)的体外作用尺寸以 D_{fe} 表示,外表面(轴)的体外作用尺寸以 d_{fe} 表示。

对于给出定向公差或定位公差的关联被测要素,确定其体外作用尺寸的理想面的中心要素,必须与基准保持图样上给定的方向或位置关系。

图 3-52(a)表示内表面(孔)的体外作用尺寸,图 3-52(b)表示外表面(轴)的体外作用尺寸。图 3-53 给出了轴线对基准平面 A 的任意方向垂直度公差的外表面的定向体外作用尺寸 d_{fe}。

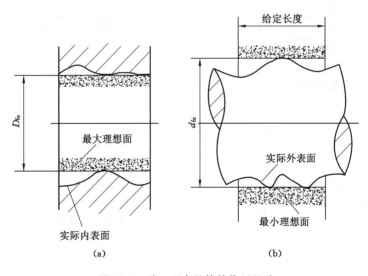

图 3-52 单一要素的体外作用尺寸

② 体内作用尺寸

在被测要素的给定长度上,与实际内表面(孔)体内相接的最小理想面,或与实际外表面(轴)体内相接的最大理想面的直径或宽度,称为体内作用尺寸。

对于单一被测要素,内表面(孔)的体内作用尺寸以 D_{fi} 表示,外表面(轴)的体内作用尺寸以 d_{fi} 表示。

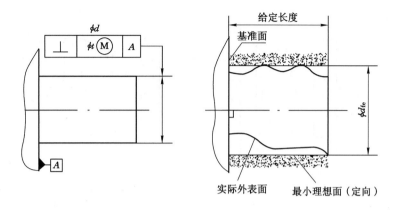

图 3-53 关联要素的体外作用尺寸

图 3-54(a)表示内表面(孔)的体内作用尺寸 D_{fi}，图 3-54(b)表示外表面(轴)的体内作用尺寸 d_{fi}。图 3-55 给出了轴线对基准平面 A 的任意方向垂直度公差的外表面的体内作用尺寸 d_{fi}。

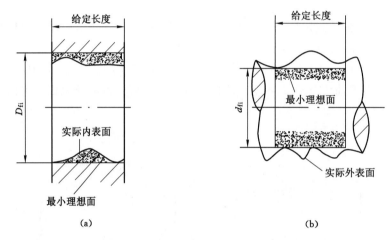

图 3-54 单一要素的体内作用尺寸

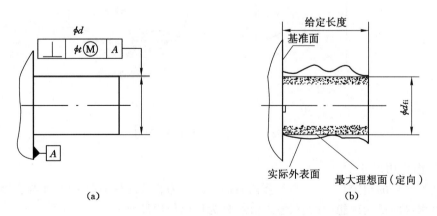

图 3-55 关联要素的体内作用尺寸

（3）最大实体状态（MMC）和最大实体尺寸（MMS）

最大实体状态（MMC）是指实际要素在给定长度上处处位于尺寸公差带内并具有实体最大（即材料量最多）的状态。实际要素在最大实体状态下的极限尺寸称为最大实体尺寸（MMS）。外表面（轴）的最大实体尺寸用符号 d_{M} 表示，它等于轴的最大极限尺寸 $d_{\max}$；内表面（孔）的最大实体尺寸用符号 D_{M} 表示，它等于孔的最小极限尺寸 $D_{\min}$。图 3-56 和图 3-57 分别是内表面（孔）和外表面（轴）的最大实体状态及相应的最大实体尺寸的示例。按照最大实体状态的定义，并不要求实际尺寸要素具有理想形状，也就是允许内、外表面的中心要素具有形状误差。

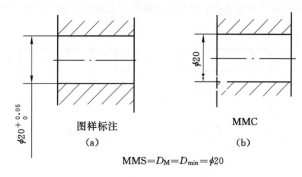

MMS＝D_{M}＝$D_{\min}$＝$\phi20$

图 3-56　内表面（孔）最大实体状态及相应的最大实体尺寸

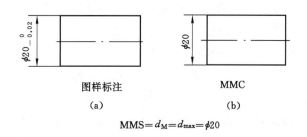

MMS＝d_{M}＝$d_{\max}$＝$\phi20$

图 3-57　外表面（轴）的最大实体状态及相应的最大实体尺寸

（4）最小实体状态（LMC）和最小实体尺寸（LMS）

最小实体状态（LMC）是指实际要素在给定长度上处处位于尺寸公差带内并具有实体最小（即材料量最少）的状态。实际要素在最小实体状态下的极限尺寸称为最小实体尺寸（LMS）。外表面（轴）的最小实体尺寸用符号 d_{L} 表示，它等于轴的最小极限尺寸 $d_{\min}$；内表面（孔）的最小实体尺寸用符号 D_{L} 表示，它等于孔的最大极限尺寸 $D_{\max}$。图 3-58 和图 3-59 所示分别为内表面（孔）和外表面（轴）的最小实体状态及相应的最小实体尺寸的示例。按照最小实体状态的定义，也并不要求实际尺寸要素具有理想形状，即允许内、外表面的中心要素具有形状误差。

（5）最大实体实效状态（MMVC）和最大实体实效尺寸（MMVS）

在给定长度上，实际尺寸要素处于最大实体状态，且其中心要素的形状或位置误差等于图样上给出公差值时的综合极限状态，称为最大实体实效状态；最大实体实效状态下的体外作用尺寸，称为最大实体实效尺寸。

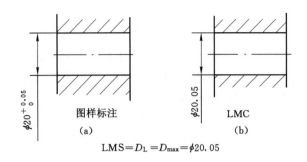

图样标注
(a)

LMC
(b)

$$LMS = D_L = D_{max} = \phi 20.05$$

图 3-58　内表面(孔)的最小实体状态及相应的最小实体尺寸

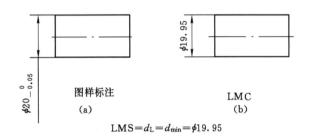

图样标注
(a)

LMC
(b)

$$LMS = d_L = d_{min} = \phi 19.95$$

图 3-59　外表面(轴)的最小实体状态及相应的最小实体尺寸

内表面(孔)的最大实体实效尺寸以 D_{MV} 表示,它等于孔的最大实体尺寸 D_M 减去其中心要素的几何公差值 t Ⓜ;外表面(轴)的最大实体实效尺寸以 d_{MV} 表示,它等于轴的最大实体尺寸 d_M 加其中心要素的几何公差值 t Ⓜ,即:

对内表面(孔):　　　　　　$$D_{MV} = D_M - t\ Ⓜ = D_{min} - t\ Ⓜ$$

对外表面(孔):　　　　　　$$d_{MV} = d_M + t\ Ⓜ = d_{max} + t\ Ⓜ$$

图 3-60 所示孔的轴线任意方向的直线度公差 $t = \phi 0.02$ Ⓜ,则当孔的局部实际尺寸处处等于最大实体尺寸 $\phi 20$ mm(即孔处于最大实体状态),且轴的直线度误差等于给出的公差 $\phi 0.02$ mm 时,则该孔即处于最大实体实效状态。其最大实体实效尺寸为:

$$D_{MV} = D_M - t\ Ⓜ = 20 - 0.02 = 19.98\ (mm)。$$

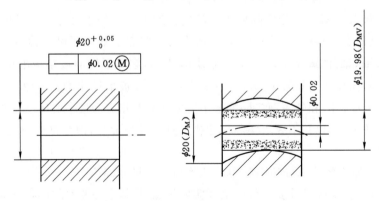

图 3-60　单一要素的最大实体实效尺寸

图 3-61 所示 $\phi15_{-0.05}^{0}$ 轴的轴线对基准平面 A 的任意方向的垂直度公差 $t = \phi0.02$ Ⓜ，轴的局部实际尺寸处处等于其最大尺寸 $\phi15$ mm（即轴处于最大实体状态），且其轴线对基准 A 的垂直度误差等于给出的公差值（$\phi0.02$ mm），即轴线处于最大实体实效状态，其最大实体实效尺寸 $d'_{MV} = d_M + t$ Ⓜ $= 15 + 0.02 = 15.02$（mm）。

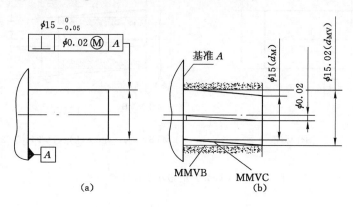

(a)　　　　(b)

图 3-61　关联要素的最大实体实效尺寸

（6）最小实体实效状态（LMVC）和最小实体实效尺寸（LMVS）

在给定长度上，实际尺寸要素处于最小实体状态，且其中心要素的形状或位置误差等于给出公差值时的综合极限状态，称为最小实体实效状态。最小实体实效状态下的体内作用尺寸，称为最小实体实效尺寸。

内表面（孔）的最小实体实效尺寸以 D_{LV} 表示，它等于孔的最小实体尺寸 D_L 加上其中心要素的几何公差值 t Ⓜ；外表面（轴）的最小实体实效尺寸以 d_{LV} 表示，它等于轴的最小实体尺寸 d_L 减去其中心要素的几何公差值 t Ⓜ，即：

对于内表面（孔）：　　　　　$D_{LV} = D_L + t$ Ⓛ $= D_{max} + t$ Ⓛ

对于外表面（孔）：　　　　　$d_{LV} = d_L - t$ Ⓛ $= d_{min} - t$ Ⓛ

单一要素和关联要素的最小实体实效尺寸的标注和含义如图 3-62、图 3-63 所示。

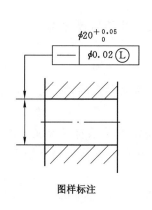

图样标注

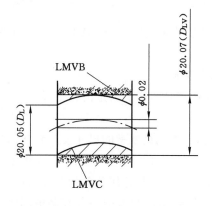

$LMVS = D_{LV} = 20.05 + 0.02 = 20.07$

图 3-62　单一要素的最小实体实效尺寸

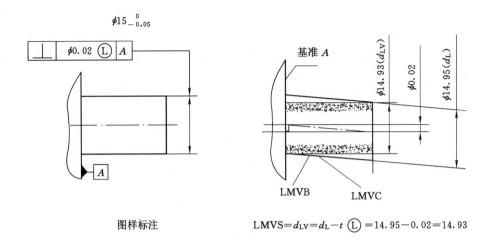

图样标注

$$\text{LMVS} = d_{LV} = d_L - t \ \textcircled{L} = 14.95 - 0.02 = 14.93$$

图 3-63   关联要素的最小实体实效尺寸

（7）边界

精度设计时,为了控制被测要素的实际尺寸和几何误差的综合结果,需要对该综合结果规定允许的极限,并用边界的形式表示。边界是由设计给定的具有理想形状的极限包容面（极限圆柱面或两平行平面）。单一要素的边界没有方位的约束,而关联要素的边界应与基准保持图样上给定的几何关系。该极限包容面的直径或宽度称为边界尺寸。对于外表面（轴）来说,它的边界相当于一个具有理想形状的内表面（孔）;对于内表面（孔）来说,它的边界相当于一个具有理想形状的外表面（轴）。

根据设计要求,可以给出不同的边界。当要求某要素遵守特定的边界时,该要素的实际轮廓不得超出这特定的边界。有下列四种边界:

① 最大实体边界（MMB）:尺寸为最大实体尺寸的边界称为最大实体边界。

② 最小实体边界（LMB）:尺寸为最小实体尺寸的边界称为最小实体边界。

③ 最大实体实效边界（MMVB）:尺寸为最大实体实效尺寸的边界称为最大实体实效边界。

④ 最小实体实效边界（LMVB）:尺寸为最小实体实效尺寸的边界称为最小实体实效边界。

3.4.2　独立原则

独立原则就是图样上给定的各个尺寸和形状、位置要求都是独立的,应该分别满足各自的要求。

此时,图样上凡是要素的尺寸公差和几何公差没有用特定的关系符号或文字说明它们有联系时,就表示它们遵守独立原则。由于图样上所有公差中的绝大多数遵守独立原则,故独立原则是尺寸公差与几何公差相互关系遵循的基本原则。

采用独立原则时,尺寸公差仅控制被测要素实际尺寸的变动量（把实际尺寸控制在给定的极限尺寸范围内）,不控制该要素本身的几何误差（如圆柱要素的圆度和轴线直线度误差,平行平面要素的平面度误差）。几何公差控制实际被测要素对其理想形状、方向或位置的变动量,而与该要素的实际尺寸的大小无关,因此,不论要素的实际尺寸的大小如何,该实际被测要素应能全部落在给定的几何公差带内,几何误差值应不大于图样上标注的几何公差值。图 3-64 所示为按独立原则注出尺寸公差和圆度公差、直线度公差的示例。零件加工后,其实际尺寸应在 29.979～30 mm 范围内,任一横截面的圆度误差应不大于 0.005 mm,素线直线度误差应不大于 0.01 mm。圆度和直线度误差的允许值与零件实际尺寸的大小无关。实际尺寸和圆度误差、素线直线度误差皆合格,该零件才合格,其中只要有一项不合格,则该零件就不合格。

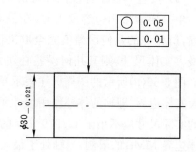

图 3-64　按独立原则注出公差的示例

被测要素采用独立原则时,其实际尺寸用两点法测量,其几何误差使用普通计量器具来测量。

3.4.3　包容要求

(1) 包容要求的含义和图样上的标注方法

包容要求适用于单一要素(如圆柱面、两平行平面),是指设计时应用边界尺寸为最大实体尺寸的边界(称为最大实体边界 MMB)来控制单一要素的实际尺寸和几何误差的综合结果,要求该要素的实际轮廓不得超出这一边界(即体外作用尺寸应不超出最大实体尺寸),并且实际尺寸不得超出最小实体尺寸。

图 3-65 所示为轴和孔的最大实体边界示例。要求轴或孔遵守包容要求时,其实际轮廓应控制在最大实体边界 MMB 范围内,且其实际尺寸 d_a 或 D_a 不应超出最小实体尺寸。

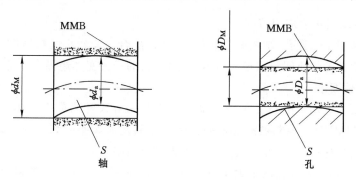

图 3-65　轴和孔的最大实体边界

按包容要求给出尺寸公差时,需要在公称尺寸的上、下偏差后面或尺寸公差带代号后面标注符号Ⓔ,如 $\phi40^{+0.018}_{+0.002}$Ⓔ、$\phi100H7$Ⓔ、$\phi40k6$Ⓔ、$\phi100H7(^{+0.035}_{0})$Ⓔ。包容要求就应满足下列要求:

对于轴:　　　　　　$d_{fe} \leqslant d_{max}$　　且　　$d_a \geqslant d_{min}$

对于孔:　　　　　　$D_{fe} \geqslant D_{min}$　　且　　$D_a \leqslant D_{max}$

式中　　d_{fe}、D_{fe}——轴、孔的体外作用尺寸;

　　　　d_a、D_a——轴、孔的实际尺寸;

　　　　d_{max}、d_{min} 和 D_{max}、D_{min}——轴、孔的最大和最小极限尺寸。

（2）按包容要求标注的图样解释

单一要素采用包容要求时,在最大实体边界范围内,该要素的实际尺寸和几何误差相互依赖,所允许的几何误差值完全取决于实际尺寸的大小,因此,若轴或孔的实际尺寸处处皆为最大实体尺寸,则其几何误差必须为零才能合格。

图 3-66(a)所示的图样标注表示单一要素轴的实际轮廓不得超过边界尺寸为 $\phi20$ mm 的最大实体边界,即轴的体外作用尺寸不应大于 20 mm 的最大实体尺寸（轴的最大极限尺寸）。轴的实际尺寸应不小于 19.979 mm 的最小实体尺寸（轴的最小极限尺寸）。由于轴受到最大实体边界 MMB 的限制,当轴处于最大实体状态时,不允许存在几何误差[图 3-66(b)];当轴处于最小实体状态时,其轴线直线度误差允许值可达到 0.021 mm[图 3-66(c),设轴横截面形状正确]。图 3-66(d)给出了表达上述关系的动态公差图,该图表示轴线直线度误差允许值 t 随轴实际尺寸 d_a 变化的规律。

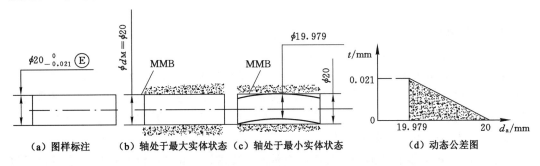

（a）图样标注　（b）轴处于最大实体状态　（c）轴处于最小实体状态　（d）动态公差图

图 3-66　包容要求的解释

（3）包容要求的主要应用范围

包容要求常用于保证孔、轴的配合性质,特别是配合公差较小的精密配合要求,用最大实体边界保证所需的最小间隙或最大过盈,通过各自的最大实体边界来保证。

3.4.4　最大实体要求

最大实体要求适用于中心要素,是指设计时应用边界尺寸为最大实体实效尺寸的最大实体实效边界 MMVB 来控制被测要素的实际尺寸和几何误差的综合结果,要求该要素的实际轮廓不得超出这一边界,并且实际尺寸不得超出极限尺寸。

图 3-67(a)所示为轴和孔的最大实体实效边界的示例。关联要素的最大实体实效边界应与基准保持图样上给定的几何关系,图 3-67(b)所示为关联要素的最大实体实效边界垂直于基准平面 A。

当要求轴线、中心平面等中心要素的几何公差与其对应的轮廓要素（圆柱面、两平行平面等）的尺寸公差相关时,可以采用最大实体要求。

3.4.4.1　最大实体要求应用于被测要素

（1）最大实体要求应用于被测要素的含义和在图样上的标注方法

最大实体要求应用于被测要素时,应在被测要素几何公差框格中的公差值后面标注符号Ⓜ,如:

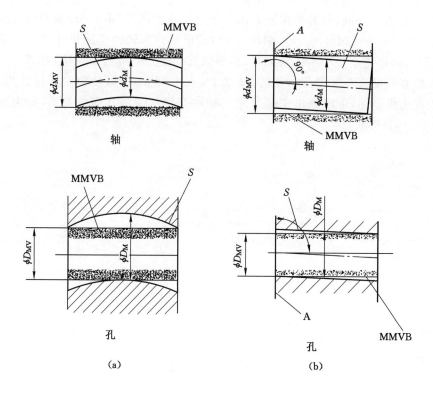

图 3-67 最大实体实效边界

主要包含下列三项内容：

① 图样上标注的几何公差值是被测要素处于最大实体状态时给出的公差值，并且给出控制该要素实际尺寸和几何误差的综合结果（实际轮廓）的最大实体实效边界。

② 被测要素的实际轮廓在给定长度上不得超出最大实体实效边界（即体外作用尺寸应不得超出最大实体实效尺寸），且其实际尺寸不得超出极限尺寸。应满足下列要求：

对于轴： $\qquad d_{fe} \leqslant d_{MV}$ 且 $d_{max} \geqslant d_a \geqslant d_{min}$

对于孔： $\qquad D_{fe} \leqslant D_{MV}$ 且 $D_{max} \geqslant D_a \geqslant D_{min}$

式中 d_{fe}、D_{fe}——轴、孔的体外作用尺寸；

$\qquad d_a$、D_a——轴、孔的实际尺寸；

$\qquad d_{MV}$、D_{MV}——轴、孔的最大实体实效尺寸；

$\qquad d_{max}$、d_{min} 和 D_{max}、D_{min}——轴、孔的最大和最小极限尺寸。

③ 当被测要素的实际轮廓偏离最大实体尺寸时，即实际尺寸偏离最大实体尺寸时（$d_a < d_{max}$，$D_a > D_{min}$），在被测要素的实际轮廓不超出最大实体实效边界的条件下，允许几何误差值大于图样上标注的几何公差值，即此时的几何公差值可以增大（允许用被测要素的尺寸公差补偿其几何公差）。

（2）被测要素按最大实体要求标注的图样解释

图 3-68（a）表示 $\phi 20^{\ 0}_{-0.3}$ 轴的轴线直线度公差采用最大实体要求。最大实体状态时，其轴线直线度公差为 $\phi 0.1\ \text{mm}$，如图 3-68（b）所示。若轴的实际尺寸向最小实体尺寸方向偏离最大实体尺寸，即小于最大实体尺寸 $\phi 20\ \text{mm}$，则其轴线直线度误差可以超出图样

给出的公差值 $\phi0.1$ mm,但必须保证其体外作用尺寸不超出(不大于)轴的最大实体实效尺寸 $d_{MV}=20+0.1=20.1$(mm),如图 3-68(c)所示。当轴的实际尺寸处处为最小实体尺寸 19.7 mm,即处于最小实体状态时,其轴线直线度公差可达最大值,且等于其尺寸公差与给出的直线度公差之和,即 $t=0.3+0.1=0.4$(mm)。以轴的实际尺寸为横坐标、轴线直线度为纵坐标,可以画出实际尺寸与轴线直线度公差之间的关系,称为动态公差图,如图 3-68(d)所示。

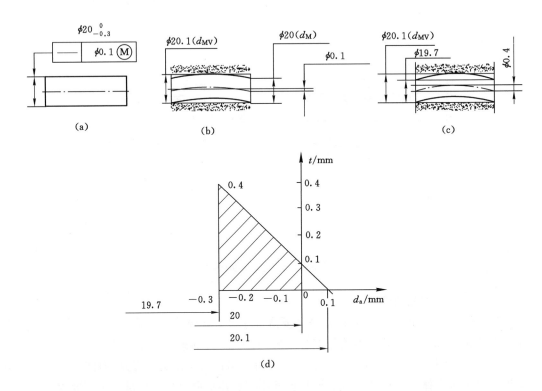

图 3-68 最大实体要求用于单一要素

图 3-69(a)表示 $\phi50^{+0.13}_{0}$ 孔的轴线对基准平面 A 的任意方向垂直度公差采用最大实体要求($\phi0.08$ Ⓜ)。当该孔处于最大实体状态时,其轴线对基准平面 A 的任意方向垂直度公差为 $\phi0.08$ mm,如图 3-69(b)所示。若孔的实际尺寸向最小实体尺寸方向偏离最大实体尺寸,即大于最大实体尺寸 50 mm,则其轴线对基准平面 A 的垂直度误差可以超出图样给出的公差值 $\phi0.08$ mm,但必须保证其定向体外作用尺寸不超出孔的定向最大实体实效尺寸 $D_{MV}=D_M-t$ Ⓜ $=50-0.08=49.92$(mm)。所以,当孔的实际尺寸处处相等时,它对最大实体尺寸 50 mm 的偏离量就等于其轴线对基准平面 A 的垂直度公差的增加值。图 3-69(c)表示孔的实际尺寸处处为 50.07 mm 时,其轴线对基准平面 A 的垂直度公差,即 $t=0.08+0.07=0.15$(mm)。当孔的实际尺寸处处为最小实体尺寸 50.13 mm 时,其轴线对基准平面 A 的垂直度公差可达最大值,且等于其尺寸公差与给出的垂直度公差之和,即 $t=0.13+0.08=0.21$(mm),如图 3-69(d)所示。图 3-69(e)所示为其动态公差图,横坐标为孔的实际尺寸,纵坐标为轴线对基准平面 A 的垂直度。

图 3-70 所示为关联要素采用最大实体要求并限制最大位置误差值的示例。图 3-70(a)的

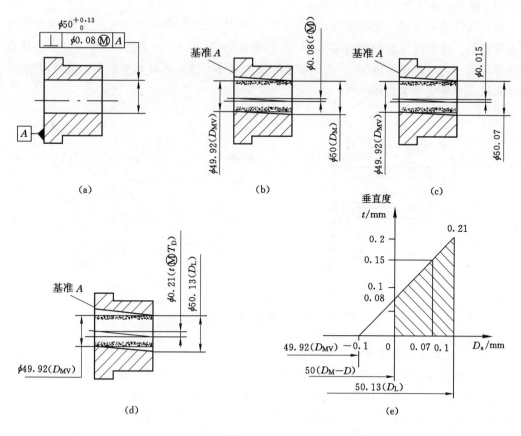

图 3-69 最大实体要求用于关联要素

图样标注表示上公差框格中按最大实体要求标注孔的轴线垂直度公差值 0.08 mm,下公差框格中规定孔的轴线垂直度误差允许值应不大于 0.12 mm,因此,无论孔的实际尺寸偏离其最大实体尺寸到什么程度,即使孔处于最小实体状态,其轴线垂直度误差值也不得大于 0.12 mm。图 3-70(b)给出了轴线垂直度误差允许值随孔的实际尺寸 D_a 变化规律的动态公差图。

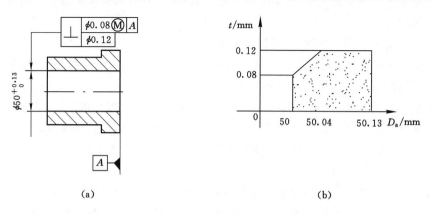

图 3-70 采用最大实体要求并限制最大位置误差值

（3）最大实体要求的零几何公差

最大实体要求应用于关联要素而给出的最大实体状态下的位置公差值为零，则在位置公差框格第二格中的位置公差值用"0 Ⓜ"的形式注出，如图 3-71（a）所示，称为最大实体要求的零几何公差。在这种情况下，被测要素的最大实体实效边界就是最大实体边界，其最大实体实效尺寸等于最大实体尺寸。

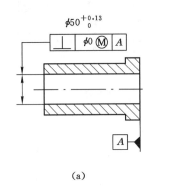

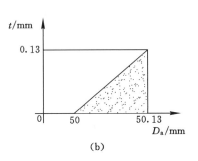

（a）   （b）

图 3-71　最大实体要求的零几何公差

3.4.4.2　最大实体要求应用于基准要素

最大实体要求应用于基准要素时，基准要素应遵守相应的边界。若基准要素的实际轮廓偏离其相应的边界，即其体外作用尺寸偏离其相应的边界尺寸，则允许基准要素在一定范围内浮动，其浮动范围等于基准要素的体外作用尺寸与其相应边界尺寸之差。

最大实体要求应用于基准要素的概念与最大实体要求应用于被测要素的概念是完全不同的。前者是当基准要素的实际轮廓偏离相应的边界时，允许实际基准要素相对于理想基准要素在一定范围内浮动。从相对运动的观点来看，这也可以理解为理想基准要素相对于实际基准要素的浮动，从而允许被测要素的边界相对于实际基准要素在一定范围内浮动。由于边界尺寸没有改变，因此这种允许浮动并不相应地允许增大被测要素的位置公差值 t，在最大实体要求应用于被测要素时，如前已述，被测要素对最大实体状态的偏离将允许形状位置公差值增大。

最大实体要求应用于基准要素时，基准要素应遵守的边界有两种情况：

（1）基准要素本身采用最大实体要求时，应遵守最大实体实效边界。此时，基准代号应直接标注在形成该最大实体实效边界的几何公差框格下面。

所谓基准要素本身采用最大实体要求，是指基准要素本身的形状公差，或它作为第二基准或第三基准对第一基准或第一和第二基准的位置公差采用最大实体要求。

（2）基准要素本身不采用最大实体要求时，应遵守最大实体边界。此时，基准代号应标注在基准的尺寸线处，其连线与尺寸线对齐。

基准要素不采用最大实体要求可能有两种情况：遵循独立原则或采用包容要求。

最大实体要求应用于被测要素时，被测要素的实际轮廓是否超出最大实体实效边界，应该使用功能量规的检验部分（它模拟体现该最大实体实效边界）来检验；其实际尺寸是否超出极限尺寸，用两点法测量。最大实体要求应用于被测要素对应的基准要素时，可以使用同一功能量规的定位部分（它模拟体现基准要素应遵守的边界），来检验基准要素的实际轮廓是否超出这一边界；或者使用光滑极限量规通规或另一功能量规，来检验基准要素的实际轮廓是否超出这一边界。

3.4.5 最小实体要求

最小实体要求（LMR）是与最大实体要求相对应的另一种相关要求。它既可以应用于被测要素，又可以应用于基准中心要素。

最小实体要求应用于被测要素时，应在被测要素几何公差框格中的公差值后标注符号"Ⓛ"；最小实体要求应用于基准中心要素时，应在被测要素的几何公差框格内相应的基准字母代号后标注符号"Ⓛ"，如图 3-72 所示。

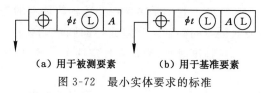

(a) 用于被测要素　　　　(b) 用于基准要素

图 3-72　最小实体要求的标准

（1）最小实体要求用于被测要素

最小实体要求应用于被测要素时，被测要素的实际轮廓应遵守其最小实体实效边界，即在给定长度上处处不得超出最小实体实效边界。也就是说，其体内作用尺寸不得超出最小实体实效尺寸，而且其局部实际尺寸不得超出最大和最小实体尺寸：

对于内表面（孔）：　　　　$D_{fi} \leqslant D_{LV}$　　且　　$D_{min} \leqslant D_a \leqslant D_{max}$

对于外表面（轴）：　　　　$d_{fi} \geqslant d_{LV}$　　且　　$d_{max} \geqslant d_a \geqslant d_{min}$

最小实体要求应用于被测要素时，被测要素的几何公差值是在该要素处于最小实体状态时给出的。当被测要素的实际轮廓偏离其最小实体状态，即其实际尺寸偏离最小实体尺寸时，几何误差值可以超出在最小实体状态下给出的几何公差值，即此时的几何公差值可以增大。

若被测要素采用最小实体要求时，其给出的几何公差值为零，则称为最小实体要求的零几何公差，并以"0 Ⓛ"表示。

（2）最小实体要求用于基准要素

最小实体要求用于基准要素，是指基准要素的尺寸公差与被测要素的几何公差的关系采用最小实体要求，这时必须在被测要素公差框格中基准字母的后面标注符号"Ⓛ"，以表示被测要素的位置公差与基准要素的尺寸公差相关。这表示在基准要素遵守的边界范围内，当实际基准要素的体内作用尺寸偏离边界尺寸时，允许基准要素的尺寸公差补偿被测要素的位置公差，前提是基准要素和被测要素的实际轮廓都不得超出各自应遵守的边界，并且基准要素的实际尺寸应在其极限尺寸范围内。与最大实体要求用于基准要素类似，当基准要素本身采用最小实体要求时，基准要素应遵守的边界为最小实体实效边界；当基准要素本身不采用最小实体要求时，基准要素应遵守的边界为最小实体边界。

3.5　几何公差的设计与选用

绘制零件图并确定该零件的几何精度时，对于那些对几何精度有特殊要求的要素，应在图样上注出它们的几何公差。一般来说,零件上对几何精度有特殊要求的要素只占少数;而零件上对几何精度没有特殊要求的要素则占大多数,它们的几何精度用一般加工工艺就能够达到,因此在图样上不必单独注出它们的几何公差,以简化图样标注。几何公差的选择包括:几何公差特征项目及基准要素的选择、公差原则的选择和几何公差值的选择。

几何公差的设计与选用

3.5.1　几何公差特征项目及基准要素的选择

几何公差特征项目的选择主要从被测要素的几何特征、功能要求、测量的方便性和特征项目本身的特点等几方面来考虑。例如,对圆柱面的形状精度,根据其几何特征,可以规定圆柱度公差或者圆度公差、素线直线度公差和相对素线间的平行度公差。对减速器转轴的两个轴颈的几何精度,由于在功能上它们是转轴在减速器箱体上的安装基准,因此要求它们同轴线,可以规定它们的公共轴线的同轴度公差或径向圆跳动公差。考虑到测量径向圆跳动比较方便,而轴颈本身的形状精度颇高,通常都规定两个轴颈分别对它们的公共轴线的径向圆跳动公差。

在确定被测要素有基准的几何公差的同时,必须确定基准要素。根据需要,可以采用单一基准、公共基准或三面基准体系。基准要素的选择主要根据零件在机器上的安装位置、作用、结构特点以及加工和检测要求来考虑。

基准要素通常应具有较高的形状精度,其长度较长、面积较大、刚度较大。在功能上,基准要素应该是零件在机器上的安装基准或工作基准。

3.5.2　公差原则的选择

公差原则主要根据被测要素的功能要求、零件尺寸大小和检测方法来选择,并应考虑充分利用给出的尺寸公差带,还应考虑用被测要素的几何公差补偿其尺寸公差的可能性。

按独立原则给出的几何公差值是固定的,不允许几何误差值超出图样上标注的几何公差值。而按相关要求给出的几何公差是可变的,在遵守给定边界的条件下,允许几何公差值增大。对于独立原则、包容要求和最大实体要求都能满足某种同一功能要求,但在选用它们时应注意到其经济性和合理性。

下面就单一要素孔、轴配合的几个方面来分析独立原则与包容要求的选择。

(1) 从尺寸公差带的利用分析

孔或轴采用包容要求时,其实际尺寸与几何误差之间可以相互调整(补偿),从而使整个尺寸公差带得到充分利用,技术经济效益较高。但包容要求所允许的几何误差的大小,完全取决于实际尺寸偏离最大实体尺寸的数值。如果孔或轴的实际尺寸处处皆为最大实体尺寸或者趋近于最大实体尺寸,那么,它必须具有理想形状或者接近于理想形状才合格,而实际上极难加工出这样精确的形状。

(2) 从配合均匀性分析

按独立原则对孔或轴给出一定的几何公差和尺寸公差,后者的数值小于按包容要求给出的尺寸公差数值,使按独立原则加工的该孔或轴的体外作用尺寸允许值等于按包容要求确定的孔或轴最大实体边界尺寸(即最大实体尺寸),以使独立原则和包容要求都能满足指定的同一配合性质。由于采用独立原则时不允许几何误差值大于某个确定的几何公差值,采用包容要求时允许几何误差值达到尺寸公差数值,而孔与轴的配合均匀性与它们的形状误差的大小有着密切的关系,因此,从保证配合均匀性来看,采用独立原则比采用包容要求好。

（3）从零件尺寸大小和检测方便分析

按包容要求用最大实体边界控制几何误差,对于中小型零件,便于使用光滑极限量规检验。但是,对于大型零件,就难于使用笨重的光滑极限量规检验。在这种情况下,按独立原则的要求进行检测就比较容易实现。

以上对包容要求的分析也适用于最大实体要求。

3.5.3 几何公差值的选择

几何公差值主要根据被测要素的功能要求和加工经济性等来选择。在零件图上,被测要素的几何精度要求有两种表示方法:一种是用公差框格的形式单独注出几何公差值;另一种是按 GB/T 1184—1996 的规定统一给出未注几何公差(在技术要求中用文字说明)。

（1）注出几何公差的确定

几何公差值可以采用计算法或类比法确定。计算法是指对于某些几何公差值可以用尺寸链分析计算来确定,如对于用螺栓或螺钉连接两个零件或两个以上的零件上孔组的各个孔位置度公差,可以根据螺栓或螺钉与通孔间的最小间隙确定。

用螺栓连接时,各个被连接零件上的孔均为通孔,位置度公差值 $t = X_{min}$;用螺钉连接时,被连接零件中有一个零件上的孔为螺孔,而其余零件上的孔都为通孔,则通孔的位置度公差值 $t = 0.5 X_{min}$。位置度公差计算值应加以圆整,并按表 3-8 进行规范。

表 3-8　位置度公差值数系(摘自 GB/T 1184—1996)　　　　单位:μm

1	1.2	1.5	2	2.5	3	4	5	6	8
1×10^n	1.2×10^n	1.5×10^n	2×10^n	2.5×10^n	3×10^n	4×10^n	5×10^n	6×10^n	8×10^n

类比法是指将所设计的零件与具有同样功能要求且经使用表明效果良好而资料齐全的类似零件进行对比,经分析后确定所设计零件有关要素的几何公差值。

对已有专门标准规定的几何公差,如与滚动轴承配合的轴颈和箱体孔(外壳孔)的几何公差、矩形花键的位置度公差、对称度公差以及齿轮坯的几何公差和齿轮箱体上两对轴承孔的公共轴线之间的平行度公差等,分别按各自的专门标准确定。

GB/T 1184—1996 对直线度、平面度、圆度、圆柱度、平行度、垂直度、倾斜度、同轴度、对称度、圆跳动和全跳动公差等 11 个特征项目分别规定了若干公差等级及对应的公差值,见表 3-9～表 3-12。这 11 个特征项目中,GB/T 1184—1996 将圆度和圆柱度的公差等级分别规定了 13 个级,它们分别用阿拉伯数字 0,1,2,…,12 表示,其中 0 级最高,12 级最低。其余 9 个特征项目的公差等级分别规定了 12 个级,它们分别用阿拉伯数字 1,2,…,12 表示,其中 1 级最高,12 级最低。

表 3-9　直线度、平面度公差值(摘自 GB/T 1184—1996)

主参数 /mm	公差等级											
	1	2	3	4	5	6	7	8	9	10	11	12
	公差值/μm											
≤10	0.2	0.4	0.8	1.2	2	3	5	8	12	20	30	60
>10～16	0.25	0.5	1	1.5	2.5	4	6	10	15	25	40	80

表 3-9(续)

主参数 /mm	公差等级											
	1	2	3	4	5	6	7	8	9	10	11	12
	公差值/μm											
>16~25	0.3	0.6	1.2	2	3	5	8	12	20	30	50	100
>25~40	0.4	0.8	1.5	2.5	4	6	10	15	25	40	60	120
>40~63	0.5	1	2	3	5	8	12	20	30	50	80	150
>63~100	0.6	1.2	2.5	4	6	10	15	25	40	60	100	200
>100~160	0.8	1.5	3	5	8	12	20	30	50	80	120	250
>160~250	1	2	4	6	10	15	25	40	60	100	150	300
>250~400	1.2	2.5	5	8	12	20	30	50	80	120	200	400
>400~630	1.5	3	6	10	15	25	40	60	100	150	250	500
>630~1 000	2	4	8	12	20	30	50	80	120	200	300	600

注:棱线和回转表面的轴线、素线以其长度的基本尺寸作为主参数;矩形平面以其较长边、圆平面以其直径的基本尺寸作为主参数。

表 3-10 圆度、圆柱度公差值(摘自 GB/T 1184—1996)

主参数 /mm	公差等级												
	0	1	2	3	4	5	6	7	8	9	10	11	12
	公差值/μm												
≤3	0.1	0.2	0.3	0.5	0.8	1.2	2	3	4	6	10	14	25
>3~6	0.1	0.2	0.4	0.6	1	1.5	2.5	4	5	8	12	18	30
>6~10	0.12	0.25	0.4	0.6	1	1.5	2.5	4	6	9	15	22	36
>10~18	0.15	0.25	0.5	0.8	1.2	2	3	5	8	11	18	27	43
>18~30	0.2	0.3	0.6	1	1.5	2.5	4	6	9	13	21	33	52
>30~50	0.25	0.4	0.6	1	1.5	2.5	4	7	11	16	25	39	62
>50~80	0.3	0.5	0.8	1.2	2	3	5	8	13	19	30	46	74
>80~120	0.4	0.6	1	1.5	2.5	4	6	10	15	22	35	54	87
>120~180	0.6	1	1.2	2	3.5	5	8	12	18	25	40	63	100
>180~250	0.8	1.2	2	3	4.5	7	10	14	20	29	46	72	115
>250~315	1.0	1.6	2.5	4	6	8	12	16	23	32	52	81	130
>315~400	1.2	2	3	5	7	9	13	21	25	36	57	89	140
>400~500	1.5	2.5	4	6	8	10	15	20	27	40	63	97	155

注:回转表面、球、圆以其直径的基本尺寸作为主参数。

表 3-11　平行度、垂直度、倾斜度公差值(摘自 GB/T 1184—1996)

主参数 /mm	公差等级											
	1	2	3	4	5	6	7	8	9	10	11	12
	公差值/μm											
≤10	0.4	0.8	1.5	3	5	8	12	20	30	50	80	120
>10～16	0.5	1	2	4	6	10	15	25	40	60	100	150
>16～25	0.6	1.2	2.5	5	8	12	20	30	50	80	120	200
>25～40	0.8	1.5	3	6	10	15	25	40	60	100	150	250
>40～63	1	2	4	8	12	20	30	50	80	120	200	300
>63～100	1.2	2.5	5	10	15	25	40	60	100	150	250	400
>100～160	1.5	3	6	12	20	30	50	80	120	200	300	500
>160～250	2	4	8	15	25	40	60	100	150	250	400	600
>250～400	2.5	5	10	20	30	50	80	120	200	300	500	800
>400～630	3	6	12	25	40	60	100	150	250	400	600	1 000
>630～1 000	4	8	15	30	50	80	120	200	300	500	800	1 200

注:被测要素是以其长度或直径的基本尺寸作为主参数。

表 3-12　同轴度、对称度、圆跳动、全跳动公差值(摘自 GB/T 1184—1996)

主参数 /mm	公差等级											
	1	2	3	4	5	6	7	8	9	10	11	12
	公差值/μm											
≤1	0.4	0.6	1.0	1.5	2.5	4	6	10	15	25	40	60
>1～3	0.4	0.6	1.0	1.5	2.5	4	6	10	20	40	60	120
>3～6	0.5	0.8	1.2	2	3	5	8	12	25	50	80	150
>6～10	0.6	1	1.5	2.5	4	6	10	15	30	60	100	200
>10～18	0.8	1.2	2	3	5	8	12	20	40	80	120	250
>18～30	1	1.5	2.5	4	6	10	15	25	50	100	150	300
>30～50	1.2	2	3	5	8	12	20	30	60	120	200	400
>50～120	1.5	2.5	4	6	10	15	25	40	80	150	250	500
>120～250	2	3	5	8	12	20	30	50	100	200	300	600
>250～500	2.5	4	6	10	15	25	40	60	120	250	400	800

注:被测要素以其直径或宽度的基本尺寸作为主参数。

　　表 3-13～表 3-16 列出了 11 个几何公差特征项目的部分公差等级的应用场合,供选择几何公差等级时参考,根据所选择的公差等级从公差表格查取几何公差值。

表 3-13　直线度、平面度公差等级的应用实例

公差等级	应用实例
5	1级平板,2级宽平尺,平面磨床的纵导轨、垂直导轨、立柱导轨及工作台,液压龙门刨床和六角车床床身导轨,柴油机进气、排气阀门导杆
6	普通机床导轨,如普通车床、龙门刨床、滚齿机、自动车床等的床身导轨和立柱导轨,柴油机壳体
7	2级平板,机床主轴箱,摇臂钻床底座和工作台,镗床工作台,液压泵盖,减速器壳体接合面
8	机床传动箱体,交换齿轮箱体,车床溜板箱体,连杆分离面,汽车发动机缸盖与气缸体接合面,液压管件和法兰连接面
9	3级平板,自动车床床身底面,摩托车曲轴箱体,汽车变速箱壳体,手动机械的支承面

表 3-14　圆度、圆柱度公差等级的应用实例

公差等级	应用实例
5	一般计量仪器主轴、测杆外圆柱面,陀螺仪轴颈,一般机床主轴轴颈及主轴轴承孔,柴油机、汽油机活塞、活塞销,与6级滚动轴承配合的轴颈
6	仪表端盖外圆柱面,一般机床主轴及前轴承孔,泵、压缩机的活塞、气缸,汽油发动机凸轮轴,纺机锭子,减速器转轴轴颈,高速船用柴油机、拖拉机曲轴主轴颈,与6级滚动轴承配合的外壳孔,与0级滚动轴承配合的轴颈
7	大功率低速柴油机曲轴轴颈、活塞、活塞销、连杆、气缸,高速柴油机箱体轴承孔,千斤顶或压力液压缸活塞,机车传动轴,水泵及通用减速器转轴轴颈,与0级滚动轴承配合的外壳孔
8	大功率低速发动机曲轴轴颈,压气机连杆盖、连杆体,拖拉机气缸、活塞,炼胶机冷铸轴辊,印刷机传墨辊,内燃机曲轴轴颈,柴油机凸轮轴承孔、凸轮轴,拖拉机、小型船用柴油机气缸套
9	空气压缩机缸体,液压传动筒,通用机械杠杆与拉杆用套筒销子,拖拉机活塞环、套筒孔

表 3-15　平行度、垂直度、端面跳动公差等级的应用实例

公差等级	应用实例
4、5	普通车床导轨、重要支承面,机床主轴轴承孔对基准的平行度,精密机床重要零件,计量仪器、量具、模具的基准面和工作面,机床床头箱体重要孔,通用减速器壳体孔,齿轮泵的油孔端面,发动机轴和离合器的凸缘,气缸支承端面,安装精密滚动轴承的壳体孔的凸肩
6、7、8	一般机床的基准面和工作面,压力机和锻锤的工作面,中等精度钻模的工作面,机床一般轴承孔对基准的平行度,变速箱体孔,主轴花键对定心表面轴线的平行度,重型机械滚动轴承端盖,卷扬机、手动传动装置中的传动轴,一般导轨,主轴箱体孔,刀架、砂轮架、气缸配合面对基准轴线以及活塞销孔对活塞轴线的垂直度,滚动轴承内、外圈端面对轴线的垂直度
9、10	低精度零件,重型机械滚动轴承端盖,柴油发动机箱体曲轴孔、曲轴轴颈,花键轴和轴肩端面,带式输送机法兰盘等端面对轴线的垂直度,手动卷扬机及传动装置中轴承孔端面,减速器壳体平面

机械精度设计与检测

表 3-16　同轴度、对称度径向跳动公差等级的应用实例

公差等级	应用实例
5、6、7	这是应用范围较广的公差等级,用于几何精度要求较高、尺寸的标准公差等级≥IT8 的零件。5 级常用于机床主轴轴颈,计量仪器的测杆,涡轮机主轴,柱塞油泵转子,高精度滚动轴承外圈,一般精度滚动轴承内圈。7 级用于内燃机曲轴、凸轮轴、齿轮轴、水泵轴、汽车后轮输出轴,电机转子、印刷机传墨辊的轴颈,键槽
8、9	常用于几何精度要求一般、尺寸的标准公差等级为 IT9～IT11 的零件。8 级用于拖拉机发动机分配轴轴颈,与 9 级精度以下齿轮相配的轴,水泵叶轮,离心泵体,棉花精梳机前后滚子,键槽。9 级用于内燃机气缸套配合面,自行车中轴

（2）未注出几何公差的确定

图样上没有单独注出几何公差的要素也有几何精度要求,只是要求偏低,同一要素的未注几何公差与尺寸公差的关系采用独立原则。

值得注意的是,定向公差能自然地用其公差带控制同一要素的几何误差,因此,对于注出定向公差的要素,就不必考虑该要素的未注形状公差。定位公差能自然地用其公差带控制同一要素的形状误差和方向误差,因此,对于注出定位公差的要素,就不必考虑该要素的未注几何公差和未注方向公差。此外,对于采用相关要求的要素,要求该要素的实际轮廓不得超出给定的边界,因此所有未对该要素单独注出的几何公差都应遵守该边界。

GB/T 1184—1996 对未注几何公差做了如下规定:

① 直线度、平面度、垂直度、对称度和圆跳动的未注公差各分 H、K 和 L 三个公差等级,其中 H 级最高,L 级最低(公差值数值可查表 3-17～表 3-20)。

表 3-17　直线度和平面度的未注公差值(摘自 GB/T 1184—1996)　　　　单位:mm

公差等级	基本长度范围					
	≤10	>10～30	>30～100	>100～300	>300～1 000	>1 000～3 000
H	0.02	0.05	0.1	0.2	0.3	0.4
K	0.05	0.1	0.2	0.4	0.6	0.8
L	0.1	0.2	0.4	0.8	1.2	1.6

注:对于直线度,应按其相应线的长度选择公差值;对于平面度,应按其表面的较长一侧或圆表面的直径选择公差值。

表 3-18　垂直度未注公差值(摘自 GB/T 1184—1996)　　　　单位:mm

公差等级	基本长度范围			
	≤100	>100～300	>300～1 000	>1 000～3 000
H	0.2	0.3	0.4	0.5
K	0.4	0.6	0.8	1
L	0.6	1	1.5	2

注:取形成直角的两边中较长的一边作为基准要素,较短的一边作为被测要素;若两边的长度相等,则可取其中的任意一边作为基准要求。

表 3-19　对称度未注公差值(摘自 GB/T 1184—1996)　　　　　单位:mm

公差等级	基本长度范围			
	≤100	>100~300	>300~1 000	>1 000~3 000
H	0.5			
K	0.6		0.8	1
L	0.6	1	1.5	2

注:取两要素中较长者作为基准要素,较短者作为被测要素;若两要素的长度相等,则可取其中的任一要素作为基准要求。

表 3-20　圆跳动的未注公差值(摘自 GB/T 1184—1996)　　　　　单位:mm

公差等级	圆跳动公差值
H	0.1
K	0.2
L	0.5

注:本表也可用于同轴度的未注公差值。应以设计或工艺给出的支承面作为基准要素,否则取两要素中较长者作为基准要素;若两要素的长度相等,则可取其中的任一要素作为基准要素。

② 圆度的未注公差值等于直径的公差值。圆柱度的未注公差可用圆柱面的圆度、素线直线度和相对素线间的平行度的未注公差三者综合代替,因为圆柱度误差由圆度、素线直线度和相对素线间的平行度误差等三部分组成,其中每一项误差可分别由各自的未注公差控制。

③ 平行要素的平行度的未注公差值等于平行要素间距离的尺寸公差值,或者等于该要素的平面度或直线度未注公差值,取值应取这两个公差值中的较大值,基准要素则应选取要求平行的两个要素中的较长者;若这两个要素的长度相等,则其中任何一个要素都可作为基准要素。

④ 同轴度未注公差值的极限可以等于径向圆跳动的未注公差值,应选取要求同轴线的两要素中的较长者作为基准要素;若这两个要素的长度相等,则其中任何一个要素都可作为基准要素。

⑤ 倾斜度的未注公差,可以采用适当的角度公差代替。对于轮廓度和位置度要求,若不标注理论正确尺寸和几何公差,而标注坐标尺寸,则按坐标尺寸的规定处理。

未注几何公差值应根据零件的特点和生产单位的具体工艺条件,由生产单位自行选定,并在有关技术文件中予以明确。采用 GB/T 1184—1996 规定的未注几何公差值时,应在图样上标题栏附近或技术要求中注出标准号和所选用公差等级的代号。例如,选用 K 级时,未注几何公差按 GB/T 1184-K 选取。

3.6　几何误差及其检测

测量几何误差时,难于测遍整个实际要素来取得无限多测点的数据,而是考虑现有计量器具及测量本身的可行性和经济性,采用均匀布置测点的方法,测量一定数量的离散测点来代替整个实际要素。此外,为了测量方便与可能,尤其是测量方向、位置误差时,实际中心要素常用模拟的方法体现。例如,用与实际孔成无间隙配合的心轴的轴线模拟体现该实际孔的轴线,用 V 形块体现实际轴颈的轴线。用模拟法体现实际轮廓要素对应的中心要素时,排除了该实际轮廓要素的几何误差。

3.6.1　几何误差及其评定

几何误差是指实际被测要素对其理想要素的变动量,是几何公差的控制对象。几何误差值不大于相应的几何公差值,则认为合格。

3.6.1.1　形状误差及其评定

形状误差是指实际单一要素对其理想要素的变动量,理想要素的位置应符合最小条件。最小条件就是理想要素处于符合最小条件的位置时,实际单一要素对理想要素的最大变动量为最小。对于实际单一轮廓要素(如实际表面、轮廓线),理想要素位于该实际要素的实体之外且与它接触。对于实际单一中心要素(如实际轴线),理想要素位于该实际要素的中心位置。

如图 3-73 所示,评定给定平面内的轮廓线的直线度误差时,有许多条位于不同位置的理想直线。只有直线 A_1B_1 的位置符合最小条件,实际被测直线的直线度误差值为 f_1。评定形状误差时,按最小条件的要求,用最小包容区域(简称最小区域)的宽度或直径来表示形状误差值。所谓最小区域,是指包容实际单一要素时具有最小宽度或直径的包容区域。各个形状误差项目的最小区域的形状分别与各自的公差带形状相同,但前者的宽度或直径则由实际单一要素本身决定。

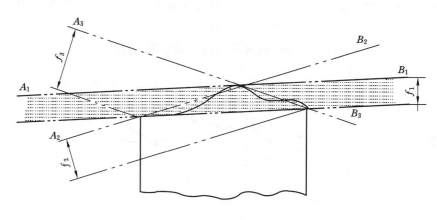

图 3-73　最小条件

此外,在满足零件功能要求的前提下,也允许采用其他评定方法来评定形状误差值。但这样评定的形状误差值将大于至少等于按最小条件评定的形状误差值,因此有可能把合格品误评为废品,这是不经济的。

（1）直线度误差的评定

直线度误差值的评定方法有最小包容区域法、最小二乘法和两端点连线法三种。

① 最小包容区域法

最小包容区域法(简称最小区域法)评定直线度误差值,就是先建立实际被测要素的两平行直线或圆柱面最小包容区域,再以其宽度或直径作为直线度误差值 f_{MZ} 或 ϕf_{MZ}。显然,这种评定方法得到的直线度误差值是与其定义值一致的。

对于给定平面内的直线度，其最小包容区域的判别准则是由两平行直线包容实际被测要素时，形成高低相间至少三点接触的形式，称为"相间准则"，如图 3-74(a)所示。对于任意方向上的直线度，其最小包容区域的判别准则是由圆柱面包容实际被测要素时，三点在同一轴截面上，且在轴向相间分布，如图 3-74(b)所示。

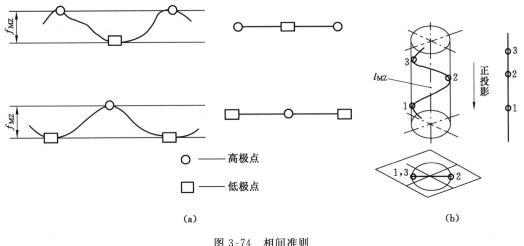

○——高极点

□——低极点

(a)   (b)

图 3-74　相间准则

② 最小二乘法

用最小二乘法评定直线度误差值，是以实际被测要素的最小二乘中线作为评定基线的评定方法。对于给定平面内的直线度，平行于评定基线（最小二乘中线 l_{LS}）、包容实际被测要素且距离为最小的两直线之间的距离即为直线度误差值，如图 3-75 所示。

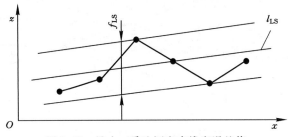

图 3-75　最小二乘法评定直线度误差值

③ 两端点连线法

用两端点连线法评定直线度误差值，是以实际被测要素的两端点连线作为评定基线的评定方法。如图 3-76 所示，取各测点相对于它的偏离值中最大偏离值 h_{max} 与最小偏离值 h_{min} 之差值作为直线度误差值：$f_{BE} = h_{max} - h_{min}$。测点在它的上方，偏离值取正值；测点在它的下方，偏离值取负值。

（2）平面度误差的评定

平面度最小包容区域是符合最小条件的两平行平面之间的区域。图 3-77(a)和(b)分别表示以两组平行平面包容实际被测要素，它们的宽度分别为 h_1 和 h_2，且 $h_1 < h_2$，并有 $h_1 = h_{min}$，则 A_1、B_1 两平行平面即形成最小包容区域，其宽度 h_1 即为实际被测要素的平面度误差值。平面度误差值的常用评定方法是最小包容区域法。平面度的最小包容区域的判别准则是由两平行平面包容实际被测要素时，至少有三点或四点接触，并符合下列准则之一：

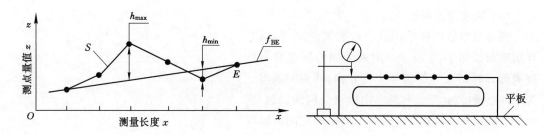

图 3-76　两端点连线法评定直线度误差

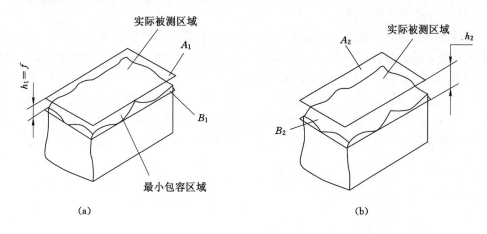

（a）　　　　　　　　　　　　　（b）

图 3-77　平面度最小包容区域

① 三角形准则：一个低极点在上包容平面上的投影位于三个高极点所形成的三角形内，或一个高极点在下包容平面上的投影位于三个低极点所形成的三角形内，如图 3-78 所示。

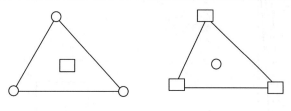

图 3-78　三角形准则

② 交叉准则：两个高极点的连线与两个低极点的连线在包容平面的投影相交，如图 3-79 所示。

③ 直线准则：一个低极点在上包容平面上的投影位于两个高极点的连线上，或一个高极点在下包容平面上的投影位于两个低极点的连线上，如图 3-80 所示。

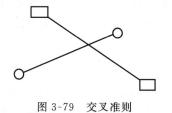

图 3-79　交叉准则

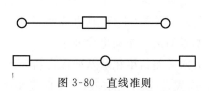

图 3-80　直线准则

（3）圆度误差值的评定

圆度误差值应该采用最小包容区域来评定，其判别准则如图 3-81 所示。由两个同心圆包容实际被测圆 S 时，S 上至少有 4 个极点内、外相间地与这两个同心圆接触（至少有两个内极点与内圆接触，两个外极点与外圆接触），则这两个同心圆之间的区域 U 即为最小包容区域，该区域的宽度即这两个同心圆的半径差 f_{MZ} 就是符合定义的圆度误差值。

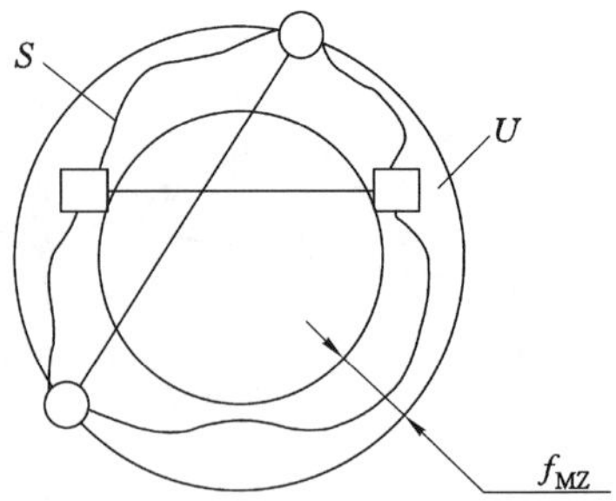

图 3-81　圆度误差值的评定

（4）圆柱度误差值的评定

圆柱度公差带的形状是两同轴圆柱面，因此，圆柱度最小包容区域是符合最小条件的两同轴圆柱面之间的区域。图 3-82 表示以 A_1、B_1 和 A_2、B_2 两组同轴圆柱面包容实际被测要素，它们的宽度（半径差）分别为 Δr_1 和 Δr_2，且 $\Delta r_1 < \Delta r_2$，并有 $\Delta r_1 = \Delta r_{min}$，则 A_1、B_1 两同轴圆柱面即形成最小包容区域，其宽度（半径差）Δr_1 即为实际被测要素的圆柱度误差值 f。实用上，可以将实际被测要素各横截面轮廓向垂直于轴线的平面作投影，再用两同心圆包容该投影并符合最小条件，则此两同心圆的半径差即为圆柱度误差值，如图 3-83 所示。

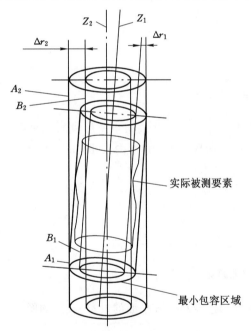

图 3-82　圆柱度最小包容区域

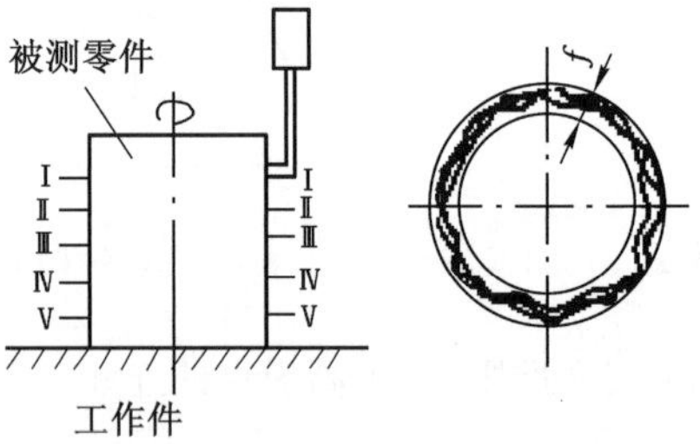

图 3-83　圆柱度误差值的评定

3.6.1.2　方向误差及其评定

方向误差是指实际关联要素对其具有确定方向的理想要素的变动量，理想要素的方向由基准确定。参考图 3-84，评定方向误差时，在理想要素相对于基准 A 的方向保持图样上给定的几何关系（平行、垂直或倾斜某一理论正确角度）的前提下，应使实际被测要素 S 对理想要素的最大变动量为最小。

方向误差值用相对基准保持所要求方向的定向最小包容区域 U（简称定向最小区域）的宽度 f_U 或直径 ϕf_U 来表示。方向最小区域的形状与方向公差带的形状相同，但前者的宽度

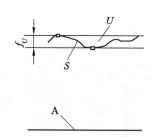 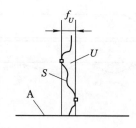 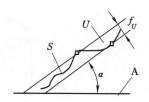

图 3-84 方向误差及其评定

或直径由实际关联要素本身决定。

3.6.1.3 位置误差及其评定

位置误差是指实际关联要素对其具有确定位置的理想要素的变动量,理想要素的位置由基准和理论正确尺寸确定。

位置误差值用定位最小包容区域(简称定位最小区域)的宽度或直径来表示。位置最小包容区域是指以理想要素的位置为中心来对称地包容实际关联要素时具有最小宽度或最小直径的包容区域。位置最小包容区域的形状与位置公差带的形状相同,但前者的宽度或直径则由实际关联要素本身决定。通常,实际关联要素上只有一个测点与位置最小包容区域接触。位置误差值等于这个接触点至理想要素所在位置的距离的 2 倍。例如,如图 3-85所示,测量和评定零件上一个孔的轴线的位置度误差时,

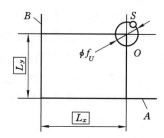

图 3-85 由一个圆构成的
定位最小包容区域

设该孔的实际轴线用心轴轴线模拟体现,实际轴线用一个点 S 表示;理想轴线的位置(评定基准)由基准 A、B 和理论正确尺寸 $\boxed{L_x}$、$\boxed{L_y}$ 确定,用点 O 表示。以点 O 为圆心、以 $\overline{OS}$ 为半径作圆,则该圆内的区域就是定位最小包容区域 U,位置度误差值 $\phi f_U = \phi(2 \times \overline{OS})$。

3.6.2 几何误差的检测原则

由于被测零件的结构特点、尺寸大小和被测要素的精度要求以及检测设备条件的不同,同一几何误差项目可以用不同的检测方法来检测。从检测原理上可以将常用的几何误差检测方法概括为下列五种检测原则:

(1) 与理想要素比较原则

与理想要素比较原则是指将实际被测要素与其理想要素做比较,在比较过程中获得测量数据,然后按这些数据评定几何误差值。如图 3-86 所示,将实际被测直线与模拟理想直线的刀口尺刀刃相比较,根据它们接触时光隙的大小来确定直线度误差值。

(2) 测量坐标值原则

测量坐标值原则是指利用计量器具的坐标系,测出实际被测要素上各测点对该坐标系的坐标值,再经过计算确定几何误差值。

(3) 测量特征参数原则

测量特征参数原则是指测量实际被测要素上具有代表性的参数,用它表示几何误差值。应用这种检测原则测得的几何误差通常不是符合定义的误差值,而是近似值。例如用两点

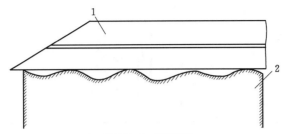

1—刀口尺;2—被测零件。

图 3-86　与理想要素比较原则应用实例

法测量圆柱面的圆度误差,在同一横截面内的几个方向上测量直径,取相互垂直的两直径的差值中的最大值一半作为该截面内的圆度误差值。但这种评定方法不符合定义。

（4）测量跳动原则

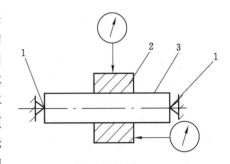

1—顶尖;2—被测零件;3—心轴。

图 3-87　圆跳动测量

跳动是按特定的测量方法来定义的位置误差项目。测量跳动原则是针对测量圆跳动和全跳动的方法而概括的检测原则。图 3-87 所示为径向圆跳动和端面圆跳动的测量示意图。被测零件以其基准孔安装在心轴上（它们之间为无间隙配合），再将心轴安装在同轴线两顶尖间,基准轴线用这两顶尖的公共轴线模拟体现,后者也是测量基准。实际被测圆柱面绕基准轴线回转一周过程中,前者的同轴度误差和形状误差使位置固定的指示表的测头做径向移动,指示表最大与最小示值之差即为径向圆跳动的数值。实际被测端面绕基准轴线回转一周过程中,位置固定的指示表的测头做轴向移动,指示表最大与最小示值之差即为端面圆跳动的数值。

（5）边界控制原则

按包容要求或最大实体要求给出几何公差时,就给定了最大实体边界或最大实体实效边界,要求被测要素的实际轮廓不得超出该边界,边界控制原则是指用光滑极限量规的通规或位置量规的工作表面来模拟体现图样上给定的边界,以检测实际被测要素。若被测要素的实际轮廓能被量规通过,则表示合格,否则不合格。当最大实体要求应用于被测要素对应的基准要素时,可以使用同一功能量规的定位部分来检验基准要素的实际轮廓是否超出它应遵守的边界。

知识拓展

几何公差标准的新发展(GB/T 1182—2018)

《产品几何技术规范(GPS) 几何公差 形状、方向、位置和跳动公差标注》(GB/T 1182—2018)标准修改采用 ISO 1101:2017,替代了 GB/T 1182—2008,于 2018 年 9 月发布,并于 2019 年 4 月实施。与 GB/T 1182—2008 相比,增加了几何公差的三维标注规范、辅助要素框格的诠释及标注等内容。

GB/T 1182
—2018

思考题与习题

3-1 几何公差项目如何分类？其名称和符号是什么？

3-2 几何公差带与尺寸公差带有何区别？几何公差的要素有哪些？

3-3 下列几何公差项目的公差带有何相同点和不同点？

(1) 圆度和径向圆跳动公差带。

(2) 端面对轴线的垂直度和轴向全跳动公差带。

(3) 圆柱度和径向全跳动公差带。

3-4 最小包容区域、定向最小包容区域与定位最小包容区域三者有何差异？若同一要素需要同时规定形状公差、方向公差和位置公差时，三者的关系应如何处理？

3-5 公差原则有哪些？独立原则和包容要求的含义是什么？

3-6 组成要素和导出要素的几何公差标注有什么区别？

3-7 哪些情况下在几何公差值前要加注符号"ϕ"，哪些场合要用理论正确尺寸，是怎样标注的？

3-8 如何正确选择几何公差项目和几何公差等级？具体应考虑哪些问题？

3-9 图 3-88 所示零件标注的几何公差不同，它们所要控制的几何误差区别何在？试加以分析说明。

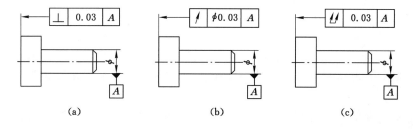

(a)　　　　　　(b)　　　　　　(c)

图 3-88　题 3-9 图

3-10 图 3-89 所示零件的技术要求是：

(1) $2\times\phi d$ 轴线对其公共轴线的同轴度公差为 $\phi0.02$ mm。

(2) ϕD 轴线对 $2\times\phi d$ 公共轴线的垂直度公差为 $0.02/100$ mm。

试用几何公差代号标出这些要求。

3-11 将下列几何公差要求标注在图 3-90 上。

(1) 圆锥截面圆度公差为 0.006 mm。

(2) $\phi80H7$ 遵守包容要求，$\phi80H7$ 孔表面的圆柱度公差为 0.005 mm。

(3) 圆锥面对 $\phi80H7$ 轴线的斜向圆跳动公差为 0.02 mm。

(4) 右端面对左端面的平行度公差为 0.02 mm。

(5) 其余按几何公差 GB/T 1184—1996 中 K 级制造。

3-12 将下列几何公差要求标注在图 3-91 上。

(1) $\phi40_{-0.03}^{0}$ 圆柱面对两 $\phi25_{-0.021}^{0}$ 公共轴线的径向圆跳动公差为 0.015 mm。

(2) 两 $\phi25_{-0.021}^{0}$ 轴颈的圆度公差为 0.01 mm。

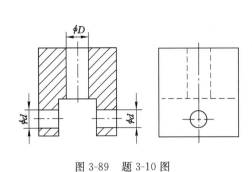

图 3-89　题 3-10 图

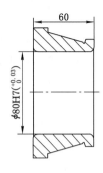

图 3-90　题 3-11 图

（3）$\phi 40_{-0.03}^{0}$ 左、右端面对 $2\times\phi 25_{-0.021}^{0}$ 公共轴线的轴向圆跳动公差为 0.02 mm。

（4）键槽 $10_{-0.036}^{0}$ 中心平面对 $\phi 40_{-0.03}^{0}$ 轴线的对称度公差为 0.015 mm。

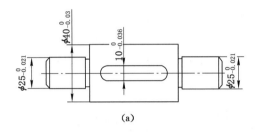

(a)

图 3-91　题 3-12 图

3-13　指出图 3-92 中几何公差的标注错误，并加以改正（不允许改变几何公差的特征符号）。

3-14　指出图 3-93 中几何公差的标注错误，并加以改正（不允许改变几何公差的特征符号）。

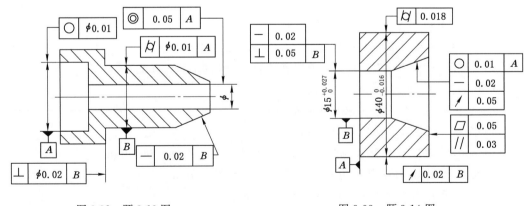

图 3-92　题 3-13 图　　　　　　　　图 3-93　题 3-14 图

3-15　图 3-94 所示为轴套的三种标注方法，试分析说明它们所表示的要求有何不同（包括采用的公差原则、公差要求、理想边界尺寸、允许的垂直误差等），并填入下表内。

图序	采用的公差原则或公差要求	孔为最大实体尺寸时允许的几何误差值	孔为最小实体尺寸时允许的几何误差值	理想边界名称边界尺寸
(a)				
(b)				
(c)				

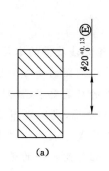

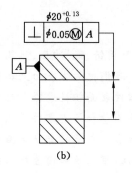

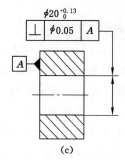

图 3-94　题 3-15 图

第4章　表面粗糙度轮廓与检测

☞ **教学导读**

　　无论是切削加工的零件表面,还是用铸、锻、冲压、热轧、冷轧等方法获得的零件表面,均会出现宏观和微观的几何形状误差。我们把加工表面上具有的较小间距的峰谷所组成的微观几何形状误差称为表面粗糙度。零件表面粗糙度轮廓对该零件的功能要求、使用寿命、美观程度都有重大的影响。为了正确地测量和评定零件表面粗糙度轮廓,我国发布了一系列与表面粗糙度轮廓设计相关的国家标准。本章的重点是国家标准中关于表面粗糙度轮廓的评定参数、表面粗糙度轮廓代号的标注,难点是如何进行零件表面粗糙度轮廓的设计。

☞ **课前问题**

　　(1) 表面粗糙度轮廓的两个幅度参数的区别有哪些?
　　(2) 表面粗糙度轮廓代号上不同位置处的各项技术要求是什么?

☞ **国家标准**

　　本章所引用和参考的相关国家标准有:
　　《产品几何技术规范(GPS) 表面结构 轮廓法 术语、定义及表面结构参数》(GB/T 3505—2009);
　　《产品几何技术规范(GPS) 表面结构 轮廓法 表面粗糙度参数及其数值》(GB/T 1031—2009);
　　《产品几何技术规范(GPS) 表面结构 轮廓法 评定表面结构的规则和方法》(GB/T 10610—2009);
　　《产品几何技术规范(GPS) 表面结构 轮廓法 接触(触针)式仪器的标称特性》(GB/T 6062—2009);
　　《产品几何技术规范(GPS) 技术产品文件中表面结构的表示法》(GB/T 131—2006)。

4.1　表面粗糙度轮廓的评定和设计

4.1.1　表面粗糙度轮廓的基本概念

　　零件的实际轮廓总是包含着表面粗糙度轮廓、波纹度轮廓和宏观形状轮廓等构成的几何误差,它们叠加在同一表面上,如图4-1所示。通常它们是以按表面轮廓上相邻峰、谷间距的大小来划分:间距小于 1 mm 的属

表面粗糙度的
概念和评定

于粗糙度;间距在 1~10 mm 的属于波纹度;间距大于 10 mm 的属于宏观形状。如图 4-2 所示,粗糙度叠加在波纹度上,在忽略由于粗糙度和波纹度引起的变化的条件下表面总体形状为宏观形状,其误差称为形状误差。

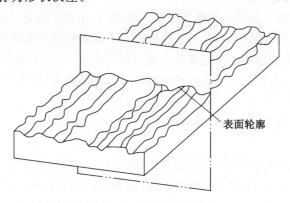

图 4-1　表面轮廓

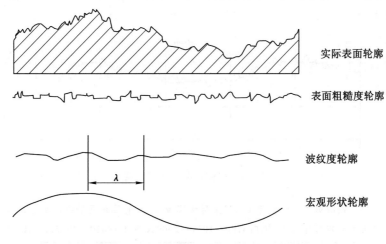

图 4-2　零件实际表面轮廓和组成成分

表面粗糙度轮廓对零件工作性能的影响如下:

(1) 对耐磨性的影响

相互运动的两个零件表面越粗糙,则它们的磨损就越快。

(2) 对配合性质稳定性的影响

相互配合的孔、轴表面上的微小峰被去掉后,它们的配合性质会发生变化,会使有效过盈减小或使间隙增大,因而影响或改变原设计的配合性质。

(3) 对耐疲劳性的影响

对于承受交变应力作用的零件表面,疲劳裂纹容易在其微小谷底出现,这是因为在表面轮廓的微小谷底处产生应力集中,使材料的疲劳强度降低,导致零件表面产生裂纹而损坏。

(4) 对抗腐蚀性的影响

在零件表面的微小谷的位置容易残留一些腐蚀性物质,与零件的材料形成电位差,对零件表面产生电化学腐蚀。表面越粗糙,则电化学腐蚀就越严重。

此外,表面粗糙度轮廓对机械连接的密封性和零件的美观等也有很大的影响,因而在零件精度设计中,对零件表面粗糙度轮廓提出合理的技术要求是一项不可缺少的重要内容。

4.1.2 表面粗糙度轮廓的评定

零件在加工后的表面粗糙度轮廓是否符合要求,应由测量和评定它的结果来确定。为了限制和减弱宏观几何形状误差,特别是波纹度对表面粗糙度测量结果的影响,得到较好的测量结果,测量和评定表面粗糙度轮廓时应规定取样长度、评定长度、中线和评定参数。当没有指定测量方向时,取测量截面垂直于被测表面的加工纹理,即垂直于表面主要加工痕迹的方向。

4.1.2.1 取样长度、评定长度和短波轮廓滤波器的截止长度

(1)取样长度

实际表面轮廓包含着粗糙度、波纹度和形状误差等三种几何误差。测量表面粗糙度轮廓时,应把测量限制在一段足够短的长度上,以限制或减弱波纹度,排除形状误差对表面粗糙度轮廓测量的影响。这段长度称为取样长度,它是用于判别被评定轮廓的不规则特征。表面越粗糙,取样长度就应越大。取样长度用符号 l_r 表示,如图4-3所示。标准取样长度的数值见表4-1。

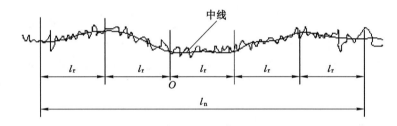

图 4-3 取样长度和评定长度

表 4-1 轮廓算术平均偏差 *Ra*、轮廓最大高度 *Rz* 和轮廓单元的平均宽度 *Rsm* 的标准取样长度和标准评定长度(摘自 GB/T 1031—2009、GB/T 10610—2009、GB/T 6062—2009)

$Ra/\mu m$	$Rz/\mu m$	$Rsm/\mu m$	标准取样长度 l_r		标准评定长度
			λ_s/mm	$l_r=\lambda_c/mm$	$l_n=5\times l_r/mm$
≥0.008～0.02	≥0.025～0.1	≥0.013～0.04	0.002 5	0.08	0.4
>0.02～0.1	>0.1～0.5	>0.04～0.13	0.002 5	0.25	1.25
>0.1～2	>0.5～10	>0.13～0.4	0.002 5	0.8	4
>2～10	>10～50	>0.4～1.3	0.008	2.5	12.5
>10～80	>50～200	>1.3～4	0.025	8	40

(2)评定长度

由于零件表面的微小峰、谷的不均匀性,在表面轮廓不同位置的取样长度上的表面粗糙度轮廓测量值不尽相同。因此,为了更可靠地反映表面粗糙度轮廓的特性,应测量连续的几个取样长度上的表面粗糙度轮廓。这些连续的几个取样长度称为评定长度,用符号 l_n 表示,如图4-3所示。需要指出的是,评定长度可以只包含一个取样长度,也可以包含连续的几

个取样长度。标准评定长度为连续 5 个取样长度,即 $l_n = 5l_r$。评定长度的标准见表 4-1。

（3）长波和短波轮廓滤波器的截止波长

为了评价表面轮廓（图 4-2 所示的实际表面轮廓）上各种几何形状误差中的某一几何形状误差,可以利用轮廓滤波器来呈现这一几何形状误差,过滤掉其他的几何形状误差。轮廓滤波器是指能将表面轮廓分离成长波成分和短波成分的滤波器,它们所能抵制的波长称为截止波长。从短波截止波长至长波截止波长这两个极限值之间的波长范围称为传输带。

使用接触（触针）式仪器测量表面粗糙度轮廓时,为了抵制波纹度对粗糙度测量结果的影响,仪器的截止波长为 λ_c 的长波滤波器从实际表面轮廓把波长较大的波纹度波长成分加以抵制或排除掉;截止波长为 λ_s 的短波滤波器从实际表面轮廓上抵制比粗糙度波长更短的成分,从而只呈现表面粗糙度轮廓,以对其进行测量和评定。其传输带则是从 λ_s 至 λ_c 的波长范围。长波滤波器的截止波长 λ_c 等于取样长度 l_r,即 $\lambda_c = l_r$。

4.1.2.2 表面粗糙度轮廓的中线

轮廓中线是评定表面粗糙度参数值大小的一条参考线。中线的几何形状与工件表面几何轮廓的走向一致。中线包括轮廓的最小二乘中线和轮廓的算术平均中线。

（1）轮廓的最小二乘中线

在一个取样长度 l_r 范围内,最小二乘中线应使轮廓上各点至该线的距离的平方之和 $\int_0^{l_r} Z^2 \mathrm{d}x$ 为最小,即 $a^2 + b^2 + c^2 + \cdots + n^2 = \min$,如图 4-4 所示（图中 $a, b, c, \cdots, n$ 为轮廓上各点到最小二乘中线的距离）。轮廓的最小二乘中线符合最小二乘法原理,从理论上讲是很理想的基准线,但实际上很难确切地找到它,故很少应用。

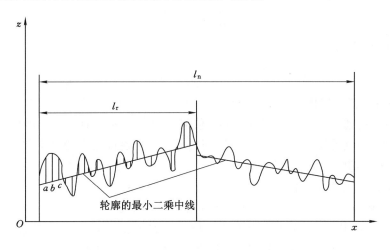

图 4-4　表面粗糙度轮廓的最小二乘中线

（2）轮廓的算术平均中线

轮廓的算术平均中线如图 4-5 所示。在一个取样长度 l_r 范围内,算术平均中线与轮廓走向一致,这条中线将轮廓划分为上、下两部分,使上部分的各个面积之和等于下部分的各个面积之和,即 $\sum_{i=1}^{n} F_i = \sum_{i=1}^{n} F_i'$。算术平均中线与最小二乘中线相差很小,故实际中常用它来代替最小二乘中线。

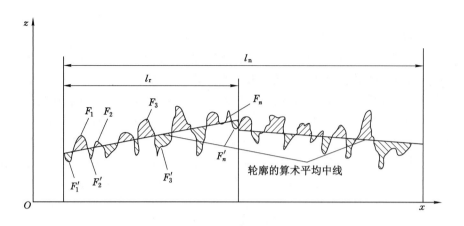

图 4-5　表面粗糙度轮廓的算术平均中线

4.1.2.3　表面粗糙度轮廓的评定参数

为了定量地评定表面粗糙度轮廓,必须用参数及其数值来表示表面粗糙度轮廓的特征。鉴于表面轮廓上的微小峰、谷的幅度与间距的大小是构成表面粗糙度轮廓的两个独立的基本特征,因此在评定表面粗糙度轮廓时,通常采用幅度参数和间距参数。

(1)轮廓算术平均偏差(幅度参数)

在取样长度内,被测轮廓上各点至基准线的偏距的绝对值的算术平均值,称为轮廓算术平均偏差,公式表示为:

$$Ra = \frac{1}{l_r} \int_0^{l_r} | Z(x) | \, \mathrm{d}x \tag{4-1}$$

可近似表示为:

$$Ra = \frac{1}{n} \sum_{i=1}^{n} | Z(x) | \tag{4-2}$$

式中　n——在取样长度内所测点的数目。

测得的 Ra 值越大,则表面越粗糙。Ra 值能客观地反映表面微观几何形状的特性,但因 Ra 值一般是用电动轮廓仪进行测量的,而表面过于粗糙或太光滑时不宜用轮廓仪测量,所以这个参数的使用受到一定的限制。

(2)轮廓的最大高度(幅度参数)

如图 4-6 所示,在一个取样长度范围内轮廓上各个高极点至中线的距离叫作轮廓峰高,用符号 Z_{p_i} 表示,其中最大的距离叫作最大轮廓峰高 R_p(图中 $R_p = Z_{p_6}$);轮廓上各个低极点至中线的距离叫作轮廓谷深,用符号 Z_{v_i} 表示,其中最大的距离叫作最大轮廓谷深,用符号 R_v 表示(图中 $R_v = Z_{v_2}$)。

轮廓的最大高度是指在一个取样长度范围内,被评定轮廓的最大轮廓峰高 R_p 与最大轮廓谷深 R_v 之和的高度,用符号 Rz 表示,即:

$$Rz = R_p + R_v \tag{4-3}$$

对同一表面,仅标注 Ra 和 Rz 中的一个,切勿同时把两者都标注。Rz 值只是对被测轮廓峰与谷的最大高度的单一评定,因此它不如 Ra 值反映的几何特性全面,在测量均匀性较差的表面时尤其如此。但由于 Rz 本身的定义,使其测量非常简便。

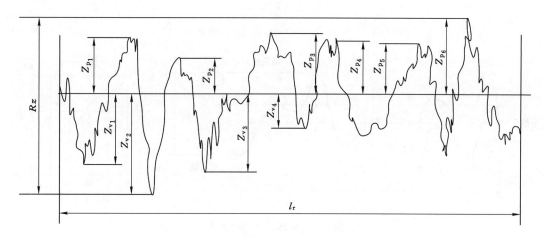

图 4-6 表面粗糙度轮廓的最大高度

（3）轮廓单元的平均宽度（间距参数）

如图 4-7 所示，一个轮廓峰与相邻的轮廓谷的组合叫作轮廓单元。在一个取样长度 l_r 范围内，中线与各个轮廓单元相交线段的长度叫作轮廓单元的宽度，用符号 X_{s_i} 表示。

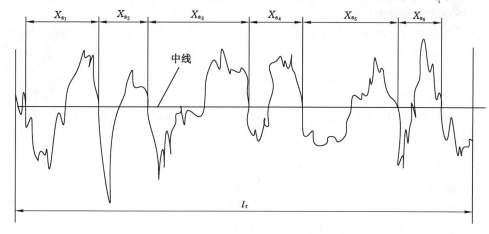

图 4-7 轮廓单元的宽度与轮廓单元的平均宽度

轮廓单元的平均宽度是指在一个取样长度范围内所有轮廓单元的宽度 X_{s_i} 的平均值，用符号 Rsm 表示，即：

$$Rsm = \frac{1}{m} \sum_{i=1}^{m} X_{s_i} \qquad (4\text{-}4)$$

（4）轮廓的支承长度率 Rmr（混合参数）

截距 c 到某一水平位置时，与轮廓相截所得的各段截线长度 b_i 之和与评定长度 l_n 的比值称为轮廓的支承长度率，用符号 $Rmr(c)$ 表示，如图 4-8 所示，其数学表达式为：

$$Rmr(c) = \frac{Ml(c)}{l_n} \qquad (4\text{-}5)$$

其中，

$$Ml(c) = b_1 + b_2 + \cdots + b_i + \cdots + b_n = \sum_{i=1}^{n} b_i \qquad (4\text{-}6)$$

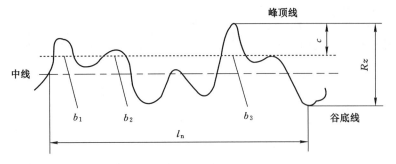
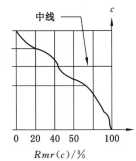

图 4-8 轮廓的支承长度率

显然,从峰顶线向下所取的水平截距 c 不同,其支承长度率也不同,因此 $Rmr(c)$ 值应是对应于水平截距 c 值而给出的。在标准中,$Rmr(c)$ 的值是以百分率来表示的,当 c 值一定时,$Rmr(c)$ 值越大,表示轮廓凸起的实体部分越多,故起支承作用的长度越长,表面接触刚度越高,耐磨性越好。$Rmr(c)$ 属于附加评定参数,一般不独立采用。

4.1.3 表面粗糙度轮廓的设计

4.1.3.1 表面粗糙度轮廓技术要求的内容

规定表面粗糙度轮廓的技术要求时,必须给出表面粗糙度轮廓幅度参数及允许值和测量时的取样长度值这两项基本要求,必要时可规定轮廓其他的评定参数(如 Rsm)、表面加工纹理方向、加工方法或(和)加工余量等附加要求。如果采用标准取样长度,则在图样上可以省略标注取样长度值。表面粗糙度轮廓的评定参数及允许值的大小应根据零件的功能要求和经济性来选择。

表面粗糙度的
设计和标注

4.1.3.2 表面粗糙度轮廓评定参数的选择

在机械零件精度设计中,通常只给出幅度参数 Ra 或 Rz 及允许值,根据功能需要可附加选用间距参数或其他的评定参数及相应的允许值。

参数 Ra 的概念直观,反映表面粗糙度轮廓特性的信息量大,而且 Ra 值用触针式轮廓仪测量比较容易,因此,对于光滑表面和半光滑表面,普遍采用 Ra 作为评定参数。但受到触针式轮廓仪功能的限制,它不宜测量极光滑表面和粗糙表面,因此对于极光滑表面和粗糙表面,采用 Rz 作为评定参数。

4.1.3.3 表面粗糙度轮廓参数允许值的选择

表面粗糙度轮廓参数的数值已标准化。设计时表面粗糙度轮廓参数极限值应从 GB/T 1031—2009 规定的参数值系列中选取,见表 4-2。

表面粗糙度参数值选用得适当与否,不仅影响零件的使用性能,还关系到制造成本,因此,合理地选取表面粗糙度参数值具有十分重要的意义。一般在规定表面粗糙度高度特征参数的允许值时,可考虑以下原则:

(1)在满足功能要求的前提下,尽量选用较大的表面粗糙度参数值,以降低加工成本。

(2)同一零件上,工作表面的粗糙度轮廓参数值通常比非工作表面小。但对于特殊用途的非工作表面,如机械设备上的操作手柄的表面,为了美观和手感舒服,其表面粗糙度轮廓参数允许值应予以特殊考虑。

表 4-2　轮廓算术平均偏差 *Ra*、轮廓最大高度 *Rz*、轮廓单元的平均宽度 *Rsm* 和轮廓的支承长度率 *Rmr*(*c*)的数值(摘自 GB/T 1031—2009)

Ra/mm			*Rz*/mm			*Rsm*/mm			*Rmr*(*c*)/%		
0.012	0.40	12.5	0.025	1.6	100	0.006	0.10	1.6	10	30	70
0.025	0.80	25.0	0.050	3.2	200	0.012 5	0.20	3.2	15	40	80
0.050	1.6	50.0	0.10	6.3	400	0.025	0.40	6.3	20	50	90
0.10	3.2	100	0.20	12.5	800	0.050	0.80	12.5	25	60	
0.20	6.3		0.40	25	1 600						
			0.80	50							

注:选用轮廓支承长度率参数时,应同时给出轮廓截面高度 *c* 值。它可用微米或 *Rz* 的百分数表示,*Rz* 的百分数系列有:5%、10%、15%、20%、25%、30%、40%、50%、60%、70%、80%、90%。

(3)摩擦表面比非摩擦表面的粗糙度参数值要小,滚动摩擦表面比滑动摩擦表面的粗糙度参数值要小。

(4)运动速度高、单位面积压力大的表面,受交变应力作用的重要零件的圆角、沟槽的表面粗糙度参数值都应小一些。

(5)在确定表面粗糙度轮廓参数允许值时,应注意它与孔、轴尺寸的标准公差等级要协调。这可参考表 4-3 所列的比例关系来确定。一般来说,孔、轴尺寸的标准公差等级越高,则该孔或轴的表面粗糙度轮廓参数值就应越小。对于同一标准公差等级的不同尺寸的孔或轴,小尺寸的孔或轴的表面粗糙度轮廓参数值应比大尺寸的小一些。配合零件的表面粗糙度应与尺寸及形状公差相协调,一般尺寸与形状公差要求越严,粗糙度要求也就越严。

表 4-3　表面粗糙度轮廓幅度参数值与尺寸公差值、形状公差值的一般关系

形状公差 *t* 占尺寸公差 *T* 的百分比/%	表面粗糙度轮廓幅度参数值占尺寸公差值的百分比/%	
	Ra/*T*	*Rz*/*t*
约 60	≤5	≤30
约 40	≤2.5	≤15
约 25	≤1.2	≤7

(6)配合精度要求高的配合表面(如小间隙配合的配合表面)、受重载荷作用的过盈配合表面的粗糙度参数值也应小些。

(7)同一公差等级的零件,小尺寸比大尺寸、轴比孔的粗糙度参数值要小。

(8)凡有关标准已经对表面粗糙度轮廓技术要求做出具体规定的特定表面(如与滚动轴承配合的轴颈和外壳孔),应按该标准的规定来确定其表面粗糙度轮廓参数允许值。

(9)对于防腐蚀、密封性要求高的表面以及要求外表美观的表面,其粗糙度轮廓参数允许值应小。确定表面粗糙度轮廓参数允许值,除有特殊要求的表面外,通常采用类比法。表 4-4 列出了各种不同的表面粗糙度轮廓幅度参数值的选用实例。

表 4-4　表面粗糙度轮廓幅度参数值的选用实例　　　　　　　　　　　单位:μm

表面粗糙度轮廓参数值（Ra）	表面粗糙度轮廓参数值（Rz）	表面形状特征		应用举例
>40～80		粗糙	明显可见刀痕	表面粗糙度甚大的加工面,一般很少采用
>20～40			可见刀痕	
>10～20	>63～125		微见刀痕	粗加工表面,应用范围较广,如轴端面、倒角、穿螺钉孔和铆钉孔的表面及垫圈的接触面等
>5～10	>32～63	半光	可见加工痕迹	半精加工面,支架、箱体、离合器、带轮侧面、凸轮侧面等非接触的自由表面,与螺栓头和铆钉头相接触的表面,轴和孔的退刀槽,一般遮板的接合面等
>2.5～5	>16.0～32		微见加工痕迹	半精加工面,箱体、支架、盖面、套筒等与其他零件连接而没有配合要求的表面,需要发蓝的表面,需要滚花的预先加工面,主轴非接触的全部外表面等
>1.25～2.5	>8.0～16.0		看不清加工痕迹	基面及表面质量要求较高的表面,中型机床(普通精度)工作台面,组合机床主轴箱箱座和箱盖的接合面,中等尺寸带轮的工作表面,衬套、滑动轴承的压入孔,低速转动的轴颈等
>0.63～1.25	>4.0～8.0	光	可辨加工痕迹的方向	中型机床(普通精度)滑动导轨面,导轨压板,圆柱销和圆锥销的表面,一般精度的分度盘,需镀铬抛光的外表面,中速转动的轴颈,定位销压入孔等
>0.32～0.63	>2.0～4.0		微辨加工痕迹的方向	中型机床(提高精度)滑动导轨面,滑动轴承轴瓦的工作表面,夹具定位元件和钻套的主要表面,曲轴和凸轮轴的轴颈的工作面,分度盘表面,高速工作下的轴颈及衬套的工作面等
>0.16～0.32	>1.0～2.0		不可辨加工痕迹的方向	精密机床主轴锥孔,顶尖圆锥面,直径小的精密心轴和转轴的接合面,活塞的活塞销孔,要求气密的表面和支承面
>0.08～0.16	>0.5～1.0	极光	暗光泽面	精密机床主轴箱上与套筒配合的孔,仪器在使用中要承受摩擦的表面(如导轨、槽面),液压传动用的孔的表面,阀的工作面,气缸内表面,活塞销等
>0.04～0.08	>0.25～0.5		亮光泽面	特别精密的滚动轴承套圈滚道、钢球及滚子表面,量仪中的中等精度间隙配合零件的工作表面,工作量规的测量表面等
>0.02～0.04			镜状光泽面	特别精密的滚动轴承套圈滚道、钢球及滚子表面,高压油泵中的柱塞和柱塞套的配合表面,保证高度气密的接合面等
>0.01～0.02			雾状镜面	仪器的测量表面,量仪中的高精度间隙配合零件的工作表面,尺寸超过 100 mm 的量块工作表面等
≤0.01			镜面	量块工作表面,高精度量仪的测量面,光学量仪中的金属镜面等

4.2　表面粗糙度的标注和检测

确定零件表面粗糙度轮廓评定参数及允许值和其他技术要求后,应按照 GB/T 131—2006 的规定,把表面粗糙度轮廓技术要求正确地标注在表面粗糙度轮廓完整图形符号上和零件图上。

4.2.1　表面粗糙度的代号

4.2.1.1　表面粗糙度轮廓的符号

表面粗糙度轮廓各种不同的技术要求应该使用表面粗糙度轮廓符号和代号的形式标注在零件图上。按照不同的需要,GB/T 131—2006 规定了一个基本图形符号和三个完整图形符号,如图 4-9 所示,基本图形符号由两条不等长的相交直线构成,这两条直线的夹角成60°。基本图形符号仅用于简化标注,不能单独使用。

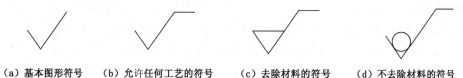

（a）基本图形符号　（b）允许任何工艺的符号　（c）去除材料的符号　（d）不去除材料的符号

图 4-9　表面粗糙度轮廓的基本图形符号和完整图形符号

在基本图形符号的长边端部加一条横线,或者同时在其三角形部位增加一段短横线或一个圆圈,就构成用于三种不同工艺要求的完整图形符号。图 4-9(b)所示的符号表示表面可以用任何工艺方法获得。图 4-9(c)所示的符号表示表面用去除材料的方法获得,如用车、铣、钻、刨、磨、抛光、电火花加工、气割等方法获得的表面。图 4-9(d)所示的符号表示表面用不去除材料的方法获得,如用铸、锻、冲压、热轧、冷轧、粉末冶金等方法获得的表面。

4.2.1.2　表面粗糙度轮廓的代号

（1）表面粗糙度轮廓各项技术要求在完整图形符号上的标注位置

在完整图形符号的周围标注评定参数的符号及极限值和其他技术要求。各项技术要求应标注在图 4-10 所示的指定位置上,图中所示为在去除材料的完整图形符号上的标注。在允许任何工艺的完整图形符号和不去除材料的完整图形符号上,也按照图 4-10 所示的指定位置标注。在周围注写了技术要求的完整图形符号称为表面粗糙度轮廓代号,简称粗糙度代号。

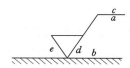

图 4-10　在表面粗糙度轮廓完整图形符号上各项技术要求的标注位置

① 位置 a。标注幅度参数符号(Ra 或 Rz)及极限值(单位为 μm)和有关技术要求。在位置 a 依次标注下列各项技术要求的符号及相关数值:
上、下限值符号　传输带数值/幅度参数符号　评定长度值极限值判断规则　幅度参数极限值
注:a. 传输带数值后面有一条斜线"/",若传输带数值采用默认的标准化值而省略标注,则此斜线不予注出。b. 评定长度值是用它所包含的取样长度个数(阿拉伯数字)来表示的,如果默认为标准化值 5(即 $l_n = 5 \times l_r$),同时极限值判断规则采用默认规则,且都省略标注,则为了避免误解,幅度参数符号与幅度参数极限值之间应插入空格,否则可能把该极限值的首位数误读为表示评定长度值的取样长度个数(数字)。c. 倘若极限值判断规则采用默认规则而省略标注,则为了避免误解,评定长度值与幅度参数极限值之间应插入空格,否则可能把表示评定长度值的取样长度个数误读为极限值的首位数。

② 位置 b。标注附加评定参数的符号及相关数值(如 Rsm,单位为 mm)。

③ 位置 c。标注加工方法、表面处理、涂层或其他工艺要求,如车、磨、镀等加工。

④ 位置 d。标注表面纹理。

⑤ 位置 e。标注加工余量(以 mm 为单位给出数值)。

(2) 表面粗糙度轮廓极限值的标注

按 GB/T 131—2006 的规定,在完整图形符号上标注幅度参数极限值,其给定数值分为下列两种情况:

① 标注极限值中的一个数值且默认为上限值

在完整图形符号上,幅度参数的符号及极限值应一起标注。当只单向标注一个数值时,则默认为它是幅度参数的上限值。标注示例如图 4-11(a)、(b)所示(默认传输带,默认评定长度 $l_n=5\times l_r$,极限值判断规则默认为 16%)。

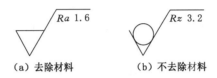

(a) 去除材料   (b) 不去除材料

图 4-11　幅度参数值默认为上限值的标注

② 同时标注上、下限值

需要在完整图形符号上同时标注幅度参数上、下限值时,则应分成两行标注幅度参数符号和上、下限值。上限值标注在上方,并在传输带的前面加注符号"U"。下限值标注在下方,并在传输带的前面加注符号"L"。当传输带采用默认的标准化值而省略标注时,则在上方和下方幅度参数符号的前面分别加注符号"U"和"L",标注示例如图 4-12 所示(去除材料,默认传输带,默认 $l_n=5\times l_r$,默认 16% 规则)。对某一表面标注幅度参数的上、下限值时,在不引起歧义的情况下,可以不加写 U、L。

(3) 极限值判断规则的标注

按 GB/T 10610—2009 的规定,根据表面粗糙度轮廓参数代号上给定的极限值,对实际表面进行检测后判断其合格性时,可以采用下列两种判断规则:

① 16% 规则

16% 规则是指在同一评定长度范围内幅度参数所有的实测值中,大于上限值的个数少于总数的 16%,小于下限值的个数少于总数的 16%,则认为合格。

16% 规则是表面粗糙度轮廓技术要求标注中的默认规则,如图 4-12 所示。

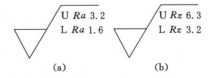

(a)   (b)

图 4-12　两个幅度参数值分别确认为上、下限值的标注

② 最大规则

在幅度参数符号的后面增加标注一个"max"的标记,则表示检测时合格性的判断采用

最大规则。它是指整个被测表面上幅度参数所有的实测值皆不大于上限值才认为合格。标注示例如图4-13和图4-14所示（去除材料，默认传输带，默认 $l_n = 5 \times l_r$）。

图4-13　确认最大规则的单个幅度参数值　　　　图4-14　确认最大规则的上限值和默认16%
　　　　　且默认为上限值的标注　　　　　　　　　　　　规则的下限值的标注

（4）传输带和取样长度、评定长度的标注

如果表面粗糙度轮廓完整图形符号上没有标注传输带（图4-11～图4-14），则表示采用默认传输带，即默认短波滤波器和长波滤波器的截止波长（λ_s 和 λ_c）皆为标准化值。需要指定传输带时，传输带标注在幅度参数符号的前面，并用斜线"/"隔开。传输带用短波和长波滤波器的截止波长（mm）进行标注，短波滤波器 λ_s 在前，长波滤波器 λ_c 在后（$\lambda_c = l_r$），它们之间用连字符"-"隔开，标注示例如图4-15所示（去除材料，默认 $l_n = 5 \times l_r$，幅度参数值默认为上限值，默认16%规则）。

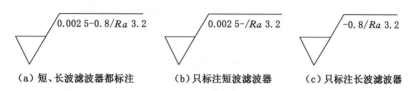

（a）短、长波滤波器都标注　　（b）只标注短波滤波器　　（c）只标注长波滤波器

图4-15　确认传输带的标注

图4-15（a）的标注中，传输带 $\lambda_s = 0.0025$ mm，$\lambda_c = l_r = 0.8$ mm。在某些情况下，对传输带只标注两个滤波器中的一个，另一个滤波器则采用默认的截止波长标准化值。对于只标注一个滤波器，应保留连字符"-"来区分是短波滤波器还是长波滤波器，如图4-15（b）的标注中，传输带 $\lambda_s = 0.0025$ mm，λ_c 默认为标准化值；图4-15（c）的标注中，传输带 $\lambda_c = 0.8$ mm，λ_s 默认为标准化值。

设计时若采用标准评定长度，则评定长度值采用默认的标准化值5而省略标注，如图4-15所示。需要指定评定长度时（在评定长度范围内的取样长度个数不等于5），则应在幅度参数符号的后面注写取样长度的个数，如图4-16所示（去除材料，评定长度 $l_n \neq 5 \times l_r$，幅度参数值默认为上限值）。图4-16（a）的标注中，$l_n = 3 \times l_r$，$\lambda_c = l_r = 1$ mm，λ_s 默认为标准化值0.0025 mm，判断规则默认为16%规则。图4-16（b）的标注中，$l_n = 6 \times l_r$，传输带为0.008～1 mm，判断规则采用最大规则。

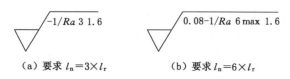

（a）要求 $l_n = 3 \times l_r$　　　　（b）要求 $l_n = 6 \times l_r$

图4-16　评定长度的标注

（5）表面纹理的标注

各种典型的表面纹理及其方向用图 4-17 中规定的符号标注。它们的解释分别如图 4-17 各个分图中对应的图形所示。如果这些符号不能清楚地表示表面纹理要求,可以在零件图上加注说明。

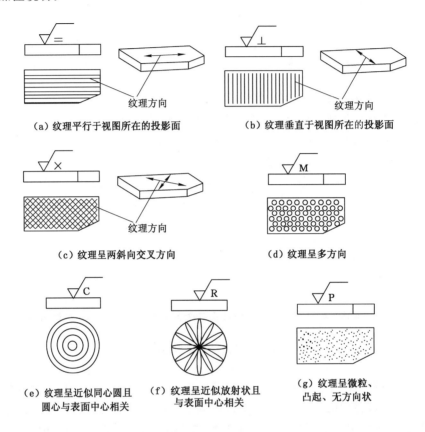

（a）纹理平行于视图所在的投影面　　　　（b）纹理垂直于视图所在的投影面

（c）纹理呈两斜向交叉方向　　　　（d）纹理呈多方向

（e）纹理呈近似同心圆且　　　（f）纹理呈近似放射状且　　　（g）纹理呈微粒、
圆心与表面中心相关　　　　与表面中心相关　　　　　凸起、无方向状

图 4-17　加工纹理方向的符号及其标注图例

（6）附加评定参数和加工方法的标注

附加评定参数和加工方法的标注示例如图 4-18 所示,该图亦为上述各项技术要求在完整图形符号上标注的示例:用磨削的方法获得的表面的幅度参数 Ra 上限值为 $1.6~\mu m$(采用最大规则),下限值为 $0.2~\mu m$(默认 16% 规则),传输带皆采用 $\lambda_s = 0.008$ mm,$\lambda_c = l_r = 1$ mm,评定长度值采用默认的标准化值 5;附加了间距参数 $Rsm = 0.05$ mm,加工纹理垂直于视图所在的投影面。

（7）加工余量的标注

在零件图上标注的表面粗糙度轮廓技术要求都是针对完工表面的要求,因此不需要标注加工余量。对于有多个加工工序的表面可以标注加工余量,如图 4-19 所示,车削工序的直径方向的加工余量为 0.4 mm。

4.2.2　表面粗糙度轮廓代号的标注方法

4.2.2.1　一般规定

对零件任何一个表面的粗糙度轮廓技术要求一般只标注一次,并且用表面粗糙度轮廓

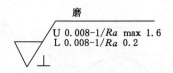

图 4-18 表面粗糙度轮廓
各项技术要求标注示例

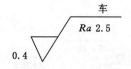

图 4-19 加工余量的标注
（其余技术要求皆为默认）

代号（在周围注写了技术要求的完整图形符号）尽可能标注在标注了相应尺寸及其极限偏差的同一视图上。除非另有说明，所标注的表面粗糙度轮廓技术要求是对完工零件表面的要求。此外，粗糙度代号上的各种符号、数字的注写和读取方向应与尺寸的注写和读取方向一致，且粗糙度代号的尖端必须从材料外指向并接触零件表面。

为了使图例简单，下述各个图例中的粗糙度代号上都只标注了幅度参数符号及上限值，其余的技术要求皆采用默认的标准化值。

4.2.2.2 常规标注方法

（1）表面粗糙度轮廓代号可以标注在可见轮廓线或其延长线、尺寸界线上，可以用带箭头的指引线或用带黑端点（它位于可见表面上）的指引线引出标注。

图 4-20 所示为粗糙度代号标注在轮廓线、尺寸界线和带箭头的指引线上。图 4-21 所示为粗糙度代号标注在轮廓线、轮廓线的延长线和带箭头的指引线上。图 4-22 所示为粗糙度代号标注在带黑端点的指引线上。

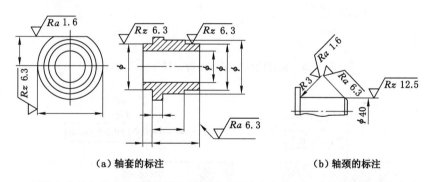

（a）轴套的标注　　　　（b）轴颈的标注

图 4-20 粗糙度代号上的各种符号、数字的注写和读取方向应与尺寸的注写和读取方向一致

（2）在不引起误解的前提下，表面粗糙度轮廓代号可以标注在特征尺寸的尺寸线上。如图 4-23 所示，粗糙度代号标注在孔、轴的直径定形尺寸的尺寸线上和键槽的宽度定形尺寸的尺寸线上。

（3）粗糙度代号可以标注在几何公差框格的上方，如图 4-24 所示。

4.2.2.3 简化标注的规定方法

（1）当零件的某些表面（或多数表面）具有相同的表面粗糙度轮廓技术要求时，则对这些表面的技术要求可以统一标注在零件图的标题栏附近，省略对这些表面进行分别标注。采用这种简化注法时，除了需要标注相关表面统一技术要求的粗糙度代号以外，还需要在其右侧画一个圆括号，在括号内给出一个如图 4-9 所示的基本图形符号。标注示例如图 4-25 右下角标注所示（它表示除了两个已标注粗糙度代号的表面以外的其余表面的粗糙度要求）。

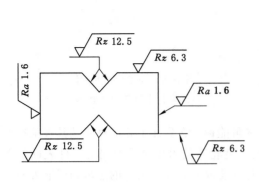

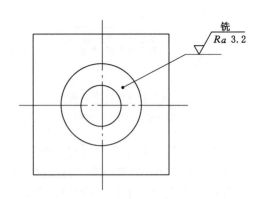

图 4-21　粗糙度代号标注在轮廓线、轮廓线的
延长线和带箭头的指引线上

图 4-22　粗糙度代号标注在
带黑端点的指引线上

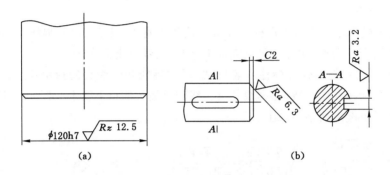

图 4-23　粗糙度代号标注在特征尺寸的尺寸线上

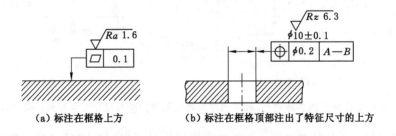

（a）标注在框格上方　　　　　（b）标注在框格顶部注出了特征尺寸的上方

图 4-24　粗糙度代号标注在几何公差框格的上方

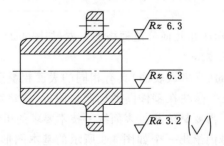

图 4-25　零件某些表面具有相同的表面粗糙度轮廓技术要求时的简化标注

（2）当零件的几个表面具有相同的表面粗糙度轮廓技术要求或粗糙度代号直接标注在零件某表面上受到空间限制时,可以用基本图形符号或只带一个字母的完整图形符号标注在零件这些表面上,而在图形或标题栏附近以等式的形式标注相应的粗糙度代号,如图 4-26 所示。

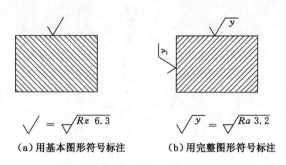

（a）用基本图形符号标注   （b）用完整图形符号标注

图 4-26　用等式形式简化标注的示例

（3）当图样某个视图上构成封闭轮廓的各个表面具有相同的表面粗糙度轮廓技术要求时,可以采用如图 4-27(a)所示的表面粗糙度轮廓特殊符号(即在图 4-9 所示三个完整图形符号的长边与横线的拐角处加画一个小圆)进行标注,标注示例如图 4-27(b)所示。特殊符号表示对视图上封闭轮廓周边的上、下、左、右四个表面的共同要求,不包括前表面和后表面。

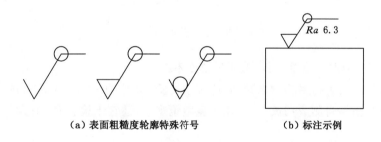

（a）表面粗糙度轮廓特殊符号   （b）标注示例

图 4-27　有关表面具有相同的表面粗糙度轮廓技术要求时的简化标注

4.2.2.4　在零件图上对零件各表面标注表面粗糙度轮廓代号的示例

图 4-28 为一减速器的输出轴零件图,其上对各表面标注了尺寸及公差带代号、几何公差和表面粗糙度轮廓技术要求。

4.2.3　表面粗糙度轮廓的检测

表面粗糙度轮廓的检测方法主要有比较检验法、针描法、光切法和显微干涉法等几种。

4.2.3.1　比较检验法

比较检验法是指将被测表面与已知 Ra 值的表面粗糙度轮廓比较样块进行触觉和视觉比较的方法。所选用的样块和被测零件的加工方法必须相同,并且样块的材料、形状、表面色泽等应尽可能与被测零件一致。判断的准则是根据被测表面加工痕迹的深浅来决定其表面粗糙度轮廓是否符合零件图上规定的技术要求。若被测表面加工痕迹的深度相当于或小于样块加工痕迹的深度,则表示该被测表面粗糙度轮廓幅度参数 Ra 的数值不大于样块所

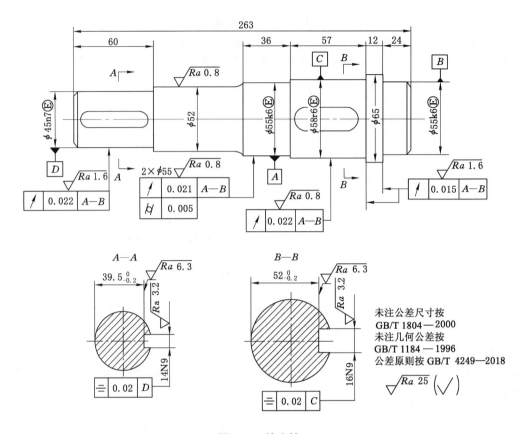

图 4-28 输出轴

标记的 Ra 值。这种方法简单易行,但测量精度不高。

触觉比较是指用手指甲感触来判别,适宜于检验 Ra 值为 $1.25 \sim 10~\mu m$ 的外表面。

视觉比较是指靠目测或用放大镜、比较显微镜观察,适宜于检验 Ra 值为 $0.16 \sim 100~\mu m$ 的外表面。

4.2.3.2 针描法

针描法是指利用触针划过被测表面,把表面粗糙度轮廓放大描绘出来,经过计算处理装置直接给出 Ra 值。采用针描法的原理制成的表面粗糙度轮廓量仪称为触针式轮廓仪,它适宜于测量 Ra 值为 $0.04 \sim 5.0~\mu m$ 的内、外表面和球面。

如图 4-29 所示,表面粗糙度轮廓仪的驱动箱以恒速拖动传感器沿被测表面轮廓的 X 轴方向移动,传感器测杆上的金刚石触针与被测表面轮廓接触,触针把该轮廓上的微小峰、谷转换为垂直位移,这位移经传感器转换为电信号,然后经检波、放大路线分送两路,其中一路送至记录器,记录出实际表面粗糙度轮廓;另一路经滤波器消除(或减弱)波纹度的影响,由指示表显示出 Ra 值。

4.2.3.3 光切法

光切法是指利用光切原理测量表面粗糙度轮廓的方法,属于非接触测量的方法。采用光切原理制成的表面粗糙度轮廓量仪称为光切显微镜(或称双管显微镜),它适宜于测量 Rz 值为 $2.0 \sim 63~\mu m$(相当于 Ra 值为 $0.32 \sim 10~\mu m$)的平面和外圆柱面。

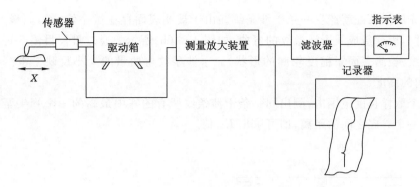

图 4-29　触针式轮廓仪的基本结构

如图 4-30 所示,量仪有两个轴线相互垂直的光管,左光管为观察管,右光管为照明管。由光源 1 发出的光线经狭缝 2 后形成平行光束,该光束以与两光管轴线夹角平分线成 45° 的入射角投射到被测表面上,把表面轮廓切成窄长的光带。该被测轮廓峰尖与谷底之间的高度为 h。这光带以与两光管轴线夹角平分线成 45° 的反射角反射到观察管的目镜 3,从目镜 3 中观察到放大的光带影像(即放大的被测轮廓影像),它的高度为 h',把它换算成 h 值来求解 Rz 值。光切显微镜实物如图 4-31 所示。

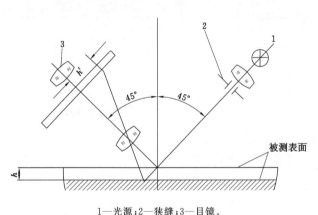

1—光源;2—狭缝;3—目镜。

图 4-30　光切显微镜测量原理图

图 4-31　光切显微镜实物

4.2.3.4　显微干涉法

显微干涉法是利用光波干涉原理和显微系统测量精密加工表面粗糙度轮廓的方法,属于非接触测量法。采用显微干涉法的原理制成的表面粗糙度轮廓量仪称为干涉显微镜(图 4-32),它适宜测量 Rz 值为 $0.063\sim1.0\ \mu m$(相当于 Ra 值为 $0.01\sim0.16\ \mu m$)的平面、外圆柱面和球面。干涉显微镜的测量原理如图 4-33 所示,是基于由量仪光源 1 发出的一束光线,经量仪反射镜 2、分光镜 3 分成两束光线,其中一束光线投射到工件被测表面,再经原光路返回;另一束光线投射到量仪标准镜 4,再经原光路返回。这两束光线相遇叠加,产生干涉条纹,在光程差每

图 4-32　干涉显微镜实物

相差半个光波波长处就产生一条干涉条纹。由于被测表面存在微小峰、谷,而峰、谷处的光程差不相同,因此造成了干涉条纹的弯曲,如图 4-33(b)所示。通过量仪目镜 5 可观察到这些干涉条纹(被测表面粗糙度轮廓的形状)。干涉条纹弯曲量的大小反映了被测部位微小峰、谷之间的高度。

在一个取样长度范围内,测出同一条干涉条纹所有的峰中最高的一个峰尖至所有的谷中最低的一个谷底之间的距离,即可求出 Rz 值。

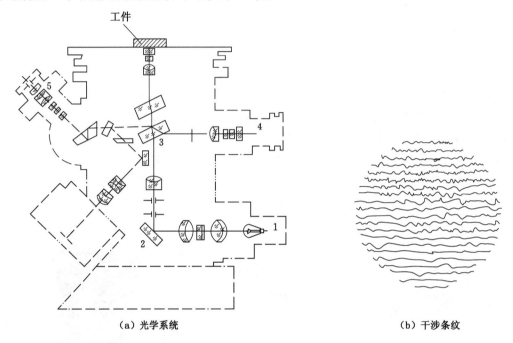

（a）光学系统　　　　　　　　　　　　　（b）干涉条纹

1—光源;2—反射镜;3—分光镜;4—标准镜;5—目镜。

图 4-33　干涉显微镜测量原理

☞ **知识拓展**

表面粗糙度表示法的演变

　　1929 年,德国人施迈茨(Schmalz)第一次对表面微观不平度进行了定量的评价,提出了对表面粗糙度微观测试的定量标准。1931 年 10 月,德国颁布了世界上第一个表面粗糙度标准 DIN140。该标准规定▽,▽▽,▽▽▽,…为加工表面的粗糙度符号。1959 年,原第一机械工业部参照苏联标准发布了我国第一个机械制图国家标准《机械制图 表面光洁状况、镀涂和热处理的代(符)号及标注》(GB 131—1959),1974 年又颁布了 GB 131—1974 替代 GB 131—1959。1983 年发布了《机械制图 表面精糙度代号及其注法》(GB 131—1983)替代 GB 131—1974。之后,于 1993 年和 2006 年又发布了相关替代标准,分别为 GB/T 131—1993、GB/T 131—2006。现行最新的表面粗糙度表示法为《产品几何技术规范(GPS) 技术产品文件中表面结构的表示法》(GB/T 131—2006)。

GB/T 131
—2006

上述新、旧标准使用的符号、名称、发布时间等见下表。

标准号	GB 131—1959	GB 131—1974	GB 131—1983	GB/T 131—1993	GB/T 131—2006
发布时间	1959 年	1974 年	1983 年	1993 年	2006 年
符号	▽▽▽	▽8	3.2 ▽	3.2 ▽	Ra 3.2 ▽
名称	表面光洁度	表面光洁度	表面粗糙度	表面粗糙度	表面粗糙度
标准名称	《机械制图 表面光洁状况、镀涂和热处理的代（符）号及标注》	《机械制图 表面光洁状况、镀涂和热处理的代（符）号及标注》	《机械制图 表面精糙度代号及其注法》	《机械制图 表面粗糙度符号、代号及其注法》	《产品几何技术规范（GPS）技术产品文件中表面结构的表示法》

👉 **思考题与习题**

4-1　表面粗糙度的含义是什么？对零件的工作性能有哪些影响？

4-2　轮廓中线的含义和作用是什么？为什么规定了取样长度还要规定评定长度？

4-3　什么是轮廓峰和轮廓谷？

4-4　表面粗糙度的基本评定参数有哪些？简述其含义。

4-5　表面粗糙度参数值是否选得越小越好？选用的原则是什么？如何选用？

4-6　表面粗糙度的常用测量方法有哪几种？触针式轮廓仪、光切显微镜和干涉显微镜各有什么特点？

4-7　在一般情况下，下列每组中两孔表面粗糙度参数值的允许值是否应该有差异？哪个孔的允许值较小？为什么？

（1）ϕ60H8 与 ϕ20H8 孔。

（2）ϕ50H7/h6 与 ϕH7/p6 中的 H7 孔。

（3）圆柱度公差分别为 0.01 mm 和 0.02 mm 的 ϕ40H7 孔。

4-8　表面粗糙度的图样标注中，什么情况注出评定参数的上限值、下限值？什么情况要注出最大值、最小值？上限值和下限值与最大值和最小值如何标注？

4-9　ϕ60H7/f6 和 ϕ60H7/h6 相比，哪一个应选用较小的表面粗糙度 Ra 和 Rz 值？为什么？

4-10　解释图 4-34 中标注的各表面粗糙度要求的含义。

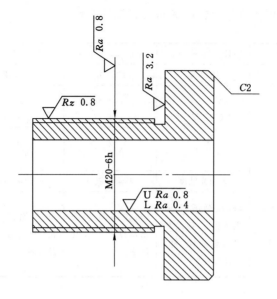

图 4-34　题 4-10 图

第二篇　典型零件的精度设计应用

　　轴承、键、螺纹、齿轮等都属于常用典型零件,应用非常广泛,在我国经济建设和装备制造业的发展进程当中具有举足轻重的作用。

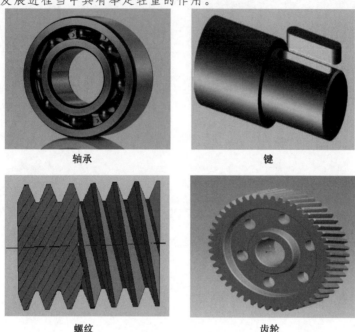

常用典型零件

　　滚动轴承、平键和花键、螺纹等都属于常用标准零件。滚动轴承是现代机械应用最广泛的支承零部件之一,其工作质量直接影响机械产品转动部分的运动精度、旋转平稳性与灵活性,这些特性直接与产品的振动、噪声和寿命等有关。键和花键连接广泛应用于轴与轴上传动件的连接,用以传递转矩,需要时也可用作轴上传动件的导向,特殊场合还能起到定位和保证安全的作用。键和花键连接属于可拆连接,常用于需要经常拆卸和便于装配的地方。螺纹结合是工业生产中普遍使用的结合,其中普通螺纹结合的应用最广泛。齿轮是机器和仪器中使用较多的传动件,尤其是渐开线圆柱齿轮的应用更为广泛。圆锥结合是机器、仪器及工具结构中常用的典型结合,它具有较高的同轴度、密封性好、间隙或过盈可以调整、可利用摩擦力来传递转矩等优点。

　　上述典型零件的精度不仅影响着机器的工作性能,还决定着机器的使用寿命。随着我国高端制造业进程的逐步加快,高铁、汽车、工程机械、矿山机械等各种工程和机械装备对零部件的精度要求也越来越高。上述装备除对轴承、键、螺纹、齿轮等常用典型零件有精度要求外,常用典型零件与相配合零件的配合精度也同样重要。

　　在第一篇学习机械精度设计理论的基础上,本篇进一步学习典型零件的精度设计应用,主要包括滚动轴承、平键和花键、螺纹、齿轮、圆锥等零件的精度,并对与之相配合的零件进行精度设计。

第 5 章　常用典型零件的公差与配合

　　滚动轴承、键和螺纹连接均是现代机械装备中广泛应用的零部件和连接方式。与轴承配合的轴颈和外壳孔的精度设计、与键配合的键槽、内外花键的配合、内外螺纹的配合等均对机械装备的寿命和可靠运行产生重要影响。为此,我国发布了与轴颈和外壳孔、轴键槽和轮毂键槽、内外花键、内外螺纹相关的国家标准。本章的重点是与轴承配合的轴颈和外壳孔的精度设计、键槽和花键的精度设计、螺纹的公差带,难点是如何进行轴颈和外壳孔的精度设计。

👆 课前问题

　　(1) 与轴承配合的轴颈和外壳孔的几何公差设计依据是什么?

　　(2) 键槽、花键的尺寸精度、几何精度和表面粗糙度要求的标注规范是什么?

　　(3) 外螺纹的公差带和普通轴的公差带有何区别?

👆 国家标准

　　(1) 滚动轴承部分

　　《滚动轴承 通用技术规则》(GB/T 307.3—2017);

　　《滚动轴承 公差 定义》(GB/T 4199—2003);

　　《滚动轴承 向心轴承 产品几何技术规范(GPS)和公差值》(GB/T 307.1—2017);

　　《滚动轴承 配合》(GB/T 275—2015);

　　《滚动轴承 外形尺寸总方案 第 3 部分:向心轴承》(GB/T 273.3—2020);

　　《滚动轴承 游隙 第 1 部分:向心轴承径向游隙》(GB/T 4604.1—2012)。

　　(2) 键和花键部分

　　《平键 键槽的剖面尺寸》(GB/T 1095—2003);

　　《矩形花键尺寸、公差与检验》(GB/T 1144—2001);

　　《圆柱直齿渐开线花键(米制模数 齿侧配合) 第 1 部分:总论》(GB/T 3478.1—2008);

　　《功能量规》(GB/T 8069—1998);

　　(3) 普通螺纹部分

　　《普通螺纹 直径与螺距系列》(GB/T 193—2003);

　　《螺纹 术语》(GB/T 14791—2013);

　　《普通螺纹 极限尺寸》(GB/T 15756—2008);

《普通螺纹量规 技术条件》(GB/T 3934—2003)；

《普通螺纹 优选系列》(GB/T 9144—2003)；

《普通螺纹 基本尺寸》(GB/T 196—2003)；

《普通螺纹 公差》(GB/T 197—2018)；

《普通螺纹 极限偏差》(GB/T 2516—2003)；

《功能量规》(GB/T 8069—1998)。

5.1 滚动轴承的公差与配合

5.1.1 滚动轴承的精度

5.1.1.1 滚动轴承的基本结构与分类

滚动轴承是现代机械应用最广泛的支承零部件之一,其工作质量直接影响机械产品转动部分的运动精度、旋转平稳性与灵活性,这些特性直接与产品的振动、噪声和寿命等有关。为了提高滚动轴承的承载能力、运转精度和互换性能等,已对它的结构、尺寸、材料、制造精度与技术条件制定出国家标准,并且由专业化的滚动轴承制造厂生产。

滚动轴承的精度

本章仅讲述如何确定滚动轴承的公差与配合。滚动轴承的公差与配合是指正确确定滚动轴承内圈与轴颈的配合、外圈与外壳孔的配合以及轴颈和外壳孔的尺寸公差带、几何公差和表面粗糙度轮廓幅度参数值,以保证滚动轴承的工作性能和使用寿命。

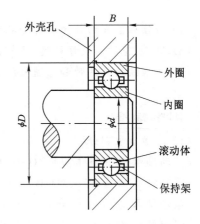

图 5-1 滚动轴承

滚动轴承是一个标准部件,通常都成对使用。滚动轴承一般由外圈、内圈、滚动体(钢球或滚子)和保持架组成,如图 5-1 所示。它的基本尺寸有轴承的内径 d、外径 D 与宽度 B(内圈)或 C(外圈),推力轴承中称为高度 T,如图 5-2 所示。

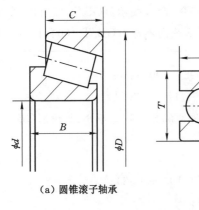

(a)圆锥滚子轴承　　　(b)推力轴承

图 5-2 滚动轴承基本尺寸

内圈(在推力轴承中称为轴圈)通常装在轴颈上,并与轴一起转动;外圈(在推力轴承中称为座圈)通常装在轴承座孔内或机械部件壳体孔中,起固定支承作用。但是在有些场合下,也有外圈旋转、内圈起固定支承作用的,也有内、外圈一起转动的。滚动体是承载并使轴承形成滚动摩擦的元件。保持架是一组隔离元件,其作用是将轴承内一组滚动体均匀分开,使每个滚动体均匀地轮流承受相等的载荷,并保持滚动体在轴承内、外滚道间正常滚动。

同滑动轴承相比,滚动轴承摩擦系数较小,润滑较简单,制造较为经济,使用也较方便,因此在现代机械制造业中的应用极为广泛。

滚动轴承按承受载荷的方向,可分为主要承受径向载荷的向心轴承[图 5-3(a)]、同时承受径向和轴向载荷的向心推力轴承[图 5-3(b)]和仅承受轴向载荷的推力轴承[图5-3(c)]。按滚动体的形状,可分为球轴承、圆柱滚子轴承、圆锥滚子轴承和滚针轴承。

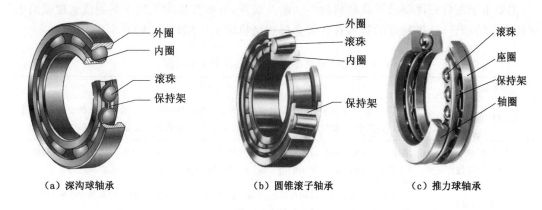

（a）深沟球轴承　　　（b）圆锥滚子轴承　　　（c）推力球轴承

图 5-3　滚动轴承分类

5.1.1.2　滚动轴承的互换性

为了便于在机械上安装轴承和更换新轴承,轴承内圈与轴颈、外圈与外壳孔之间的外互换采用完全互换;而基于技术经济性的考虑,滚动轴承各组成零件之间的内互换一般采用分组装配法,为不完全互换。

滚动轴承正常工作时,必须满足下列两项要求:

（1）必要的旋转精度

轴承工作时,其内、外圈和端面的跳动应控制在允许的公差范围内,以保证轴系部件的回转精度和传动精度。

（2）合适的游隙

滚动体与套圈之间的游隙分为径向游隙 δ_1 和轴向游隙 δ_2,如图 5-4 所示。轴承工作时这两种游隙的大小皆应保持在合适的范围内,以保证轴承正常运转寿命。

5.1.1.3　滚动轴承的公差等级

滚动轴承的公差等级由轴承的尺寸

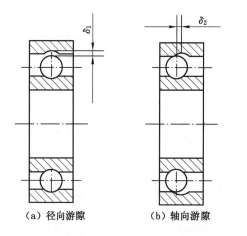

（a）径向游隙　　（b）轴向游隙

图 5-4　滚动轴承的游隙

公差和旋转精度决定。前者是指轴承内径 d、外径 D、宽度 B 的尺寸公差及圆锥滚子轴承装配尺寸公差;后者是指轴承内、外圈的径向跳动和端面跳动,轴承滚道的侧向摆动,轴承内、外圈两端面的平行度等几何公差要求。

根据滚动轴承的尺寸公差和旋转精度,《滚动轴承 通用技术规则》(GB/T 307.3—2017)将滚动轴承的公差等级分为 2、4、5、6(6x)、0 五级,精度依次由高到低。

向心轴承(圆锥滚子轴承除外)公差等级共分为五级,即 0 级、6 级、5 级、4 级和 2 级;圆锥滚子轴承公差等级共分为五级,即 0 级、6x 级、5 级、4 级和 2 级;推力轴承公差等级共分为四级,即 0 级、6 级、5 级和 4 级。

5.1.1.4 各个公差等级滚动轴承的应用

各个公差等级滚动轴承的应用范围见表 5-1。0 级为普通级,在机械制造业中的应用最广,主要用于旋转精度要求不高的机构中。除 0 级外,其他各级主要用于高的线速度或高的旋转精度的场合,这类精度的轴承在各种金属切削机床上应用较多,见表 5-2。

表 5-1 各个公差等级的滚动轴承的应用范围

轴承公差等级	应用实例
0 级(普通级)	广泛用于旋转精度和运转平稳性要求不高的一般旋转机构中,如普通机床的变速机构、进给机构,汽车、拖拉机的变速机构,普通减速器、水泵及农业机械等通用机械的旋转机构
6 级、6x 级(中级)、5 级(较高级)	多用于旋转精度和运转平稳性要求较高或转速较高的旋转机构中,如普通机床主轴轴系(前支承采用 5 级,后支承采用 6 级)和比较精密的仪器、仪表、机械的旋转机构
4 级(高级)	多用于转速很高或旋转精度要求很高的机床和机器的旋转机构中,如高精度磨床和车床、精密螺纹车床和齿轮磨床等的主轴轴系
2 级(精密级)	多用于精密机械的旋转机构中,如精密坐标镗床、高精度齿轮磨床和数控机床等的主轴轴系

表 5-2 机床主轴轴承精度等级

轴承类型	精度等级	应用实例
深沟球轴承	4	高精度磨床、丝锥磨床、螺纹磨床、磨齿机、插齿刀磨床
角接触球轴承	5	精密镗床、内圆磨床、齿轮加工机床
	6	卧式车床、铣床
单列圆柱滚子轴承	4	精密丝杠车床、高精度车床、高精度外圆磨床
	5	精密车床、精密铣床、转塔车床、普通外圆磨床、多轴车床、镗床
	6	卧式车床、自动车床、铣床、立式车床
向心短圆柱滚子轴承调心滚子轴承	6	精密车床及铣床的后轴承
圆锥滚子轴承	4	坐标镗床、磨齿机
	5	精密机床、精密铣床、镗床、精密转塔车床、滚齿机
	6x	铣床、车床
推力球轴承	6	一般精度车床

5.1.1.5　滚动轴承内、外径公差带的特点

由于滚动轴承为标准部件,因此轴承内圈与轴颈的配合应为基孔制,轴承外圈与外壳孔的配合应为基轴制。但这里的基孔制和基轴制与光滑圆柱结合又有所不同,是由滚动轴承配合的特殊需要所决定的。

轴承内圈通常与轴一起旋转。为防止内圈和轴颈的配合产生相对滑动而磨损,影响轴承的工作性能,要求配合面之间具有一定的过盈量。但由于内圈是薄壁零件,所以过盈量不能太大。如果作为基准孔的轴承内圈仍采用基本偏差为 H 的公差带,轴颈也选用光滑圆柱结合国家标准中的公差带,则配合时无论选过渡配合(过盈量偏小)或过盈配合(过盈量偏大)都不能满足轴承工作的需要。若轴颈采用非标准公差带,则又违反了标准化与互换性的原则。为此,GB/T 307.1—2017 规定:轴承内圈的基准孔公差带位置位于以公称内径 d 为零线的下方,且上偏差为零,如图 5-5 所示。因而这种特殊的基准孔公差带与 GB/T 1800.1—2020 中基孔制的各种轴公差带构成的配合性质,相应地比这些轴公差带的基本偏差代号所表示的配合性质有不同程度的变紧。

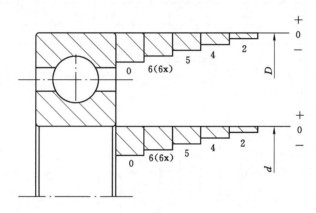

图 5-5　滚动轴承内径与外径的公差带

轴承外圈因安装在外壳孔中,通常不旋转,考虑到工作时温度升高会使轴热胀而产生轴向移动,因此两端轴承中有一端应是游动支承,可使外圈与外壳孔的配合稍微松一点,使之能补偿轴的热胀伸长量,不至于使轴变弯而被卡住,影响正常运转。为此,GB/T 307.1—2017规定:轴承外圈的公差带位置位于公称外径 D 为零线的下方,且上偏差为零。该公差带与基本偏差为 h 的公差带相类似,但两者的公差数值不同。轴承外圈采取这样的基准轴公差带与 GB/T 1800.1—2020 中基轴制配合的孔公差带所组成的配合性质,基本上保持了 GB/T 1800.1—2020 中的配合性质。

5.1.1.6　与滚动轴承配合的轴颈和外壳孔的常用公差带

由于滚动轴承内圈内径和外圈外径的公差带在生产轴承时已经确定,因此在使用轴承时,内圈与轴颈和外圈与外壳孔的配合所要求的配合性质必须分别由轴颈和外壳孔的公差带确定。为了实现各种松紧程度的配合性质要求,GB/T 275—2015 推荐了轴承与轴颈和外壳孔配合时轴颈和外壳孔的常用公差带。该国标对轴颈规定了 17 种公差带[图 5-6(a)],对外壳孔规定了 16 种公差带[图 5-6(b)]。这些公差带分别选自 GB/T 1800.1—2020 中的轴公差带和孔公差带。

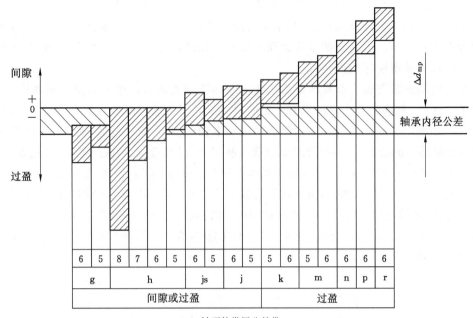

（a）轴颈的常用公差带

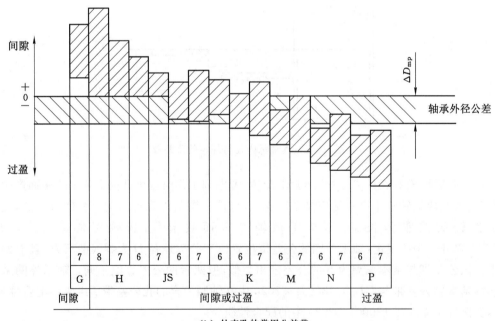

（b）外壳孔的常用公差带

图 5-6　与 0 级和 6 级滚动轴承配合的轴颈和外壳孔的常用公差带

（摘自 GB/T 275—2015）

5.1.2　与滚动轴承配合的轴颈、外壳孔的精度设计

5.1.2.1　轴颈、外壳孔的尺寸公差选择原则

由于滚动轴承内圈内径和外圈外径的公差带在生产轴承时已经确定，因此，轴承与轴颈、

外壳孔配合的选择就是确定轴颈和外壳孔的公差带。合理选择滚动轴承的配合,对于保证机械组件的旋转精度、提高轴承寿命、充分发挥轴承的承载能力及满足轴承安装和拆卸等方面的要求具有重要意义。在具体选择时,应综合考虑以下因素:作用在轴承套圈(内圈或外圈)上的载荷性质、大小和方向;轴承的径向游隙、轴承的工作状况及轴承的装卸与调整等。

轴颈和外壳孔的精度设计

（1）轴承套圈相对于载荷方向的运转状态

作用在轴承上的径向载荷,可以是定向载荷(如带轮的拉力、齿轮的传动力、车削时的径向切削力)或旋转载荷(如旋转工件的惯性离心力、旋转镗杆上作用的径向切削力),或者是两者的合成载荷。它的作用方向与轴承套圈存在着以下三种关系:

① 套圈相对于载荷方向固定

当套圈相对于径向载荷的作用线不旋转,或者径向载荷的作用线相对于轴承套圈不旋转时,该径向载荷始终作用在套圈滚道的某一局部区域上,这表示该套圈相对于载荷方向固定。

如图 5-7(a)、(b)所示,轴承承受一个方向和大小均不变的径向载荷 F_r,图 5-7(a)中的不旋转外圈和图 5-7(b)中的不旋转内圈都相对于径向载荷 F_r 方向固定,前者的运转状态称为固定的外圈载荷,后者的运转状态称为固定的内圈载荷。减速器转轴两端轴承外圈、汽车与拖拉机前轮(从动轮)轴承内圈受力就是固定载荷的典型例子。

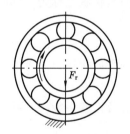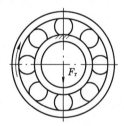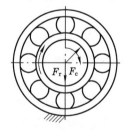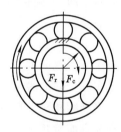

（a）旋转的内圈载荷和固定的外圈载荷 （b）固定的内圈载荷和旋转的外圈载荷 （c）旋转的内圈载荷和外圈承受摆动载荷 （d）内圈承受摆动载荷和旋转的外圈载荷

图 5-7 轴承套圈相对于载荷方向的运转状态

套圈相对于载荷方向固定的受力特点是载荷集中作用,套圈滚道局部容易产生磨损。为了保证套圈滚道的磨损均匀,相对于载荷方向固定的套圈与轴颈或外壳孔的配合应稍松些,甚至可以有不大的间隙,即选用过渡配合或小间隙配合,以便在某些振动、冲击或滚动体摩擦力矩的作用下,使套圈相对于轴颈或外壳孔产生少许转动,从而改变滚道最大受力点的位置,使滚道磨损均匀,延长轴承的寿命。

② 套圈相对于载荷方向旋转

当套圈相对于径向载荷的作用线旋转,或者径向载荷的作用线相对于轴承套圈旋转时,该径向载荷就依次作用在套圈整个滚道的各个部位上,这表示该套圈相对于载荷方向旋转。

如图 5-7(a)、(b)所示,轴承承受一个方向和大小均不变的径向载荷 F_r,图 5-7(a)中的旋转内圈和图 5-7(b)中的旋转外圈都相对于径向载荷 F_r 方向旋转,前者的运转状态称为旋转的内圈载荷,后者的运转状态称为旋转的外圈载荷。减速器转轴两端轴承内圈、汽车与拖拉机前轮(从动轮)轴承外圈受力就是旋转载荷的典型例子。

套圈相对于载荷方向旋转的受力特点是载荷成周期作用,套圈滚道产生均匀磨损。为防止套圈与轴颈或外壳孔相对滑动引起的配合表面发热及磨损,应选择较紧的配合,一般为过渡配合或小过盈配合。

③ 轴承套圈相对于载荷方向摆动

当大小和方向按一定规律变化的径向载荷依次往复地作用在套圈滚道的一段区域上时,表示该套圈相对于载荷方向摆动。

如图 5-7(c)、(d)所示,套圈承受一个大小和方向均固定的径向载荷 F_r 和一个旋转的径向载荷 F_c,两者合成的径向载荷的大小将由小逐渐增大,再由大逐渐减小,周而复始地周期性变化,这样的径向载荷称为摆动载荷。

如图 5-8 所示,当 $F_r > F_c$ 时,按照向量合成的平行四边形法则,F_r 与 F_c 的合成载荷 F 就在滚道 AB 区域内摆动。因此,不旋转的套圈就相对于合成载荷 F

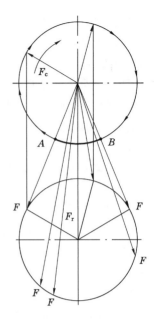

图 5-8 摆动载荷($F_r > F_c$)

的方向摆动,而旋转的套圈就相对于合成载荷 F 的方向旋转。前者的运转状态称为摆动的套圈载荷。

当 $F_r < F_c$ 时,则 F_r 与 F_c 的合成载荷 F 沿整个滚道圆周变动。因此,不旋转的套圈就相对于合成载荷 F 的方向旋转,而旋转的套圈就相对于合成载荷 F 的方向摆动。后者的运转状态称为摆动的套圈载荷。

当套圈相对于载荷方向摆动时,该套圈与轴颈或外壳孔配合的松紧程度一般与套圈相对载荷方向旋转时选用的配合相同或稍松一些。

(2)载荷的大小

轴承与轴颈、外壳孔配合的松紧程度跟载荷的大小有关。对于向心轴承,GB/T 275—2015 根据当量径向动载荷 P_r 与轴承产品样本中规定的额定动载荷 C_r 的比值大小,将载荷分成轻载荷、正常载荷、重载荷三种类型,见表 5-3。

表 5-3 载荷的类型(摘自 GB/T 275—2015)

载荷大小类型	P_r/C_r
轻载荷	$\leqslant 0.06$
正常载荷	$> 0.06 \sim 0.12$
重载荷	> 0.12

当轴承承受重载荷或冲击载荷时,套圈将产生较大变形,使配合表面实际过盈减小,轴承内部的实际间隙增大,且配合面的受力也不均匀,所以应选过盈量较大的过盈配合;反之,承受较轻载荷时,应选过盈量较小的过盈配合,即承受的载荷越大,过盈量应越大。

(3)径向游隙

GB/T 4604.1—2012 规定,轴承的径向游隙分为 2、N、3、4、5 五组,游隙的大小由小到大。其中,N 组为基本游隙组。

当游隙过大,就会使转轴产生较大的径向跳动和轴向窜动,使轴承工作时产生较大的振动和噪声;当游隙过小,若轴承与轴颈、外壳孔的配合为过盈配合,则会使轴承中滚动体与套圈产生较大的接触应力,并增加轴承摩擦发热,导致轴承寿命降低。因此,游隙的大小应适度。

如果轴承具有基本组游隙,在常温状态的一般条件下工作,则轴承与轴颈和外壳孔配合的过盈量应适中。通常,市场上供应的轴承若无游隙标记,均指基本组游隙。若轴承具有的游隙比基本组大,在特别条件下工作时(如内圈和外圈温差较大,或内圈与轴颈间、外圈与外壳孔间都要求有过盈等),则配合的过盈量应较大。若轴承具有的游隙比基本组小,在轻载荷下工作,要求噪声和振动小;或要求旋转精度较高时,则配合的过盈量应较小。

（4）轴承的工作条件

轴承工作时,由于摩擦发热和其他热源的影响,套圈的温度会高于相配件的温度。内圈的热膨胀会引起它与轴颈的配合变松,而外圈的热膨胀则会引起它与外壳孔的配合变紧。因此,轴承工作温度高于 100 ℃时,应对选用的配合做适当的修正。

当轴承的旋转速度较高,又在冲击振动载荷下工作时,轴承与轴颈和外壳孔的配合最好都选用具有小过盈量的配合或较紧的配合。

剖分式外壳和整体式外壳上的轴承孔与轴承外圈的配合的松紧程度应有所不同,前者的配合应稍松些,以避免箱盖和箱座装配时夹扁轴承外圈。

5.1.2.2 滚动轴承配合的选择方法

轴承内、外圈与轴颈及外壳孔配合的选择方法一般有两种:类比法和计算法。其中以类比法应用较多。应用类比法具体选择时,依据前面讲过的选择滚动轴承配合的基本原则,查有关手册选取。表 5-4、表 5-5 分别列出了国家标准推荐的向心轴承与轴颈、外壳孔配合的公差带,供选择时参考。

表 5-4　向心轴承和外壳孔的配合的孔公差带代号(摘自 GB/T 275—2015)

载荷情况		举例	其他情况	公差带[①]	
				球轴承	滚子轴承
外圈承受固定载荷	轻、正常、重	一般机械、铁路机车车辆轴箱	轴向易移动,可采用剖分式轴承座	H7、G7[②]	
方向不定载荷	冲击	电动机、泵、曲轴主轴承	轴向能移动,可采用整体式或剖分式轴承座	J7、JS7	
	轻、正常				
	正常、重			K7	
外圈承受旋转载荷	重、冲击	牵引电动机	轴向不移动,采用整体式轴承座	M7	
	轻	带传动张紧轮		J7	K7
	正常	轮毂轴承		M7	N7
	重			—	N7、P7

注:① 并列公差带随尺寸的增大从左至右选择,对旋转精度有较高要求时,可相应提高一个公差等级。

② 不适用于剖分式外壳。

表 5-5　向心轴承和轴颈的配合的轴公差带代号(摘自 GB/T 275—2015)

载荷情况		举例	深沟球轴承、调心球轴承和角接触球轴承	圆柱滚子轴承和圆锥滚子轴承	调心滚子轴承	公差带
			轴承公称内径/mm			
内圈承受旋转载荷或方向不定的载荷	轻载荷	输送机、轻载齿轮箱	≤18	—	—	h5
			18~100	≤40	≤40	j6①
			100~200	40~140	40~100	k6①
			—	140~200	100~200	m6①
	正常载荷	一般通用机械、电动机、泵、内燃机、正齿轮传动装置等	≤18	—	—	j5,js5
			18~100	≤40	≤40	k5②
			100~140	40~100	40~65	m5②
			140~200	100~140	65~100	m6
			200~280	140~200	100~140	n6
			—	200~400	140~280	p6
			—	—	280~500	r6
	重载荷	铁路机车车辆轴箱、牵引电动机、破碎机等	—	50~140	50~100	n6③
			—	140~200	100~140	p6③
			—	>200	140~200	r6③
			—	—	>200	r7③
内圈承受固定载荷	所有载荷	内圈需在轴向易移动	非旋转轴上的各种轮子			f6
						g6
		内圈不需在轴向易移动	张紧轮、绳轮	所有尺寸		h6
						j6
仅有轴向载荷			所有尺寸			j6,js6

圆锥孔轴承

所有载荷	铁路机车车辆轴箱	装在退卸套上	所有尺寸			h8(IT6)④⑤
	一般机械传动	装在紧定套上	所有尺寸			h9(IT7)④⑤

注:① 凡对精度有较高要求的场合,应用 j5,k5…代替 j6,k6…。

② 圆锥滚子轴承、角接触球轴承配合对游隙影响不大,可用 k6、m6 代替 k5、m5。

③ 重载荷下轴承游隙应选大于 0 组。

④ IT6、IT7 表示圆柱度公差数值。

⑤ 凡有较高精度或转速要求的场合,应选用 h7(IT5)代替 h8(IT6)等。

当轴承内圈承受旋转载荷时,它与轴颈配合所需的最小过盈量 Y'_{min}(mm)可按式(5-1)计算:

$$Y'_{min} = -\frac{13Fk}{10^6 b} \tag{5-1}$$

式中　F——轴承承受的最大径向载荷,kN;

k——与轴承系列有关的系数,轻系列 $k=2.8$,中系列 $k=2.3$,重系列 $k=2$;

b——轴承内圈的配合宽度($b=B-2r$,B 为轴承宽度,r 为内圈圆角半径),m。

同时,为了避免套圈破裂,还必须按不超出套圈允许的强度计算其最大过盈量 Y'_{max}:

$$Y'_{max} = -\frac{11.4kd[\sigma_p]}{(2k-2)\times 10^3} \tag{5-2}$$

式中　$[\sigma_p]$——套圈材料的许用拉应力(10^5 Pa),轴承钢的$[\sigma_p]\approx 400\times 10^5$ Pa;

　　　d——轴承内圈内径,m。

这样,便可按$|Y_{min标}|\geqslant|Y'_{min}|$在国标"极限与配合"表中选取最接近的配合。但选取的配合应保证$|Y_{max标}|\leqslant|Y'_{max}|$。应该注意,由于上述公式的安全裕度较大,所以选取的配合往往偏紧,应根据生产实际进行修正。

【例5-1】　由轴用向心球轴承6308/P6作为旋转支承,其内径$d=40$ mm,宽度$B=23$ mm,圆角半径$r=2.5$ mm,承受的最大径向载荷为4 kN,工作时内圈旋转,试用计算法及类比法确定轴的公差带代号并绘制公差带示意图。

解　由轴承代号6308/P6可知该轴承为中系列,精度等级为6级。查表得,其内圈单一平面平均内径d_{mp}的上偏差为零,下偏差为-10 μm。

① 计算法。

由题设知轴承工作时内圈随轴一起旋转,一般为旋转载荷,所以由式(5-1)得:

$$Y'_{min} = -\frac{13Fk}{10^6 b} = -\frac{13\times 4\times 2.3}{10^6\times(23-2\times 2.5)\times 10^{-3}}$$

由$|Y_{min标}|\geqslant|Y'_{min}|$得 $0-ei\leqslant -0.007$,即 $ei\geqslant +0.007$ (mm)。

由"极限与配合"表查得基本尺寸为$\phi 40$ mm的轴的基本偏差代号为m,其基本偏差$ei=+9$ μm。如公差等级选为IT5,即轴为$\phi 40m5$,查表得:

$$IT5=11\ \mu m$$
$$es=ei+IT5=+9+11=+20\ (\mu m)$$
$$Y_{max标}=-10-es=-10-20=-30\ (\mu m)$$

由式(5-2)得出不使套圈胀破的最大过盈为:

$$Y'_{max} = -\frac{11.4kd[\sigma_p]}{(2k-2)\times 10^3} = \frac{11.4\times 2.3\times 40\times 10^{-3}\times 400}{(2\times 2.3-2)\times 10^{-3}}\approx -0.161\ (mm)$$

因$|Y_{max标}|=0.03$ mm$<|Y'_{max}|=0.161$ mm,所以可选择与轴承内圈配合的轴的公差带为$\phi 40m5$,其公差带示意图如图5-9所示。

② 类比法。

由机械设计手册中可查得6308/P6的额定动载荷C_r值为32 kN,$P_r/C_r=4/32\approx 0.13$,属于正常载荷;又因为工作时内圈随轴一起旋转,一般为旋转载荷。查表5-3得,与轴承内圈相配合的轴的公差带可选k5,其配合的公差带示意图如图5-10所示。

显然,通过计算选取的配合比类比法选择的配合偏紧。

5.1.2.3　轴颈和外壳孔的几何公差与表面粗糙度

为了使滚动轴承正常工作,除了正确选择配合之外,还必须限制轴颈及外壳孔配合表面的几何误差和表面粗糙度。

由于轴承套圈为薄壁零件,装配后,轴颈和外壳孔的形状误差会直接反映到套圈滚道上,导致滚道变形,影响轴承旋转精度并引起振动和噪声,所以对轴颈和外壳孔提出了圆柱度公差要求。同时,如果轴肩和外壳孔肩存在较大的垂直度误差,轴承安装后将产生歪斜,

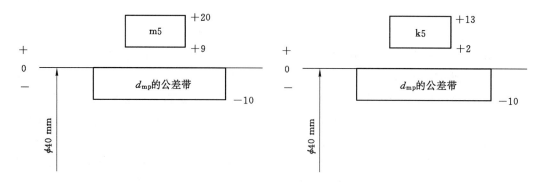

图 5-9　内圈与轴颈配合的公差带示意图(一)　　图 5-10　内圈与轴颈配合的公差带示意图(二)

影响其旋转精度,所以对轴肩和外壳孔肩规定了端面跳动公差。

为了保证轴承与轴颈和外壳孔的配合性质,国标规定轴颈及外壳孔的尺寸公差和几何公差之间应遵循包容要求。

由于表面粗糙度的大小将直接影响配合表面的配合质量,所以,国标还对轴颈和外壳孔的配合表面提出了较高的表面粗糙度要求。

轴颈和外壳孔配合表面具体的几何公差及表面粗糙度要求见表 5-6 和表 5-7。

表 5-6　轴颈和外壳孔的几何公差值

基本尺寸 /mm		圆柱度公差值 t				端面圆跳动公差值 t_1			
		轴颈		外壳孔		轴颈		外壳孔	
		轴承公差等级							
		0	6(6x)	0	6(6x)	0	6(6x)	0	6(6x)
大于	到	公差值/μm							
	6	2.5	1.5	4	2.5	5	3	8	5
6	10	2.5	1.5	4	2.5	6	4	10	6
10	18	3.0	2.0	5	3.0	8	5	12	8
18	30	4.0	2.5	6	4.0	10	6	15	10
30	50	4.0	2.5	7	4.0	12	8	20	12
50	80	5.0	3.0	8	5.0	15	10	25	15
80	120	6.0	4.0	10	6.0	15	10	25	15
120	180	8.0	5.0	12	8.0	20	12	30	20
180	250	10.0	7.0	14	10.0	20	12	30	20
250	315	12.0	8.0	16	12.0	25	15	40	25
315	400	13.0	9.0	18	13.0	25	15	40	25
400	500	15.0	10.0	20	15.0	25	15	40	25

表 5-7　配合面的表面粗糙度

轴或轴承座直径 /mm		轴或外壳配合表面直径公差等级								
		IT7			IT6			IT5		
		表面粗糙度								
大于	到	Rz	Ra		Rz	Ra		Rz	Ra	
			磨	车		磨	车		磨	车
	80	10	1.6	3.2	6.3	0.8	1.6	4	0.4	0.8
80	500	16	1.6	3.2	10	1.6	3.2	6.3	0.8	1.6
端面		25	3.2	6.3	25	3.2	6.3	10	1.6	3.2

由于滚动轴承是标准件,在具体选择某一型号轴承时,其配合尺寸的公差带已唯一确定,所以,在装配图中轴承内圈与轴颈配合处只标注轴颈的尺寸与公差带代号;轴承外圈与外壳孔配合处只标注孔的尺寸与公差带代号。同时,在轴颈及外壳孔的零件图中应标注出相应的配合尺寸、几何公差及表面粗糙度的要求。

图 5-11 所示为滚动轴承与轴、外壳孔相配合在装配图上的标注示例,以及轴颈、外壳孔零件图的标注示例。轴承为标准件,在装配图上只标出轴颈和外壳孔的公差带代号。

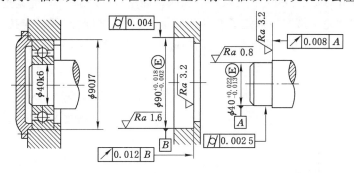

图 5-11　滚动轴承与轴颈、外壳孔配合标注示例

5.2　键连接的公差与配合

键连接和花键连接广泛应用于轴与轴上传动件(如齿轮、带轮、联轴器、手轮等)的连接,用以传递转矩,需要时也可用作轴上传动件的导向,特殊场合还能起到定位和保证安全的作用。键连接和花键连接属于可拆连接,常用于需要经常拆卸和便于装配的地方。

键(又称单键)分为平键、半圆键、楔形键和切向键等几种,其中平键又分为普通平键、薄型平键、导向平键和滑键。平键连接制造简单、装拆方便,因此应用非常广泛。

5.2.1　平键连接的公差与配合

5.2.1.1　平键连接的公差与配合

键连接是由键、轴、轮毂三个零件结合,其特点是通过键的侧面分别与

平键连接的精度设计

163

轴槽、轮毂槽的侧面接触来传递轴与轮毂间的运动和转矩,并承受负荷。如图 5-12 所示,键宽和键槽宽 b 是决定配合性质的主要参数,即配合尺寸,应规定较严格的公差;而键的高度 h 和长度 L 以及轴键槽的深度 t_1 和长度 L、轮毂键槽的深度 t_2 皆是非配合尺寸,应给予较松的公差。

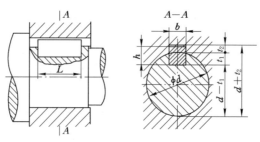

图 5-12 普通平键连接的几何参数

普通平键连接中的键是用标准的型钢制造的,是标准件。在键宽与键槽宽的配合中,键宽相当于"轴",键槽宽相当于"孔"。由于键宽同时要与轴槽宽和轮毂槽宽配合,而且配合性质往往又不同,因此键宽与键槽宽的配合均采用基轴制。GB/T 1095—2003 规定,键宽与键槽宽的公差带由 GB/T 1800.1—2020 中选取。如图 5-13 所示,对键宽规定了一种公差带 H8,对轴槽宽和轮毂槽宽各规定了三种公差带,构成三类配合,即松连接、正常连接和紧密连接,以满足各种不同用途的需要。它们的应用可参考表 5-8。

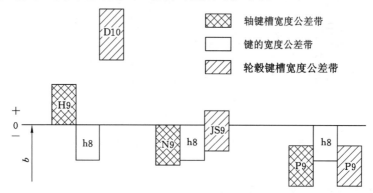

图 5-13 普通平键宽度与键槽宽度 b 的公差带图

表 5-8 普通平键连接的三类配合及应用

配合种类	宽度的公差带			应用
	键	轴键槽	轮毂键槽	
松连接	h8	H9	D10	用于导向平键,轮毂在轴上移动
正常连接		N9	JS9	键在轴键槽中和轮毂键槽中均固定,用于载荷不大的场合
紧密连接		P9	P9	键在轴键槽中和轮毂键槽中均牢固固定,用于载荷较大、有冲击和双向转矩的场合

普通平键高度 h 的公差带一般采用 h11,平键长度 L 的公差带采用 h14;轴键长度 L 的公差带采用 H14。GB/T 1095—2003 对轴键槽深度 t_1 和轮毂槽深度 t_2 的极限偏差做了专门规定,为了便于测量,在图样上对轴键槽深度和轮毂键槽深度分别标注"$d-t_1$"和"$d+t_2$"(此处 d 为孔、轴的基本尺寸),它们的极限偏差见表 5-9。

表 5-9　普通平键尺寸和键槽深度 t_1、t_2 的基本尺寸及极限偏差

(摘自 GB/T 1095—2003)　　　　　　　　　　　单位:mm

相互配合的孔轴基本尺寸[①]	键尺寸 $b \times h$	轴键槽			轮毂键槽		
		t_1		$d-t_1$	t_2		$d+t_2$
		基本尺寸	极限偏差	极限偏差	基本尺寸	极限偏差	极限偏差
6~8	2×2	1.2			1.0		
>8~10	3×3	1.8			1.4		
>10~12	4×4	2.5	+0.1　0	0　-0.1	1.8	+0.1　0	+0.1　0
>12~17	5×5	3.0			2.3		
>17~22	6×6	3.5			2.8		
>22~30	8×7	4.0			3.3		
>30~38	10×8	5.0			3.3		
>38~44	12×8	5.0			3.3		
>44~50	14×9	5.5	+0.2　0	0　-0.2	3.8	+0.2　0	+0.2　0
>50~58	16×10	6.0			4.3		
>58~65	18×11	7.0			4.4		
>65~75	20×12	7.5			4.9		
>75~85	22×14	9.0			5.4		

注:① 标注中未给出相互配合的孔轴基本尺寸,此处给出供参考。

键与键槽配合的松紧程度不仅取决于它们配合尺寸的公差带,而且还与它们配合表面的几何误差有关,因此还需规定轴键槽两侧面的中心平面对轴的基准轴线和轮毂键槽两侧面的中心平面对孔的基准轴线的对称度公差。根据不同的功能要求,该对称度与键槽宽度公差的关系以及与孔、轴尺寸公差的关系可以采用独立原则,或者采用最大实体要求。对称度公差等级可以按《形状和位置公差　未注公差值》(GB/T 1184—1996)取 7~9 级。当普通平键的长度与宽度之比(L/b)大于或等于 8 时,可规定普通平键两侧面在长度方向上的平行度公差。这平行度公差的等级可按 GB/T 1184—1996 选取:当 $b \leqslant 6$ mm 时取 7 级;当 $b \geqslant 8$~36 mm 时取 6 级;当 $b \geqslant 40$ mm 时取 5 级。

键槽的宽度 b 两侧面的粗糙度轮廓幅度参数 Ra 的上限值一般取 1.6~3.2 μm,键槽底面的 Ra 的上限值一般取 6.3~12.5 μm。

5.2.1.2　普通平键键槽尺寸和公差在图样上的标注

轴键槽和轮毂键槽的剖面尺寸及其公差带、键的几何公差和表面粗糙度轮廓要求、所采用的公差原则在图样上的标注如图 5-14 所示。

5.2.1.3　普通平键的检测

对于键连接来说,需要检测的项目通常是:键宽、轴槽和轮毂槽的宽度、深度以及槽的对

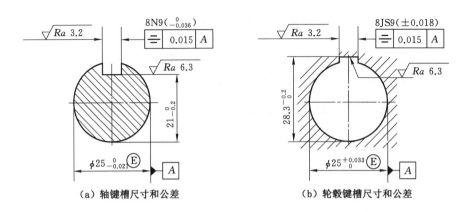

图 5-14　键槽尺寸和公差标注

称度。

（1）尺寸的检测

键和槽宽为单一尺寸,在小批量生产时,可以用游标卡尺或千分尺等普通计量器具测量;在大批量生产时,可以用量块或光滑极限量规来检验。轴槽和轮毂槽深也为单一尺寸,在小批量生产时,多用游标卡尺或外径千分尺测量轴尺寸($d-t_1$);用游标卡尺或内径千分尺测量轮毂尺寸($d+t_2$)。在大批量生产时,需用专用量规。如图 5-15 所示,各量规都有通端和止端。

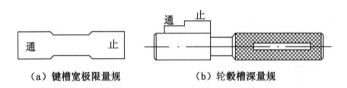

（a）键槽宽极限量规　　　　　　（b）轮毂槽深量规

图 5-15　键及槽尺寸量规

（2）对称度误差的检测

如图 5-16(a)所示,轴键槽中心平面对基准轴线的对称度公差采用独立原则,这时键槽对称度误差可按图 5-16(b)所示的方法来测量。该方法是以平板 4 作为测量基准;用 V 形支承座 1 体现被测轴 2 的基准轴线,它平行于平板;用定位块 3(或量块)模拟体现键槽中心平面。将置于平板 4 上的指示表的测头与定位块 3 的顶面接触,沿定位块的一个截面移动,

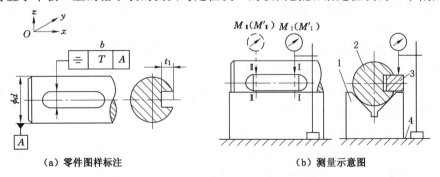

（a）零件图样标注　　　　　　　（b）测量示意图

1—V 形支承座;2—被测轴;3—定位块;4—平板。

图 5-16　轴键槽对称度误差的测量

并稍稍转动被测轴来调整定位块的位置,使指示表沿定位块这个横截面移动时始终不变为止,从而确定定位块的这个横截面的素线平行于平板;然后用指示表对定位块长度两端的Ⅰ和Ⅱ部位的测点进行测量,测得的示值分别为 M_I 和 M_II。

将被测轴 2 在 V 形支承座 1 上翻转 $180°$,然后按上述方法进行调整并测量定位块另一顶面(前一轮测量时的底面)长度两端的Ⅰ和Ⅱ部位的测点,测得示值分别为 M_I' 和 M_II'。

图 5-16 所示的直角坐标系中,x 坐标轴为被测轴的基准轴线,y 坐标轴平行于平板,z 坐标轴为指示表的测量方向,因此,键槽实际被测中心平面两端相对于通过基准轴线且平行于平板的平面 xOy 的偏离量 Δ_1 和 Δ_2 分别是:

$$\Delta_1 = (M_\mathrm{I} - M_\mathrm{I}')/2, \quad \Delta_2 = (M_\mathrm{II} - M_\mathrm{II}')/2$$

轴键槽对称度误差值 f 由 Δ_1 和 Δ_2 值以及被测轴的直径 d 和键槽深度 t_1 按下式计算:

$$f = \left| \frac{t_1(\Delta_1 + \Delta_2)}{d - t_1} + (\Delta_1 - \Delta_2) \right| \tag{5-3}$$

如图 5-16(b)所示,轮毂键槽对称度公差与键槽宽度公差及基准孔尺寸公差的关系均采用最大实体要求,该键槽的对称度误差可用如图 5-17 所示的量规来检验。该量规是按共同检验方式设计的功能量规,它的定位圆柱面既能模拟体现基准孔,又能够检验实际基准孔的轮廓是否超出其最大实体边界;它的检验键模拟体现被测键槽两侧面的最大实体实效边界,检验实际被测键槽的实际轮廓是否超出该边界。如果它的定位圆柱和检验键能够同时自由通过轮廓的实际基准孔和实际被测键槽,则表示对称度合格。基准孔和键槽宽度的实际尺寸用两点法测量。

5.2.2　矩形花键连接的公差与配合

花键连接是由内花键(花键孔)和外花键(花键轴)两个零件组成。与单键连接相比较,其主要优点是定心精度高、导向性好、承载能力强且可靠性高。和单键连接功能相同,既可用作固定连接,也可用作滑动连接。

花键按其齿形的不同,可以分为矩形花键、渐开线花键和三角形花键等几种,本节仅讨论应用最广的矩形花键。

矩形花键连接的精度设计

5.2.2.1　矩形花键的主要尺寸和定心方式

矩形花键的主要尺寸有大径 D、小径 d、键宽(键槽宽)B,如图 5-18 所示。《矩形花键尺寸、公差和检验》(GB/T 1144—2001)规定了矩形花键连接的尺寸系列、定心方式、公差与配合、标注方法以及检验规则。键数 N 规定为偶数,有 6、8、10 三种,以便于加工和检验。

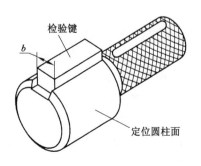

图 5-17　孔键槽对称度量规

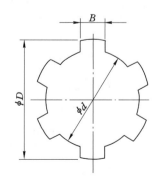

图 5-18　矩形花键的主要尺寸

按承载能力的不同,对基本尺寸分为轻系列和中系列两种规格,同一小径的轻系列和中系列的键数相同,键宽(键槽宽)也相同,仅仅大径不相同,见表 5-10。

表 5-10　矩形花键基本尺寸系列(摘自 GB/T 1144—2001)　　　　单位:mm

d	轻系列				中系列			
	标记	N	D	B	标记	N	D	B
18					6×18×22×5	6	22	5
21					6×21×25×6	6	25	6
23	6×23×26×6	6	26	6	6×23×28×6	6	28	6
26	6×26×30×6	6	30	6	6×26×32×6	6	32	6
28	6×28×32×7	6	32	7	6×28×34×7	6	34	7
32	8×32×36×7	8	36	7	8×32×38×7	8	38	7
36	8×36×40×7	8	40	7	8×36×42×7	8	42	7
42	8×42×46×8	8	46	8	8×42×48×8	8	48	8

矩形花键主要尺寸的公差与配合是根据花键连接的使用要求规定的。花键连接的使用要求包括:内、外花键的定心要求,键侧面与键槽侧面接触均匀的要求,装配后是否需要做轴向相对运动的要求,强度和耐磨性要求等。

矩形花键连接的使用要求和互换性是由内、外花键的小径 d、大径 D、键和键槽宽 B 三个主要尺寸的配合精度保证的。但是,若要求三个尺寸同时配合得很精确是相当困难的,也没有必要。GB/T 1144—2001 规定了矩形花键连接采用小径定心。这是因为随着科学技术的发展,现代工业对机械零件的质量要求不断提高,对花键连接的机械强度、硬度、耐磨性和精度的要求都提高了。为了保证定心表面的精度要求,经过热处理(通常是淬火)来提高硬度和耐磨性后的内、外花键需要进行磨削加工。从加工工艺性看,小径便于磨削,通过磨削可以达到高精度要求,所以矩形花键连接采用小径定心可以获得更高的定心精度,并能保证和提高花键的表面质量。而非定心直径表面有相当大的间隙,来保证它们不接触。键与键槽两侧面的宽度 B 应具有足够的精度,因为它们要传递转矩和导向。

5.2.2.2　矩形花键的公差与配合

GB/T 1144—2001 规定的矩形花键装配形式为滑动、紧滑动、固定三种。按精度高低,这三种装配形式各分为一般用途和精密传动使用两种。一般级多用于传递转矩较大的汽车、拖拉机的变速箱中,精密级多用于机床变速箱中。同时规定了最松的滑动配合、较松的紧滑动配合以及较紧的固定配合。在选用配合时,定心精度要求高、传递转矩大时间隙应小;内、外花键相对滑动、花键配合长度大时间隙要大,见表 5-11。由于花键几何误差的影响,三种装配形式的配合均分别比各自的配合代号所标示的配合紧些。此外,大径为非定心直径,所以内、外花键大径表面的配合采用较大间隙的配合。

表 5-11　矩形内、外花键的尺寸公差带(摘自 GB/T 1144—2001)

内花键				外花键			
d	D	B		d	D	B	装配形式
		拉削后不热处理	拉削后热处理				
一般用							
H7	H10	H9	H11	f7		d10	滑动
				g7	a11	f9	紧滑动
				h7		h10	固定
精密传动用							
H5	H10	H7、H9		f5		d8	滑动
				g5		f7	紧滑动
				h5	a11	h8	固定
H6				f6		d8	滑动
				g6		f7	紧滑动
				h6		h8	固定

内、外花键加工时,不可避免地会产生几何误差。影响花键连接互换性除尺寸误差外,主要是花键齿(或键槽)在圆周上位置分布不均匀和相对于轴线位置不正确。如图 5-19 所示,假设内、外花键各部分的实际尺寸合格,内花键定心表面和键槽侧面的形状及位置都正确,而外花键定心表面各部分不同轴,各键不等分或不对称,这相当于外花键的作用尺寸增大了,因而造成了它与内花键发生干涉,甚至无法装配。同理,内花键的几何误差相当于内花键的作用尺寸减小,也同样会造成它与外花键发生干涉或无法装配的现象。为避免装配困难,对内、外花键必须分别规定几何公差,以保证花键连接精度和强度的要求。如图 5-20 所示,为保证小径定心表面装配后的配合性质,GB/T 1144—2001 规定了该表面的形状公差和尺寸公差关系采用包容原则。

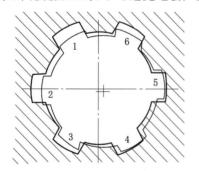

图 5-19　矩形花键几何误差对花键连接的影响

对单件、小批量的生产,也可采用规定键(键槽)两侧面的中心平面对定心表面轴线的对称度公差和花键等分度公差。该对称度公差与键(键槽)宽度公差及小径定心表面尺寸公差的关系均采用独立原则。如图 5-21 所示,花键各键(键槽)沿 360° 圆周均匀分布为它们的理想位置,允许它们偏离理想位置最大值的 2 倍为花键的均匀分布公差值,其数值等于花键对称度公差值,故花键等分度公差在图样上不必标出。对较长的花键,还应规定花键各键齿(键槽)侧面对定心表面轴线的平行度公差,平行度的公差值可根据产品的性能自行规定。

由于内、外花键的大径表面分别按 H10 和 a11 加工,它们的配合间隙很大,因而对小径表面轴线的同轴度要求不高。

矩形花键的表面度轮廓幅度参数 Ra 的上限值一般规定:对内花键,小径表面不大于

第 5 章　常用典型零件的公差与配合

169

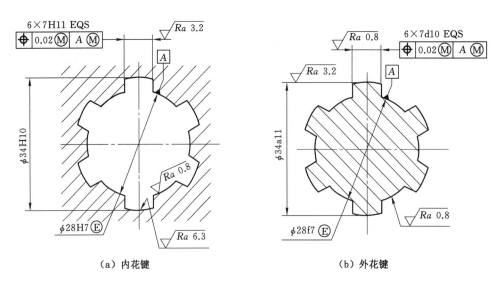

图 5-20 矩形花键位置度公差标注示例

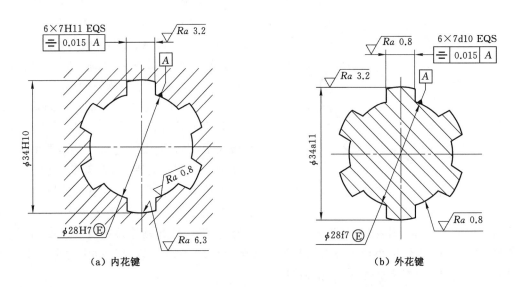

图 5-21 矩形花键对称度公差标注示例

$0.8~\mu m$,键槽侧面不大于 $3.2~\mu m$,大径表面不大于 $6.3~\mu m$;对外花键,小径和键侧表面不大于 $0.8~\mu m$,大径表面不大于 $3.2~\mu m$。

5.2.2.3 矩形花键的标注

矩形花键的规格按下列顺序表示:键数 $N \times$ 小径 $d \times$ 大径 $D \times$ 键宽(键槽宽)B。按这顺序在装配图上标注花键的配合代号和在零件图上标注花键的尺寸公差带代号。例如,花键键数 N 为 6、小径 d 的配合为 28H7/f7、大径 D 的配合为 34H10/a11、键槽宽与键宽 B 的配合为 7H11/d10,则标注如下:

花键副，在装配图上标注配合代号：$6 \times 28 \dfrac{H7}{f6} \times 34 \dfrac{H10}{a11} \times 7 \dfrac{H11}{d10}$；

内花键，在零件图上标注尺寸公差带代号：$6 \times 28H7 \times 34H10 \times 7H11$；

外花键，在零件图上标注尺寸公差带代号：$6 \times 28f7 \times 34a11 \times 7d10$。

此外，在零件图上，对内、外花键除了标注尺寸公差带代号（或极限偏差）以外，还应标注几何公差和公差原则，标注如图 5-20、图 5-21 所示。

5.2.2.4 矩形花键的检测

如图 5-20 所示，当花键定心表面小径采用包容要求，各键（键槽）的位置度公差与键宽度（键槽宽度）公差的关系采用最大实体要求，且该位置度公差与小径定心表面尺寸公差的关系也采用最大实体要求时，为了保证花键装配形式的要求，验收内、外花键应该首先使用花键塞规和花键环规来分别检验内、外花键的实际尺寸和几何误差的综合结果，即同时检验花键的小径、大径、键宽（键槽宽）表面的实际尺寸和形状误差以及各键（键槽）的位置度误差、大径表面轴线的同轴度误差的综合结果。花键量规应能自由通过实际被测花键，这样方能表示位置度误差和大径同轴度误差合格。

实际被测花键用花键量规检验合格后，还要分别检验其小径、大径和键宽（键槽宽）的实际尺寸是否超出各自的最小实体尺寸，即按内花键小径、大径及键槽宽最大极限尺寸和外花键小径、大径及键宽的最小极限尺寸分别用单项止端塞规和单项止端卡规检验它们的实际尺寸，或者使用普通计量器具测量它们的实际尺寸。单项止端量规不能通过为合格。如果实际被测花键不能被花键量规通过，或者只能够被单项止端量规通过，则表示该实际被测花键不合格。

图 5-20(a) 左侧所示的内花键可用图 5-22 所示的花键塞规来检验。该塞规是按共同检验方式设计的功能量规，由引导圆柱面Ⅰ和Ⅳ、小径定位表面Ⅱ、检验键Ⅲ和大径检验面Ⅴ组成。其前端的圆柱面Ⅰ用来引导塞规进入内花键，其后端的花键则用来检验花键各部位。

图 5-23 所示为花键环规，其前端的圆柱形孔用来引导环规进入外花键，其后端的花键则用来检验外花键各部位。

如图 5-21 所示，当花键小径定心表面采用包容要求、各键（键槽）的对称度公差以及花键各部位的公差均遵守独立原则时，花键小径、大径和各键（键槽）应分别测量和检验。小径定心表面应该用光滑极限量规检验，大径和键宽（键槽宽）用两点法测量，各键（键槽）的对称度误差和大径表面轴线的同轴度误差都是用普通计量器具来测量。

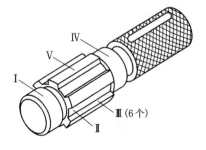

图 5-22　矩形花键塞规

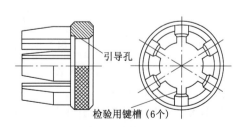

图 5-23　矩形花键环规

5.3　普通螺纹的公差与配合

5.3.1　螺纹的使用要求和几何参数

5.3.1.1　螺纹种类和使用要求

在机器和仪器制造中,常用的螺纹按用途主要可分为以下三类:

普通螺纹的基本概念

(1)普通螺纹,也称紧固螺纹,用于连接或固紧零件,可分为粗牙和细牙两种。在机械制造中用于可拆连接,如螺栓与螺母的连接。对这类螺纹的要求:一是具有良好的可旋入性,以便于装配与拆卸;二是保证有一定的连接强度,使其不过早损坏和自动松脱。这类螺纹的结合,其牙侧间的最小间隙等于或接近于零,相当于圆柱体配合中的几种小间隙配合。

(2)传动螺纹,用于传递动力、运动或位移,如丝杠和测微螺纹。对传动螺纹的主要要求是传动准确、可靠,螺牙接触良好及耐磨等。特别是对丝杠,要求传动比恒定,且在全长上的累积误差小。对测微螺纹,特别要求传递运动准确,且由间隙引起的空程误差小。

(3)紧密螺纹,用于密封结合。如旋入机体的一种螺栓,必须有一定的压紧力,管道螺纹要求不漏水、不漏气、不漏油。显然,这类螺纹结合必须有一定的过盈,它们的结合相当于圆柱体配合中的过盈配合。

5.3.1.2　普通螺纹的基本牙型和主要几何参数

(1)普通螺纹的基本牙型

普通螺纹的基本牙型是指螺纹轴向剖面内,截去原始等边三角形的顶部和底部所形成的螺纹牙型。该牙型具有螺纹的基本尺寸,如图5-24所示。

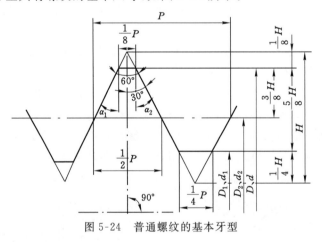

图5-24　普通螺纹的基本牙型

(2)普通螺纹的主要几何参数

① 基本大径(D、d)

基本大径是指与外螺纹牙顶或内螺纹牙底相切的假想圆柱的直径。对于外螺纹,大径d为其顶径;对于内螺纹,大径D为其底径。

大径(D、d)是普通螺纹的公称直径(代表螺纹尺寸的直径),而且内、外螺纹大径的基本尺寸是相等的,即$D=d$,其尺寸系列和螺距见表5-12。

表 5-12　直径与螺距标准组合系列(摘自 GB/T 193—2003)　　　单位:mm

公称直径 D、d			螺距 P							
第一系列	第二系列	第三系列	粗牙	细牙						
				3	2	1.5	1.25	1	0.75	0.5
5			0.8							0.5
		5.5								0.5
6			1						0.75	
	7		1						0.75	
8			1.25					1	0.75	
		9	1.25					1	0.75	
10			1.5				1.25	1	0.75	
		11	1.5			1.5		1	0.75	
12			1.75				1.25	1		
	14		2			1.5	1.25[a]	1		
		15				1.5		1		
16			2			1.5		1		
		17				1.5		1		
	18		2.5		2	1.5		1		
20			2.5		2	1.5		1		
	22		2.5		2	1.5		1		
24			3		2	1.5		1		
		25			2	1.5		1		
		26				1.5				
	27		3		2	1.5		1		
		28			2	1.5		1		
30			3.5	(3)	2	1.5		1		
		32			2	1.5				
		33	3.5	(3)	2	1.5				

注:1. a 仅用于发动机的火花塞。

2. 优先选用第一系列直径,其次是第二系列,最后选用第三系列直径。

3. 尽可能避免选用括号内的螺距。

② 基本小径(D_1、d_1)

基本小径是与内螺纹牙顶或外螺纹牙底相切的假想圆柱的直径。对于外螺纹,小径 d_1 为其底径;对于内螺纹,小径 D_1 为其顶径。普通螺纹的内、外螺纹小径的基本尺寸也是相等的,即 $D_1 = d_1$。

③ 基本中径(D_2、d_2)

基本中径是一个假想圆柱的直径,该圆柱的母线通过螺纹牙型上沟槽宽度和凸起宽度相等的地方,此假想圆柱称为中径圆柱。中径圆柱的轴线即螺纹的轴线,中径圆柱的母线称为"中径线",如图 5-25 所示。中径的大小决定了螺纹牙侧的径向位置。普通螺纹内、外螺纹中径的基本尺寸也是相等的。

中径(d_2 或 D_2)与大径(d 或 D)和原始三角形高度 H 有如下关系:

内螺纹:
$$D_2 = D - 2 \times \frac{3}{8} H$$

外螺纹:
$$d_2 = d - 2 \times \frac{3}{8} H$$

④ 单一中径(D_{2s}、d_{2s})

单一中径是指一个假想圆柱的直径,该圆柱的母线通过牙型上沟槽宽度等于螺距基本尺寸一半的地方,如图 5-25 所示。单一中径可以用三针法测得,用来表示螺纹的实际中径。

⑤ 螺距 P 与导程 P_h

螺距是螺纹相邻两牙在中径线上对应两点间的轴向距离。导程是同一螺旋线上的相邻两牙在中径线对应两点间的轴向距离。对于单线螺纹,导程与螺距相同;对于多线螺纹,导程为螺距与螺纹线数的乘积。

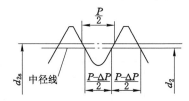

图 5-25　普通螺纹中径与单一中径

⑥ 牙型角(α)和牙侧角(α_1、α_2)

牙型角是螺纹牙型上相邻两牙侧间的夹角,如图 5-24 所示。普通螺纹的理论牙型角为 60°,牙型半角为 30°。牙侧角是指某一牙侧与螺纹轴线的垂线之间的夹角(α_1、α_2)。普通螺纹的牙侧角基本值为 30°。牙侧角决定了螺纹牙侧对螺纹轴线的方向。实际螺纹的牙型角正确并不一定说明牙侧角正确。

⑦ 螺纹的旋合长度

螺纹的旋合长度是指两个相互结合的螺纹沿螺纹轴线方向相互旋合部分的长度,如图 5-26 所示。表 5-13 给出了螺纹的基本尺寸。

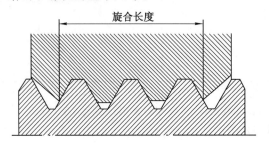

图 5-26　旋合长度

表 5-13　普通螺纹的基本尺寸(摘自 GB/T 196—2003)　　　　单位:mm

公称直径 (大径) D、d	螺距 P	中径 D_2、d_2	小径 D_1、d_1	公称直径 (大径) D、d	螺距 P	中径 D_2、d_2	小径 D_1、d_1
5	0.8①	4.480	4.134	16	2①	14.701	13.835
	0.5	4.675	4.459		1.5	15.026	14.376
					1	15.350	14.917
5.5	0.5	5.175	4.959	17	1.5	16.026	15.376
					(1)	16.350	15.917
6	1①	5.350	4.917	18	2.5①	16.376	15.294
	0.75	5.513	5.188		2	16.701	15.835
					1.5	17.026	16.376
					1	17.350	16.917
7	1①	6.350	5.917	20	2.5①	18.376	17.294
	0.75	6.513	6.188		2	18.701	17.835
					1.5	19.026	18.376
					1	19.350	18.917
8	1.25①	7.188	6.647	22	2.5①	20.376	19.294
	1	7.350	6.917		2	20.701	19.835
	0.75	7.513	7.188		1.5	21.026	20.376
					1	21.350	20.917
9	(1.25)①	8.188	7.647	24	3①	22.051	20.752
	1	8.350	7.917		2	22.701	21.835
	0.75	8.513	8.188		1.5	23.026	22.376
					1	23.350	22.917
10	1.5①	9.026	8.376	25	2	23.701	22.835
	1.25	9.188	8.647		1.5	24.026	23.376
	1	9.350	8.917		(1)	24.350	23.917
	0.75	9.513	9.188				
11	(1.5)①	10.026	9.376	26	1.5	25.026	24.376
	1	10.350	9.917				
	0.75	10.513	10.188				
12	1.75①	10.863	10.106	27	3①	25.051	23.752
	1.5	11.026	10.376		2	25.701	24.835
	1.25	11.188	10.647		1.5	26.026	25.376
	1	11.350	10.917		1	26.350	25.917
14	2①	12.701	11.835	28	2	26.701	25.835
	1.5	13.026	12.376		1.5	27.026	26.376
	(1.25)	13.188	12.647		1	27.350	26.917
	1	13.350	12.917				
15	1.5	14.026	13.376	30	3.5①	27.727	26.211
	(1)	14.350	13.917		(3)	28.051	26.752
					2	28.701	27.835
					1.5	29.026	28.376
					1	29.350	28.917

注:① 粗牙螺距,其余为细牙螺距;括号内螺距尽可能不用。

第 5 章　常用典型零件的公差与配合

5.3.2 螺纹几何参数偏差对互换性的影响

在螺纹加工过程中,加工误差是难免的,螺纹几何参数的加工误差对螺纹的可旋合性、连接强度具有不利的影响。螺纹的大径和小径处均留有间隙,不会影响螺纹的配合性质,而内、外螺纹连接是依靠旋合后牙侧面接触的均匀性来实现的,因此影响螺纹互换性的主要因素是螺距偏差、牙侧角偏差和中径偏差,其中螺距偏差和牙侧角偏差为螺牙间的几何误差,中径偏差为螺牙的尺寸误差。

5.3.2.1 螺距偏差的影响

对于连接螺纹,螺距偏差主要影响螺纹连接的可旋合性和可靠性;对于传动螺纹,螺距误差主要影响传动精度和承载能力,因此必须对其予以控制。

螺距偏差主要是由加工机床运动链的传动误差引起的,它包括螺距局部偏差(单个螺距偏差 ΔP)和螺距累积偏差($\Delta P_{\sum}$)两种。螺距局部偏差是指在螺纹全长上任意单个实际螺距对公称螺距的最大差值,与旋合长度无关;螺距累积偏差是指在规定长度内(如旋合长度)任意一个实际螺距对其公称值之最大差值,与旋合长度有关。

假设仅有螺距偏差 $\Delta P_{\sum}$ 的一个外螺纹与一个没有任何偏差的理想内螺纹结合,如图 5-27 所示,在几个螺距长度上,造成与理想的内螺纹在牙侧部位发生干涉而不能旋合。为避免产生干涉,可把外螺纹中径减少一个数值 f_p 或将内螺纹中径增大一个数值 f_p。f_p 是为了补偿螺距偏差而折算到中径上的当量值,称为螺距偏差的中径当量。

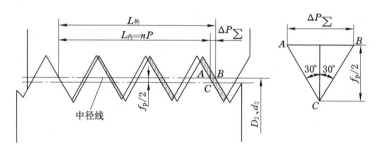

图 5-27 螺纹偏差的中径当量

由图 5-27 中 $\triangle ABC$ 的几何关系可得:

$$f_p = |\Delta P_{\sum}| \cdot \cot(\alpha/2) \qquad (5\text{-}4)$$

对于普通螺纹 $\alpha/2 = 30°$,则有:

$$f_p = |\Delta P_{\sum}| \cdot \cot 30° = 1.732|\Delta P_{\sum}| \ (\text{mm}) \qquad (5\text{-}5)$$

由于 $\Delta P_{\sum}$ 不论是正或负,都影响螺纹的旋合性,故 $\Delta P_{\sum}$ 应取绝对值。对普通螺纹,在国家标准中没有单独规定螺距公差,而是通过中径公差间接控制螺距偏差。

5.3.2.2 牙侧角偏差的影响

普通螺纹的牙型角是60°,但根据前述牙侧角的定义可知,若牙型角正确,牙侧角不一定正确。假设外螺纹牙型角是准确的60°,但角平分线倾斜了,造成一边是31°,另一边是29°,与理想的内螺纹旋合时,会造成一边有缝隙、一边有干涉,因而应对牙侧角提出要求。

假设内螺纹具有理想牙型1,如图 5-28 所示。与此相配合的外螺纹牙型 2 仅存在牙侧角偏差,左侧牙侧角偏差 $\Delta\alpha_1$ 为负值,右侧牙侧角偏差 $\Delta\alpha_2$ 为正值,就会在内、外螺纹中径上方的左侧和中径下方的右侧产生干涉而不能旋入。为了消除干涉,保证旋合性,就必须使外螺纹的牙型 2 沿垂直于螺纹轴线的方向下移至图中双点画线 3 以下,从而使外螺纹的中径减小一个 f_α 值。同理,当内螺纹存在着牙侧角偏差时,为了保证旋入性,就必须相应地将内螺纹增大一个 f_α 值,这个增大或减小的量就是牙侧角误差的中径当量。

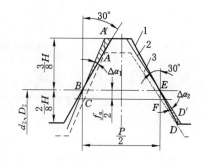

图 5-28　牙侧角偏差对旋合性的影响

根据任意三角形的正弦定理,考虑到左、右牙侧角偏差可能同时出现的各种情况及必要的单位换算,得出:

$$f_\alpha = 0.073P(K_1 \mid \Delta\alpha_1 \mid + K_2 \mid \Delta\alpha_2 \mid)\,(\mu m) \tag{5-6}$$

式中　P——螺距公称值,mm。

　　$\Delta\alpha_1$、$\Delta\alpha_2$——左、右牙侧角偏差,(′)。

　　K_1、K_2——左、右牙侧角偏差系数。

对外螺纹,当 $\Delta\alpha_1$ 或 $\Delta\alpha_2$ 为正值时,K_1 或 K_2 取值为 2;当 $\Delta\alpha_1$ 或 $\Delta\alpha_2$ 为负值时,K_1 或 K_2 取值为 3。内螺纹左、右牙侧角偏差系数的取值正好与此相反。

5.3.2.3　中径偏差的影响

决定螺纹结合性质的主要参数是中径,因此中径误差对螺纹的旋合性影响较大。由于内、外螺纹相互作用集中在牙侧面,所以内、外螺纹中径的差异直接影响着牙侧面的接触状态。若外螺纹的中径小于内螺纹的中径,就能保证内、外螺纹的旋合性;反之,就会产生干涉而难以旋合。但是,如果外螺纹的中径过小,内螺纹的中径过大,则会削弱其连接强度。为此,加工螺纹时,应当控制实际中径的偏差。

5.3.2.4　保证普通螺纹连接互换性的条件

实际螺纹往往同时存在中径、螺距和牙侧角偏差,而三者对旋合性均有影响。螺距和牙侧角偏差对旋合性的影响如前所述,当外螺纹存在螺距偏差和牙侧角偏差时,其效果相当于实际中径增大 f_p 和 f_α;对于内螺纹来说,其效果相当于实际中径减小了 f_p 和 f_α。这个增大或减小了的假想螺纹中径称为螺纹的作用中径,内、外螺纹作用中径的代号分别为 D_{2m}、d_{2m},如图 5-29 所示。

螺纹作用中径值可按下式计算:

外螺纹:　　　　　　　　$d_{2m} = d_{2s} + (f_p + f_\alpha)$ 　　　　　　(5-7)

内螺纹:　　　　　　　　$D_{2m} = D_{2s} - (f_p + f_\alpha)$ 　　　　　　(5-8)

式中　d_{2s}、D_{2s}——外螺纹、内螺纹的单一中径(代替实际中径)。

为了保证可旋入性和螺纹件本身的强度及连接强度,国家标准规定:实际螺纹的作用中径不允许超越其最大实体牙型的中径,任何部位的单一中径不允许超越其最小实体牙型的中径,这就是泰勒原则,它是控制螺纹作用中径和单一中径在中径公差范围内的一种原则。所谓最大和最小实体牙型,是由设计牙型和各直径的基本偏差及公差所决定的最大实体状态和最小实体状态的螺纹牙型。因此,保证普通螺纹连接互换性的条件是:

外螺纹:　　　　　　$d_{2m} \leqslant d_{2M}(d_{2max})$,　　$d_{2s} \geqslant d_{2L}(d_{2min})$ 　　　　(5-9)

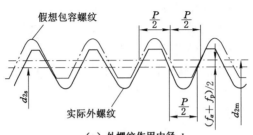

(a) 外螺纹作用中径 d_{2m}

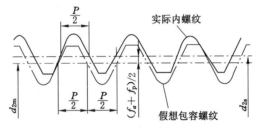

(b) 内螺纹作用中径 D_{2m}

d_{2s}、D_{2s}—外螺纹、内螺纹的单一中径。

图 5-29　螺纹作用中径

内螺纹：
$$D_{2m} \geqslant D_{2M}(D_{2min}), \quad D_{2s} \leqslant D_{2L}(D_{2max}) \tag{5-10}$$

式中　d_{2max}——外螺纹中径的最大极限尺寸；

　　　d_{2min}——外螺纹中径的最小极限尺寸；

　　　D_{2max}——内螺纹中径的最大极限尺寸；

　　　D_{2min}——内螺纹中径的最小极限尺寸。

5.3.3　普通螺纹公差带及其选用

5.3.3.1　普通螺纹公差

从互换性角度考虑，螺纹的基本几何要素有五个：大径、小径、中径、螺距和牙侧角。但普通螺纹在内、外螺纹配合以后，在大径之间和小径之间实际上都是有间隙的，对螺距和牙侧角不单独规定公差，而是用中径公差来综合控制。这样，螺纹的互换性和配合性质主要取决于中径。但由于外螺纹和内螺纹的底径（d_1 和 D）是在加工时和中径一起由刀具切出，其尺寸由刀具保证，因此也不规定公差。这样在螺纹公差标准中，就只规定了 d、d_2 和 D_2、D_1 的公差。

普通螺纹的公差与配合

螺纹加工过程中，旋合长度不同，加工难易程度也不同。较长的旋合长度加工精度较难保证，在装配时由于弯曲和螺距偏差的影响，配合性质也较难保证，因此，螺纹公差精度由公差带（公差大小和位置）及旋合长度构成。

（1）公差等级与标准公差

螺纹公差带的大小由标准公差确定。内螺纹中径 D_2 和小径 D_1 的公差等级分为 4、5、6、7、8 级；外螺纹中径 d_2 分为 3、4、5、6、7、8、9 级，大径 d 分为 4、6、8 级。各直径和各公差等级的标准公差系列规定列于表 5-14～表 5-16。

表 5-14 螺纹公差等级(摘自 GB/T 197—2018)

螺纹直径	公差等级	螺纹直径	公差等级
内螺纹小径 D_1	4、5、6、7、8	外螺纹大径 d	4、6、8
内螺纹中径 D_2	4、5、6、7、8	外螺纹中径 d_2	3、4、5、6、7、8、9

表 5-15 螺纹中径公差(摘自 GB/T 197—2018)　　　　　　　单位:μm

公称直径 D/mm		螺距 P /mm	内螺纹中径公差 T_{D_2}					外螺纹中径公差 T_{d_2}						
>	≤		公差等级					公差等级						
			4	5	6	7	8	3	4	5	6	7	8	9
5.6	11.2	0.75	85	106	132	170	—	50	63	80	100	125	—	—
		1	95	118	150	190	236	56	71	90	112	140	180	224
		1.25	100	125	160	200	250	60	75	95	118	150	190	236
		1.5	112	140	180	224	280	67	85	106	132	170	212	265
11.2	22.4	1	100	125	160	200	250	60	75	95	118	150	190	236
		1.25	112	140	180	224	280	67	85	106	132	170	212	265
		1.5	118	150	190	236	300	71	90	112	140	180	224	280
		1.75	125	160	200	250	315	75	95	118	150	190	236	300
		2	132	170	212	265	335	80	100	125	160	200	250	315
		2.5	140	180	224	280	355	85	106	132	170	212	265	335
22.4	45	1	106	132	170	212	—	63	80	100	125	160	200	250
		1.5	125	160	200	250	315	75	95	118	150	190	236	300
		2	140	180	224	280	355	85	106	132	170	212	265	335
		3	170	212	265	335	425	100	125	160	200	250	315	400
		3.5	180	224	280	355	450	106	132	170	212	265	335	425
		4	190	236	300	375	475	112	140	180	224	280	355	450
		4.5	200	250	315	400	500	118	150	190	236	300	375	475

表 5-16 普通螺纹的顶径公差(摘自 GB/T 197—2018)　　　　　　　单位:μm

螺距 P/mm	内螺纹顶径(小径)公差 T_{D_1}					外螺纹顶径(大径)公差 T_d		
	公差等级					公差等级		
	4	5	6	7	8	4	6	8
0.75	118	150	190	236	—	90	140	—
0.8	125	160	200	250	315	95	150	236
1	150	190	236	300	375	112	180	280
1.25	170	212	265	335	425	132	212	335
1.5	190	236	300	375	475	150	236	375
1.75	212	265	335	425	530	170	265	425
2	236	300	375	475	600	180	280	450
2.5	280	355	450	560	710	212	335	530
3	315	400	500	630	800	236	375	600

（2）基本偏差

螺纹公差带相对于基本牙型的位置由基本偏差确定。国家标准中,对内螺纹规定了两种基本偏差,代号为 G、H,如图 5-30 所示;对外螺纹规定了八种基本偏差,代号为 a、b、c、d、e、f、g、h,如图 5-31 所示,各基本偏差代号对应的基本偏差值见表 5-17。

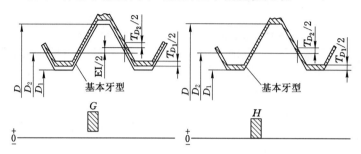

图 5-30　内螺纹的公差带位置

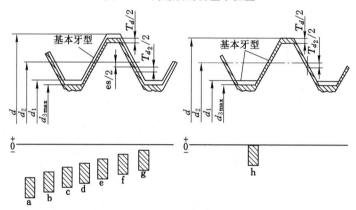

图 5-31　外螺纹的公差带位置

表 5-17　普通螺纹的基本偏差(摘自 GB/T 197—2018)　　　　单位:μm

螺距 P / μm	基本偏差/μm									
	内螺纹		外螺纹							
	G	H	a	b	c	d	e	f	g	h
	EI	EI	es	es	es	es	es	es	es	es
0.75	＋22	0	—	—	—	—	−56	−38	−22	0
0.80	＋24	0	—	—	—	—	−60	−38	−24	0
1.00	＋26	0	−290	−200	−130	−85	−60	−40	−26	0
1.25	＋28	0	−295	−205	−135	−90	−63	−42	−28	0
1.50	＋32	0	−300	−212	−140	−95	−67	−45	−32	0
1.75	＋34	0	−310	−220	−145	−100	−71	−48	−34	0
2.00	＋38	0	−315	−225	−150	−105	−71	−52	−38	0
2.50	＋42	0	−325	−235	−160	−110	−80	−58	−42	0
3.00	＋48	0	−335	−245	−170	−115	−85	−63	−48	0

（3）旋合长度

国家标准规定,螺纹的旋合长度分为三组,分别为短旋合长度组、中旋合长度组和长旋合长度组,分别用代号 S、N、L 表示。

螺纹公差带和旋合长度构成螺纹的精度等级。GB/T 197—2018 将普通螺纹精度分为精密、中等和粗糙三个等级。各组的旋合长度范围见表 5-18。

表 5-18　螺纹的旋合长度(摘自 GB/T 197—2018)　　　　单位:mm

公称直径 D、d		螺距 P	旋合长度				公称直径 D、d		螺距 P	旋合长度			
			S	N		L				S	N		L
>	≤		≤	>	≤	>	>	≤		≤	>	≤	>
5.6	11.2	0.75	2.4	2.4	7.1	7.1	11.2	22.4	2	8	8	24	24
		1	3	3	9	9			2.5	10	10	30	30
		1.25	4	4	12	12	22.4	45	1	4	4	12	12
		1.5	5	5	15	15			1.5	6.3	6.3	19	19
11.2	22.4	1	3.8	3.8	11	11			2	8.5	8.5	25	25
		1.25	4.5	4.5	13	13			3	12	12	36	36
		1.5	5.6	5.6	16	16			3.5	15	15	45	45
		1.75	6	6	18	18			4	18	18	53	53

5.3.3.2　螺纹公差与配合的选用

由基本偏差和公差等级可以组成多种公差带。在实际生产中为了减少刀具及量具的规格和数量,便于组织生产,对公差带的种类予以了限制,国家标准推荐按表 5-19 选用。

表 5-19　内、外螺纹的推荐公差带(摘自 GB/T 197—2018)

	公差精度	公差带位置 G			公差带位置 H		
		S	N	L	S	N	L
内螺纹	精密	—	—	—	4H	5H	6H
	中等	(5G)	**6G**	(7G)	**5H**	6H	**7H**
	粗糙	—	(7G)	(8G)	—	7H	8H

	公差精度	公差带位置 e			公差带位置 f			公差带位置 g			公差带位置 h		
		S	N	L	S	N	L	S	N	L	S	N	L
外螺纹	精密	—	—	—	—	—	—	(4g)	(5g4g)	(3h4h)	**4h**	(5h4h)	
	中等	—	**6e**	(7e6e)	—	**6f**	—	(5g6g)	6g	(7g6g)	(5h6h)	6h	(7h6h)
	粗糙	—	(8e)	(9e8e)	—	—	—	—	8g	(9g8g)	—	—	—

（1）螺纹精度等级与旋合长度的选用

精度等级的选用主要取决于螺纹的用途。对于间隙较小、要求配合性质稳定、需保证一定的定心精度的精密螺纹,采用精密级;对于一般用途的螺纹,采用中等级;不重要的以及制造有困难的螺纹(如在热轧棒料上和深盲孔内加工螺纹)采用粗糙级。

通常采用中等旋合长度。对于调整用螺纹,可根据调整行程的长短选取旋合长度;对于强度较低的零件上的螺纹,为了保证螺牙的强度,可选用长旋合长度;对于受力不大且受空间位置限制的螺纹,如锁紧用的特薄螺母,可选用短旋合长度。

（2）螺纹公差带与配合的选用

公差带的选用原则:优先按表 5-19 的规定选取螺纹公差带,除特殊情况外,表 5-19 以外的其他公差带不宜选用;如果不知道螺纹旋合长度实际值(如标准螺栓),推荐按中等旋合长度(N)选取螺纹公差带;公差带优先选用顺序为:粗体字公差带、一般字体公差带、括号内公差带,带方框的粗体字公差带用于大量生产的紧固件螺纹。

螺纹配合的选用原则:表 5-19 中内、外螺纹的公差带可任意组合。但为了保证内、外螺纹间有足够的螺纹接触高度,推荐完工后的螺纹零件宜优先组成 H/g、H/h 或 G/h 配合。对公称直径小于和等于 1.4 mm 的螺纹,应选用 5H/6h、4H/6h 或更精密的配合。对于需涂镀的螺纹,推荐公差带适用于涂镀前螺纹。涂镀后,螺纹实际轮廓上的任何点不应超越按公差带位置 H 或 h 所确定的最大实体牙型。

5.3.3.3 螺纹的标记

螺纹的完整标记由螺纹特征代号、尺寸代号、公差带代号、旋合长度代号和旋向代号组成。

（1）螺纹特征代号

普通螺纹的特征代号用字母"M"表示。

（2）尺寸代号

尺寸代号包括公称直径(D、d)、导程(P_h)和螺距(P)的代号,对粗牙螺纹可省略标注螺距项。

① 单线螺纹的尺寸代号为"公称直径×螺距"。

示例:公称直径为 8 mm、螺距为 1 mm 的单线细牙螺纹:M8×1。

公称直径为 8 mm、螺距为 1 mm 的单线粗牙螺纹:M8。

② 多线螺纹的尺寸代号为"公称直径×Ph 导程 P 螺距"。需要表明螺纹线数时,可在后面增加括号说明(用英文进行说明,双线为 two starts,三线为 three starts,四线为 four starts)。

示例:公称直径为 16 mm、螺距为 1.5 mm、导程为 3 mm 的双线螺纹:

M16×Ph3P1.5 或 M16×Ph3P1.5(two starts)

（3）公差带代号

公差带代号包含中径公差带代号和顶径公差带代号。中径公差带代号在前,顶径公差带代号在后。各直径的公差带代号由表示公差等级的数值和表示公差带位置的字母(内螺纹用大写字母,外螺纹用小写字母)组成。如果中径与顶径公差带代号相同,则应只标注一个公差带代号。螺纹尺寸代号与公差带间用"-"号分开。

示例:中径公差带为 5g、顶径公差带为 6g 外螺纹:M10×1-5g6g。

GB/T 197—2018 还做了如下规定：

① 中等精度螺纹不标注其公差代号：公称直径 $D \leqslant 1.4$ mm 的 5H、$D \geqslant 1.6$ mm 的 6H 和螺距 $P = 0.2$ mm 的公差等级为 4 级内螺纹；公称直径 $d \leqslant 1.4$ mm 的 6h、$D \geqslant 1.6$ mm 的 6g 外螺纹。

② 表示内、外螺纹配合时，内螺纹公差带代号在前，外螺纹公差带代号在后，中间用斜线分开。

示例：公差带为 6H 的内螺纹与公差带为 5g6g 的外螺纹配合：M20×2-6H/5g6g

（4）旋合长度代号

对于短旋合和长旋合长度组在公差带代号后分别标注"S"和"L"代号。旋合长度代号与公差带间用"-"号分开。中等旋合长度组不标注旋合长度代号"N"。

（5）旋向代号

对于左旋螺纹，应在旋合长度代号后标注"LH"，旋合长度代号与旋向代号间用"-"号分开。右旋螺纹不标注旋向代号。

（6）完整的螺纹标注示例

① M14×Ph6P2-7H-L-LH 或 M14×Ph6P2(three starts)-7H-L-LH：表示公称直径为 14 mm，导程为 6 mm，螺距为 2 mm，中径和顶径公差带为 7H，长旋合，左旋三线普通内螺纹。

② M6：表示公称直径为 6 mm，粗牙，中等公差精度(省略 6H 或 6g)，中等旋合长度组，右旋单线普通螺纹。

【例 5-2】 用工具显微镜测量 M20-6h 的外螺纹，测得实际中径 $d_{2s} = 18.218$ mm，实际大径 $d_a = 19.716$ mm，螺距累积误差 $\Delta P_{\Sigma} = 50$ μm，牙侧角偏差 $\Delta \alpha_1 = -60'$，$\Delta \alpha_2 = +80'$，试问该螺纹的中径和顶径是否合格？查出所需旋合长度范围。

解 ① 查表 5-13 得外螺纹中径 $d_2 = 18.376$ mm，$P = 2.5$ mm。

查表 5-15、表 5-16 得：

中径：
$$\text{es} = 0, \quad T_{d_2} = 170 \ \mu\text{m}$$

大径：
$$\text{es} = 0, \quad T_d = 335 \ \mu\text{m}$$

② 判断中径的合格性。

中径的极限尺寸：
$$d_{2\max} = d_2 + \text{es} = 18.376 \ (\text{mm})$$
$$d_{2\min} = d_{2\max} - T_{d_2} = 18.376 - 0.170 = 18.206 \ (\text{mm})$$

螺距偏差的中径当量值：
$$f_{\text{p}} = 1.732 | \Delta P_{\Sigma} | = 1.732 \times 0.050 = 0.087 \ (\text{mm})$$

牙侧角偏差的中径当量值：
$$f_a = 0.073 P (K_1 | \Delta \alpha_1 | + K_2 | \Delta \alpha_2 |)$$
$$= 0.073 \times 2.5 \times (3 \times 60 + 2 \times 80)$$
$$= 62 \ (\mu\text{m}) = 0.062 \ (\text{mm})$$

$$d_{2\text{m}} = d_{2\text{s}} + f_{\text{p}} + f_a = 18.218 + 0.087 + 0.062 = 18.367 \ (\text{mm})$$
$$d_{2\text{m}} = 18.367 < 18.376 (d_{2\max}), \quad d_{2\text{s}} = 18.218 > 18.206 (d_{2\min})$$

所以，该螺纹中径合格。

③ 判断大径的合格性。

$$d_{max} = d + es = 20 \ (mm)$$
$$d_{min} = d_{max} - T_d = 20 - 0.335 = 19.665 \ (mm)$$
$$d_{max} > d_a = 19.716 \ mm > d_{min}$$

所以,大径合格。

④ 该螺纹为中等旋合长度,由表 5-18 查得,其旋合长度范围为 10~30 mm。

5.3.4 普通螺纹的测量

螺纹测量的方法有两类:综合检验和单项测量。用螺纹量规进行综合检验,不论是在车间生产中,还是在用户验收时,都是符合螺纹验收原则的快速有效的方法。但为了对螺纹的加工误差进行分析,以提出改进的工艺措施,或对高精度螺纹,如螺纹量规、螺纹绞刀及精密螺旋副进行质量检查,均需测出每个参数的实际值。螺纹的主要检验参数包括基本大径偏差、小径偏差、中径偏差、螺距偏差及牙侧角偏差。

5.3.4.1 螺纹的综合测量

普通螺纹的综合检验是指用量规对影响螺纹互换性的几何参数偏差的综合结果进行检验,其中包括使用普通螺纹量规通规和止规分别对被测螺纹的作用中径(含底径)和单一中径进行检验;使用光滑极限量规对被测螺纹的实际顶径进行检验。

检验内螺纹用的螺纹量规称为螺纹塞规,检验外螺纹用的量规称为螺纹环规。

螺纹量规的设计应符合泰勒原则。如图 5-32 和图 5-33 所示,螺纹量规通规模拟被测螺纹的最大实体牙型,检验被测螺纹的作用中径是否超出其最大实体牙型的中径,并同时检验底径实际尺寸是否超出其最大实体尺寸,因此,通规应具有完整的牙型,并且螺纹的长度等于被测螺纹的旋合长度。止规用来检验被测螺纹的单一中径是否超出其最小实体牙型的中径,因此,止规采用截短牙型,其螺纹圈数也很少,以减少牙侧角偏差和螺距误差对检验结果的影响。止规只允许与被测螺纹两端旋合,旋合量一般不超过两个螺距。

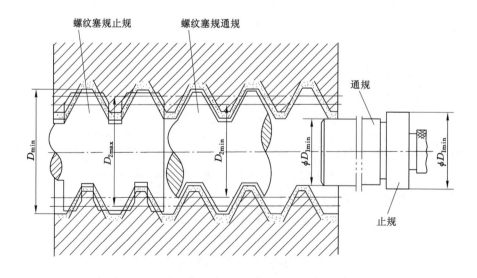

图 5-32 用螺纹环规和光滑极限塞规检验内螺纹

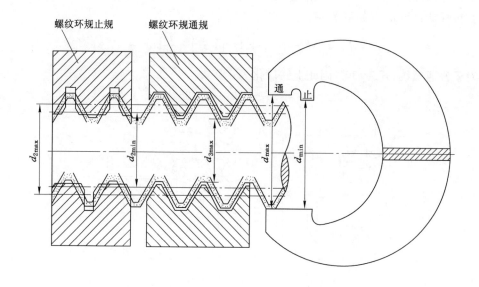

螺纹环规止规　　螺纹环规通规

$d_{2\max}$　$d_{2\min}$　$d_{2\min}$　$d_{3\max}$　$d_{\max}$　通　止　$d_{\min}$

图 5-33　用螺纹环规和光滑极限卡规检验外螺纹

如果被测螺纹能够与螺纹通规旋合通过,且与螺纹止规不通过或不完全旋合通过,就表明被测螺纹的作用中径没有超出其最大实体牙型的中径,且单一中径没有超出其最小实体牙型的中径,就可以保证其旋合性和连接强度,则被测螺纹中径合格,否则不合格。

5.3.4.2　螺纹的单项测量

常用的螺纹单项测量方法有以下几种。

（1）用牙型量头测量中径

在螺纹轴线两边牙型上,分别卡入与螺纹牙型角规格相同的 V 形槽和圆锥形测头,如图 5-34 所示,与比较仪或千分尺结合使用,可测外螺纹中径。将外径千分尺的平测头改成可插式牙型量头,就构成了螺纹千分尺,它附有一套适应不同尺寸和牙型的成对量头。

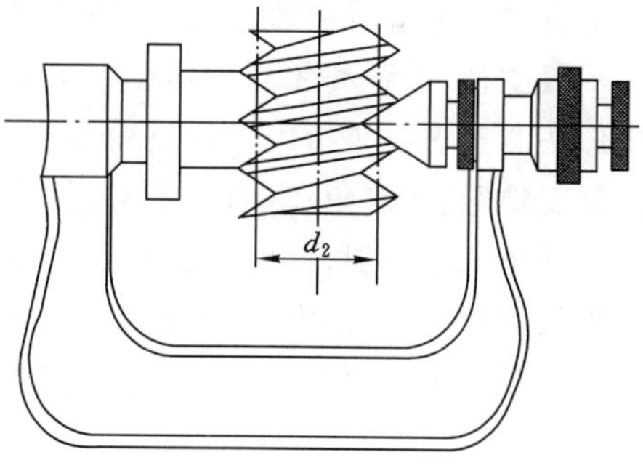

由于牙侧角误差等多种因素的影响,使测得值误差较大,故此法只适用于测量精度较低的螺纹。

d_2

图 5-34　用螺纹千分尺测量中径

（2）用量针测量外螺纹单一中径

量针法实际上是一种精密的间接测量方法。测量时,根据不同情况,可用三针、两针或单针三种方法。三针量法测量结果稳定,应用最广。当螺纹牙数很少,如止端螺纹量规,无法用三针时,可用两针量法。当螺纹直径大于 100 mm 时,可用单针量法。

用三针法测量外螺纹中径如图 5-35 所示,根据被测螺纹的螺距选取适当直径的量针,将三根直径 d_0 的圆柱形量针放在被测工件牙型内,然后用接触式量仪(测微仪或光较仪等)

测出量针外母线间的跨距 M 值,则被测螺纹的单一中径 d_{2s} 与螺距基本尺寸 P、牙侧角基本值 $\alpha/2$ 和量针直径 d_0 有如下关系:

$$d_{2s} = M - d_0\left(1 + 1/\sin\frac{\alpha}{2}\right) + \frac{P}{2}\cot\frac{\alpha}{2}$$

对于普通螺纹,$\alpha/2 = 30°$,因此上式简化为:

$$d_{2s} = M - 3d_0 + 0.866P$$

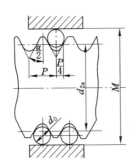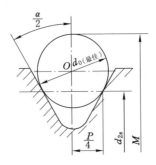

图 5-35　三针法测量外螺纹单一中径

由上式可知,影响单一中径测量精度的因素有:测量针距 M 时量仪的误差、量针形状误差、直径偏差以及被测螺纹的螺距偏差和牙侧角偏差。为了避免牙侧角偏差对测量结果的影响,就必须选择量针的最佳直径,使量针与被测螺纹两牙侧面接触的两个切点间的轴向距离等于螺距基本值的一半($P/2$)。量针最佳直径 $d_{0(最佳)}$ 用下式计算:

$$d_{0(最佳)} = \frac{P}{2}\cos\frac{\alpha}{2}$$

（3）用工具显微镜测量外螺纹各几何参数

在工具显微镜上可用影像法、轴切法、球接触法及干涉带法测量外螺纹中径、螺距和牙侧角。一般中径、螺距和牙侧角均在一次安装中逐项完成测量。

影像法测量螺纹是指用工具显微镜将被测螺纹的牙型轮廓放大成像,按被测螺纹的影像来测量其螺距、牙侧角和中径,也可测量其大径和小径。用影像法测量时,尽管显微镜立柱按螺旋升角方向倾斜,但由于螺纹是个螺旋面,使工件阴影的边界仍不够清晰,且得到的是法向影像,与螺纹标准定义(在轴截面上)不符,因此测量误差较大。

轴切法是利用仪器的附件——测量刀,在被测螺纹的轴截面上进行测量的,与螺纹标准定义符合。

球接触法是仿照量针法,用球头测量刀进行测量。

干涉带法是利用螺纹牙侧影像外围的干涉条纹代替影像边缘,用米字线瞄准后进行测量。

对于内螺纹单项测量可用卧式测长仪或三坐标测量机。将锥形测头和 V 形槽测头安装在内径千分尺上,也可以测量内螺纹。

知识拓展

功能量规简介

量规不能指示量值,只能根据与被测件的配合间隙、透光程度或者能否通过被测件等来判断被测长度合格与否。量规结构简单,通常是一些具有准确尺寸和形状的实体,如圆锥体、圆柱体、块体平板、尺和螺纹件等。常用的量规有量块、角度量块、多面棱体、正弦规、平尺、塞尺等。用量规检验工件通常有通止法、着色法、光隙法和指示表法。

功能量规简介

通止法检验利用量规的通端和止端来控制工件尺寸,使之不超出公差带。如孔径测量时,若光滑塞规的通端通过而止端不通过,则孔径是合格的。利用通止法检验的量规也称极限量规,常见的极限量规还有螺纹塞规、螺纹环规和卡规等。量规按检验对象分为光滑极限量规、锥体量规、螺纹量规、键和花键量规等。

思考题与习题

5-1 向心轴承的精度等级有几级? 各精度等级的应用如何?

5-2 滚动轴承内圈与轴颈、外圈与外壳孔的配合分别采用哪种基准制? 有什么特点?

5-3 滚动轴承的内径公差带分布有何特点? 为什么?

5-4 选择滚动轴承与轴颈和外壳孔的配合时,应考虑哪些主要因素?

5-5 与滚动轴承配合时,载荷大小对配合的松紧有何影响?

5-6 滚动轴承与轴颈及外壳孔的配合在装配图上的标注有何特点?

5-7 与6309/P6型滚动轴承($d=45$ mm,$D=100$ mm,6级精度)配合的轴颈的公差带代号为j5、外壳孔的公差带代号为H6。试画出这两对配合的公差带示意图,并计算出它们的极限间隙或过盈。

5-8 平键连接的特点是什么? 主要几何参数有哪些?

5-9 平键连接为什么只对键(槽)宽规定较严的公差?

5-10 平键连接的配合采用何种基准制? 花键连接采用何种基准制?

5-11 什么是花键定心? 矩形花键为什么一般用小径定心? 小径定心有什么优缺点?

5-12 某减速器传递一般扭矩,其中一轴上齿轮与轴的连接采用平键。已知键宽$b=10$ mm,试确定键宽b的配合代号,查出其极限偏差值,并画出公差带图。

5-13 某矩形花键连接的规格和尺寸为$N \times d \times D \times B = 6 \times 26 \times 30 \times 6$,它是一般用途的紧滑动连接,试确定该花键副的配合代号和内、外花键的各尺寸公差带、位置度公差、应采用的公差原则和表面粗糙度轮廓参数Ra的上限值,并按图5-20的示例标注在图样上。

5-14 试按GB/T 1144—2001确定的矩形花键配合$6 \times 23 \dfrac{H7}{f6} \times 26 \dfrac{H10}{a11} \times 6 \dfrac{H11}{d10}$的内、外花键小径、大径、键槽宽、键宽的极限偏差以及对称度公差、应遵守的公差原则,并按图5-21的示例将它们标注在图样上。

5-15 影响螺纹互换性的因素有哪些? 对这些偏差是如何控制的?

5-16　螺纹的中径、单一中径和作用中径三者有何区别和联系？

5-17　普通螺纹连接中,内、外螺纹中径公差是如何构成的？ 如何判断中径的合格性？

5-18　普通螺纹的中径公差分几级？ 内、外螺纹有何不同？ 常用的是多少级？

5-19　试说明下列螺纹标记的含义:

(1) M20；

(2) M24×2-5g6g-L；

(3) M6-7H/7g6g-L；

(4) M6×0.75-5h6h-S-LH。

5-20　在测长仪上用三针法测得外螺纹 M10 的针距 M 值为 10.332 3 mm,若三针直径 d_0 为 0.866 0 mm,实际螺距 P 为 1.500 4 mm,试计算其单一中径 d_{2s} 的大小。

5-21　有一螺纹尺寸要求为 M12×1×6h 的外螺纹,今测得实际中径 $d_{2s}=11.304$ mm,实际顶径 $d_a=11.815$ mm,螺距累积误差 $\Delta P_{\sum}=-0.02$ mm,牙侧角偏差 $\Delta\alpha_{左}=+25'$,$\Delta\alpha_{右}=-20'$,试判断该螺纹零件尺寸是否合格？

5-22　测得 M20-7H 的螺纹零件螺距累积误差 $\Delta P_{\sum}=-0.034$ mm,牙侧角偏差 $\Delta\alpha_{左}=+30'$,$\Delta\alpha_{右}=-40'$,求实际中径允许变动范围。

第6章　圆柱齿轮精度设计与检测

🖝 教学导读

　　齿轮是机器和仪器中使用较多的传动件,尤其是渐开线圆柱齿轮的应用更为广泛。为了保证齿轮传动的精度和互换性,我国发布了相关的国家标准。本章结合国家标准,重点学习齿轮传递运动准确性、齿轮传动平稳性、载荷分布均匀性的强制性检测精度指标和非强制性检测精度指标以及齿轮坯、齿轮副和侧隙指标等,难点是侧隙指标极限偏差的计算。

🖝 课前问题

　　(1) 齿轮的强制性检测精度指标有哪些? 分别对应齿轮的哪些使用要求?
　　(2) 为什么需要规定齿轮坯的各项精度要求?

🖝 国家标准

　　《圆柱齿轮　精度制　第 1 部分:轮齿同侧齿面偏差的定义和允许值》(GB/T 10095.1—2008);
　　《圆柱齿轮　精度制　第 2 部分:径向综合偏差与径向跳动的定义和允许值》(GB/T 10095.2—2008);
　　《圆柱齿轮　检验实施规范　第 1 部分:轮齿同侧齿面的检验》(GB/Z 18620.1—2008);
　　《圆柱齿轮　检验实施规范　第 2 部分:径向综合偏差、径向跳动、齿厚和侧隙的检验》(GB/Z 18620.2—2008);
　　《圆柱齿轮　检验实施规范　第 3 部分:齿轮坯、轴中心距和轴线平行度的检验》(GB/Z 18620.3—2008);
　　《圆柱齿轮　检验实施规范　第 4 部分:表面结构和轮齿接触斑点的检验》(GB/Z 18620.4—2008)。

6.1　圆柱齿轮传动的使用要求

　　对齿轮传动的使用要求可以归纳为以下四个方面。

6.1.1　齿轮传递运动的准确性

　　齿轮传递运动的准确性是指要求齿轮在一转范围内传动比变化尽量小,以保证主、从动齿轮的运动协调。也就是说,在齿轮一转中的转角误差的最大值(绝对值)不得超过一定的限度。这可用图 6-1 来说明。

齿轮传动的使用要求

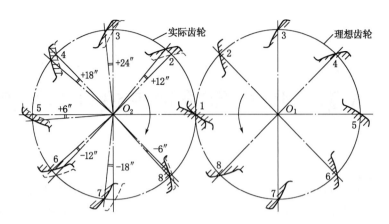

1,2,…,8—轮齿序号;实线齿廓—轮齿的实际位置;虚线齿廓—从动齿轮轮齿的理想位置。

图 6-1　齿轮啮合的转角误差

如图 6-1 所示,主动齿轮为无误差的理想齿轮,各个轮齿相对其回转中心 O_1 的分布是均匀的,而从动齿轮的各个轮齿相对于它的回转中心 O_2 的分布是不均匀的。若不考虑其他误差,当两齿轮单面啮合而主动齿轮匀速回转时,主动齿轮每转过一齿,在同一时间内,从动齿轮必然随之转过一齿,因此,从动齿轮就不等速地回转——渐快渐慢地回转。从动齿轮每转一齿转角偏差的变化情况如图 6-2 所示。在从动齿轮一转范围内最严重的情况是,从动齿轮从第 3 齿转到第 7 齿应该转180°,而实际转179°59′18″;从动齿轮从第 7 齿转到第 3 齿应该转180°,而实际转180°0′42″。实际转角对理论转角的转角误差的最大值为(＋24″)-(-18″)＝42″,将其化为弧度并乘以半径则得到线性值,它表示从动齿轮传递运动准确性的精度。

齿轮转角误差曲线形状的变化一般呈正弦变化规律,即齿轮一转中最大的转角误差只出现一次,而且出现转角误差正、负极值的两个轮齿相隔约180°。

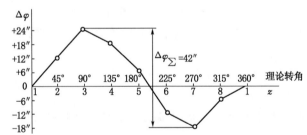

z— 齿序;$\Delta\varphi$—轮齿实际位置对理想位置的偏差;$\Delta\varphi_\Sigma$—转角误差的最大值。

图 6-2　从动齿轮的转角误差曲线

6.1.2　齿轮的传动平稳性

齿轮的传动平稳性是指要求齿轮回转过程中瞬时传动比变化尽量小,即要求齿轮在一个较小角度范围内(如一个齿距角范围内)转角误差的变化不得超过一定的限度。

如图 6-1 所示,从动齿轮每转过一齿的实际转角对理论转角的转角误差中的最大值(绝对值)为第 5 齿转至第 6 齿的转角误差,它等于|(-12″)-(＋6″)|＝18″。将其化为弧度并乘以半径则得到线性值,其在很大程度上表示从动齿轮传动平稳性的精度。

在齿轮回转过程中,特别是高速传动的齿轮,瞬时传动比频繁地变化,会产生撞击、振动和噪声,影响其传动平稳性。

应当指出,齿轮传递运动不准确和传动不平稳,都是齿轮传动比变化引起的,实际上在齿轮回转过程中,两者是同时存在的,如图 6-3 所示。

引起传递运动不准确的传动比最大变化量以齿轮一转为周期,且波幅大;而瞬时传动比的变化是由齿轮每个齿距角范围内的单齿误差引起的,在齿轮一转内单齿误差频繁出现,且波幅小,影响齿轮传动平稳性。

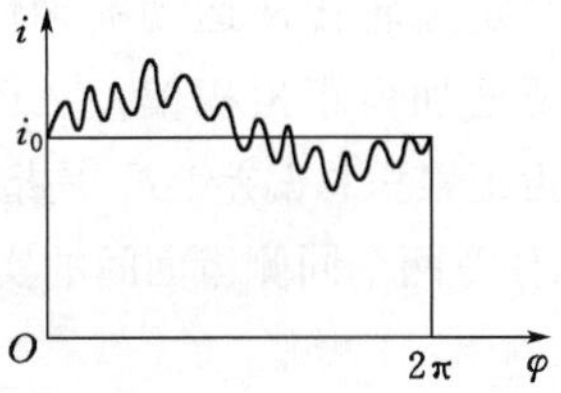

φ—齿轮转角;i—实际传动比;
i_0—理论传动比(常数)。

图 6-3 齿轮一转中传动比的变化

6.1.3 轮齿载荷分布的均匀性

轮齿载荷分布的均匀性是要求齿轮啮合时,工作齿面接触良好,载荷分布均匀,避免载荷集中于局部齿面而造成齿面磨损或折断,以保证齿轮传动有较大的承载能力和较长的使用寿命。

6.1.4 齿侧间隙的合理性

机械原理中,标准齿轮的无侧隙啮合可以保证齿轮传动的连续性。但是,在实际的齿轮副工作过程中,在相邻的两个非工作齿面间需要留有一定的齿侧间隙。齿侧间隙是指两个相互啮合齿轮的工作齿面接触时,相邻的两个非工作齿面之间形成的间隙。齿侧间隙是在齿轮、轴、轴承、箱体和其他零部件装配成减速器、变速箱或其他传动装置后自然形成的。齿轮副应具有适当的侧隙,用以储存润滑油,补偿热变形和弹性变形,防止齿轮在工作中发生齿面烧蚀或卡死,保证齿轮副能正常工作。

上述前三项是对齿轮的精度要求。不同用途的齿轮及齿轮副对三项精度要求的侧重点是不同的。例如,分度齿轮传动、读数齿轮传动的侧重点是传递运动的准确性,以保证主、从动齿轮的运动协调一致;机床和汽车变速箱中的变速齿轮传动的侧重点是传动平稳性和载荷分布均匀性,以降低振动和噪声并保证承载能力;重型机械(如轧钢机、矿山机械、起重机械)中传递动力的低速重载齿轮传动的侧重点是载荷分布的均匀性,以保证承载能力;涡轮机中的高速重载齿轮传动,由于传递功率大,圆周速度高,对三项精度都有较高的要求。因此,对不同用途的齿轮和不同侧重的精度要求,应规定不同的精度等级,以适应不同的使用要求,获得最佳的技术经济效益。

侧隙与前三项使用要求不同,是独立于精度要求的另一类要求。齿轮副所要求的侧隙的大小,主要取决于齿轮副的工作条件。对重载、高速齿轮传动,由于受力、受热变形较大,侧隙应大些,以补偿较大的变形和使润滑油畅通;而经常正转、逆转的齿轮,为了减小回程误差,应适当减小侧隙。

6.2 齿轮的强制性检测精度指标及其检测

为了评定齿轮的三项精度,GB/T 10095.1—2008 规定的强制性检测精度指标是齿距偏差(单个齿距偏差、齿距累积偏差、齿距累积总偏差)、齿廓总偏差和螺旋线总偏差。

齿轮的强制性
检测精度指标

6.2.1　齿轮传递运动准确性的强制性检测精度指标及其检测

评定齿轮传递运动准确性精度时的强制性检测精度指标是其齿距累积总偏差 ΔF_p，有时还要增加齿距累积偏差 ΔF_{pk}。

齿距累积总偏差 ΔF_p 是指在齿轮端平面上，在接近齿高中部的一个与齿轮基准轴线同心的圆上，任意两个同侧齿面间的实际弧长与理论弧长的代数差中的最大绝对值，如图 6-4 所示。

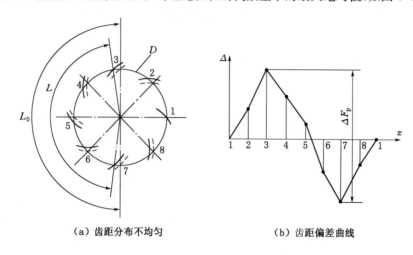

（a）齿距分布不均匀　　　　　　　（b）齿距偏差曲线

L—实际弧长；L_0—理论弧长；D—接近齿高中部的圆；z—齿序；
Δ—轮齿实际位置（粗实线齿廓）对其理想位置（虚线齿廓）的偏差；$1,2,\cdots,8$—轮齿序号。
图 6-4　齿轮齿距累积总偏差

对于齿数较多且精度要求很高的齿轮、非圆整齿轮或高速齿轮，要求评定一段齿范围内（k 个齿距范围内）的齿距累积偏差 ΔF_{pk}。

ΔF_{pk} 是指在齿轮端平面上，在接近齿高中部的一个与齿轮基准轴线同心的圆上，任意 k 个齿距的实际弧长与理论弧长的代数差，如图 6-5 所示（本例中，$k=3$，$\Delta F_{pk}=\Delta F_{p3}$），取其中绝对值最大的数值 $\Delta F_{pk\max}$ 作为评定值。ΔF_{pk} 值一般限定在不大于 1/8 圆周上评定，因此，k 为从 2 到 $z/8$ 的整数（z 为被评定齿轮的齿数），通常取 $k=z/8$ 就足够了。

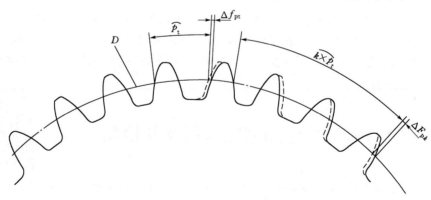

$\widehat{p_t}$—单个理论齿距；D—接近齿高中部的圆；
实线齿廓—轮齿的实际位置；虚线齿廓—轮齿的理想位置。
图 6-5　齿轮单个齿距偏差 Δf_{pt} 和齿距累积偏差 ΔF_{pk}

如果高速齿轮在较少几个齿距范围内的 ΔF_{pk} 太大,则该齿轮工作时将产生很大的加速度,因而产生很大的动负荷,对齿轮传动产生不利的影响。

对于一般齿轮传动,不需要评定 ΔF_{pk}。

ΔF_p 和 ΔF_{pk} 的测量基准是被测齿轮的基准轴线,它们的数值是在测量了齿轮各个齿距偏差并进行数据处理后得到的。齿距偏差就是相邻同侧齿面间实际齿距与理论齿距之差。因此,k 个齿距累积偏差就是连续 k 个齿距的齿距偏差代数和。

测量一个齿轮的 ΔF_p 和 ΔF_{pk} 时,它们的合格条件是:ΔF_p 不大于齿距累积总偏差允许值 $F_p(\Delta F_p \leqslant F_p)$;所有的 ΔF_{pk} 都在齿距累积偏差允许值 $\pm \Delta F_{pk}$ 的范围内($-F_{pk} \leqslant \Delta F_{pk} \leqslant +F_{pk}$),即 $|\Delta F_{pk\max}| \leqslant F_{pk}$。

齿距偏差可以用绝对法测量。测量时,把实际齿距直接与理论齿距进行比较,以获得齿距偏差的角度值或线性值。如图 6-6 所示,这种测量方法是利用分度装置(如分度盘、分度头,它们的回转轴线与被测齿轮的基准轴线同轴线),按照理论齿距角(360°/z,z 为被测齿轮的齿数)精确分度,将位置固定的测量装置的一个测头与齿面在接近齿高中部的一个圆上接触来进行测量,在切向读取示值。

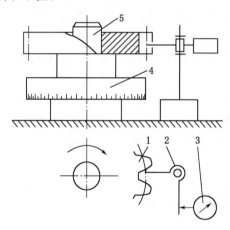

1—被测齿轮;2—测量杠杆;3—指示表;4—分度装置;5—心轴。

图 6-6　用绝对法在分度装置上测量齿距偏差时的示意图

测量时,把被测齿轮 1 安装在分度装置 4 的心轴 5 上(它们应同轴线),之后把被测齿轮的一个齿面调整到起始 0°的位置,使测量杠杆 2 的测头与这个齿面接触,并调整指示表 3 的示值零位,同时固定测量装置的位置;然后转过一个理论齿距角,使测量杠杆 2 的测头与下一个同侧齿面接触,测取用线性值表示的实际齿距角对理论齿距角的偏差。这样,依次每转过一个理论齿距角,测取逐齿累计实际齿距角对相应逐齿累计理论齿距角的偏差(轮齿的实际位置对理论位置的偏差)。这些偏差经过数据处理即可求出 ΔF_p 和 $\Delta F_{pk\max}$ 的数值。

齿距偏差还可以用相对法测量,可以使用双测头式齿距比较仪或在万能测齿仪上测量。如图 6-7所示,用齿距比较仪测量齿距偏差时,用定位支脚 1

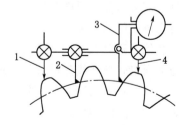

1,4—定位支脚;
2—固定量爪;3—活动量爪。

图 6-7　用相对法并使用双测头式齿距
比较仪测量齿距偏差示意图

和 4 在被测齿轮的齿顶圆上定位,令固定量爪 2 和活动量爪 3 的测头分别与相邻的两个同侧齿面在接近齿高中部的一个圆上接触,以被测齿轮上任意一个实际齿距作为基准齿距,用它调整指示表的示值零位;然后,用这个调整好示值零位的量仪依次测出其余齿距对基准齿距的偏差,按圆周封闭原理(同一齿轮所有齿距偏差的代数和为零)进行数据处理,求出 ΔF_p 和 $\Delta F_{pk\max}$ 的数值。

应当指出,这种齿距比较仪所使用的测量基准不是被测齿轮的基准轴线,因此测量精度受到被测齿轮的齿顶圆柱面对其基准轴线的径向圆跳动的影响。

6.2.2 齿轮传动平稳性的强制性检测精度指标及其检测

6.2.2.1 单个齿距偏差

单个齿距偏差 Δf_{pt} 是指在齿轮端平面上,在接近齿高中部的一个与齿轮基准轴线同心圆上实际齿距与理论齿距的代数差,取其中绝对值最大的数值 $\Delta f_{pt\max}$ 作为评定值。

Δf_{pt} 和齿距累积总偏差 ΔF_p、齿距累积偏差 ΔF_{pk} 是用同一量仪同时测出的。用相对法测量时(图 6-7),用所测得的各个实际齿距的平均值作为理论齿距。

测量齿轮的齿距偏差时,单个齿距偏差的合格条件是:所有的单个齿距偏差 Δf_{pt} 都在单个齿距偏差允许值 $\pm f_{pt}$ 的范围内($-f_{pt} \leqslant \Delta f_{pt} \leqslant +f_{pt}$),即 $|\Delta f_{pt\max}| \leqslant f_{pt}$。

6.2.2.2 齿廓总偏差

实际齿廓对设计齿廓的偏离量叫作齿廓偏差,它在齿轮端平面内且在垂直于渐开线齿廓的方向上计值。

凡符合设计规定的齿廓都是设计齿廓,一般是指端面齿廓。设计齿廓通常为渐开线。考虑到制造误差和轮齿受载后的弹性变形,为了降低噪声和减小动载荷的影响,也可以采用以渐开线为基础的修形齿廓,如凸齿廓、修缘齿廓等。所谓设计齿廓,也包括这样的修形齿廓。

如图 6-8 所示,包容实际齿廓工作部分且距离为最小的两条设计齿廓之间的法向距离为齿廓总偏差 ΔF_α。

在测量齿廓偏差时得到的记录图上的齿廓偏差曲线叫作齿廓迹线,如图 6-9 所示。实际齿廓迹线用粗实线表示,设计齿廓迹线用点画线表示。齿廓总偏差 ΔF_α 是指在齿廓计值范围内(从齿廓有效长度内扣除齿顶倒棱部分),最小限度地包容实际齿廓迹线的两条设计齿廓迹线间的距离。

齿廓偏差通常用渐开线测量仪来测量。图 6-10 所示为基圆盘式渐开线测量仪的原理图。按照被测齿轮 3 的基圆直径 d_b 精确制造的基圆盘 2 与该齿轮同轴安装,基圆盘 2 与直尺 1 利用弹簧以一定的压力相接触而相切。杠杆 4 安装在直尺 1 上并随该直尺一起移动,它一端的测头与被测齿面接触,另一端与指示表的测头接触,或者与记录器的记录笔连接。直尺 1 做直线运动时,借助摩擦力带动基圆盘 2 旋转,两者做纯滚动,因此直尺的工作面与基圆盘最初接触的切点相对于基圆盘运动的轨迹便是一条理论渐开线,同时被测齿

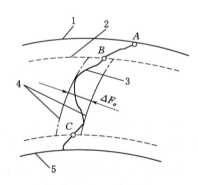

1—齿顶圆;2—齿顶修缘起始圆;
3—实际齿廓;4—设计齿廓;5—齿根圆;
AC—齿廓有效长度;AB—倒棱部分;
BC—工作部分(齿廓计值范围)。

图 6-8 齿廓总偏差

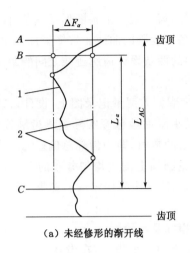
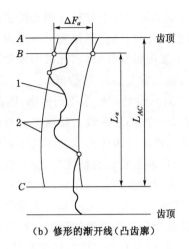

（a）未经修形的渐开线　　　　　（b）修形的渐开线（凸齿廓）

L_α—齿廓计值范围；L_{AC}—齿廓有效长度；1—实线齿廓迹线；2—设计齿廓迹线。

图 6-9　齿廓偏差测量记录图

轮与基圆盘同步转动。

　　测量时，首先要按基圆直径 d_b 调整杠杆 4 测头的位置，使该测头与被测齿面的接触点正好落在直尺工作面与基圆盘最初接触的切点上。

　　测量过程中，直尺与基圆盘沿箭头方向做纯滚动。最初，直尺的 P' 点与基圆盘的 B' 点接触，以后两者在 A' 点接触。P' 点相对于基圆盘运动的轨迹就是直尺从 B' 点运动到 P' 点的一段曲线，$B'P'$ 为理论渐开线。同时，杠杆 4 的测头从它最初与被测齿面接触的 B 点，沿被测齿面移动到 P 点，BP 为实际被测齿廓。

　　实际被测齿廓 BP 上各个测点相对于理论渐开线 $B'P'$ 上对应点的偏差，使杠杆 4 的测头产生微小的位移，它的大小由指示表的示值读出。在被测齿廓工作部分的范围内的最大示值与最小示值之差即为齿廓总偏差 ΔF_α 的数值。测头位移的大小还可以由记录器记录下来而得到齿廓偏差图形。如果测量过程中杠杆 4 测头不产生位移，记录器的记录笔也就不移动，记录下来的齿廓偏差图形是一条平行于记录纸走纸方向的直线。

　　图 6-9 所示的是齿廓偏差测量记录图。图中纵坐标表示被测齿廓上各测点相对于该齿廓工作起始点的展开长度，齿廓工作终止点与起始点之间的展开长度即为齿廓偏差的测量范围；横坐标表示测量过程中杠杆 4 的测头在垂直于记录纸走纸方向的位移大小，即被测齿廓上各测点相对于设计齿廓上对应点的偏差。4 条平行于横坐标的细实线分别与图 6-12 中的 4 个圆对应：起始点 C 细实线对应于 C 点虚线圆；终止点 B 细实线对应于 B 点虚线圆；最高的一条细实线 A 对应于齿顶圆；最低的一条细实线对应于齿根圆。

　　图 6-9（a）中，设计齿廓迹线是一条直线（它表示理论渐开线）。如果实际被测齿廓为理

1—直尺；2—基圆盘；
3—被测齿轮；4—杠杆。

图 6-10　基圆盘式渐开线测量仪的原理图

论渐开线,则在测量过程中杠杆 4 测头的位移为零,齿廓偏差记录图形是一条直线。当被测齿廓存在齿廓偏差时,则齿廓偏差记录图形是一条不规则的曲线。按横坐标方向,最小限度地包容这条不规则粗实线(即实际被测齿廓迹线)的两条设计齿廓迹线之间的距离所代表的数值,即为齿廓总偏差 ΔF_{α} 的数值。

图 6-9(b)中,设计齿廓采用凸齿廓,因此在齿廓偏差测量记录图上,设计齿廓迹线不是一条直线,而是一段凸形曲线。按横坐标方向,最小限度地包容实际被测齿廓迹线(不规则的粗实线)的两条设计齿廓迹线之间的距离所代表的数值,即为齿廓总偏差 ΔF_{α} 的数值。

评定齿轮传动平稳性的精度时,应在被测齿轮圆周上测量均匀分布的三个轮齿或更多的轮齿左、右齿面的齿廓总偏差,取其中的最大值 $\Delta F_{\alpha max}$ 作为评定值。如果 $\Delta F_{\alpha max}$ 不大于齿廓总偏差允许值 F_{α}($\Delta F_{\alpha max} \leqslant F_{\alpha}$),则表示合格。

6.2.3 轮齿载荷分布均匀性的强制性检测精度指标及其检测

评定轮齿载荷分布均匀性的精度时的强制性检测精度指标,在齿宽方向是其螺旋线总偏差 ΔF_{β},在齿高方向是其传动平稳性的强制性检测精度指标。

在端面基圆切线方向上测得的实际螺旋线对设计螺旋线的偏离量叫作螺旋线偏差。凡符合设计规定的螺旋线都是设计螺旋线。为了减小齿轮的制造误差和安装误差对轮齿载荷分布均匀性的不利影响,以及补偿轮齿在受载下的变形,提高齿轮的承载能力,也可以像修形的渐开线那样对螺旋线进行修形,如将轮齿加工成鼓形齿。

直齿轮的轮齿螺旋角为 0°,因此直齿轮的设计螺旋线为一条直线。它平行于齿轮基准轴线。在基圆柱的切平面内,在齿宽工作部分(轮齿两端的倒角或修圆部分除外)范围内包容实际螺旋线且距离为最小的两条设计螺旋线之间的法向距离为螺旋线总偏差 ΔF_{β},如图 6-11 所示。

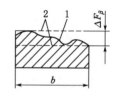

1—实际螺旋线;
2—设计螺旋线(直线);b—齿宽。

图 6-11　直齿轮轮齿的
螺旋线总偏差 ΔF_{β}

在测量螺旋线偏差时得到的记录图上的螺旋线偏差曲线叫作螺旋线迹线,如图 6-12 所示。实际螺旋线迹线用粗实线表示,设计螺旋线迹线用点画线表示。螺旋线总偏差 ΔF_{β} 是指在计值范围内(在齿宽上从轮齿两端处各扣除倒角或修圆部分),最小限度地包容实际螺旋线迹线的两条设计螺旋线迹线间的距离。

螺旋线偏差通常用螺旋线偏差测量仪来测量,图 6-13 为其原理图。被测齿轮 1 安装在测量仪主轴顶尖与尾座顶尖间,纵向滑台 4 上安装有传感器 6,它一端的测头 7 与被测齿轮的齿面在接近齿高中部接触,它的另一端与记录器 8 相联系。当纵向滑台 4 平行于齿轮基准轴线移动时,测头 7 和记录器 8 上的记录纸随它做轴向位移,同时它的滑柱在横向滑台 3 上分度盘 5 的导槽中移动,使横向滑台 3 在垂直于齿轮基准轴线的方向移动,相应地使主轴滚轮 2 带动被测齿轮 1 绕其基准轴线回转,以实现被测齿面相对于测头做螺旋线运动。

分度盘 5 的导槽位置可以在一定角度范围内调整到所需要的螺旋角。实际被测螺旋线对设计螺旋线的偏差使测头 7 产生微小的位移,它经传感器 6 由记录器 8 记录下来而得到记录图形,如图 6-12 所示。

如果测量过程中测头 7 不产生位移,则记录器的记录笔也就不移动,记录下来的螺旋线偏差图形(即实际螺旋线迹线)是一条平行于记录纸走纸方向的直线。

如图 6-12 所示的螺旋线偏差测量记录图,图中横坐标表示齿宽,纵坐标表示测量过程

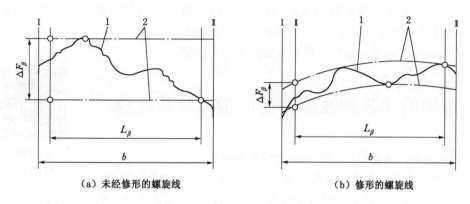

（a）未经修形的螺旋线　　　　　　　（b）修形的螺旋线

Ⅰ、Ⅱ—轮齿的两端；b—齿宽；L_β—螺旋线计值范围；1—实际螺旋线迹线；2—设计螺旋线迹线。

图 6-12　螺旋线偏差测量记录图

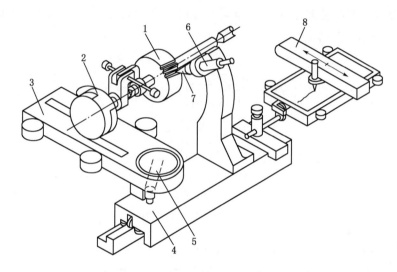

1—被测齿轮；2—主轴滚轮；3—横向滑台；4—纵向滑台；
5—带导槽的分度盘；6—传感器；7—测头；8—记录器。

图 6-13　齿轮螺旋线偏差测量仪的原理图

中测头 7 位移的大小，即齿宽的两端Ⅰ、Ⅱ之间实际被测螺旋线上各个测点相对于设计螺旋线上对应点的偏差。

图 6-12（a）中，设计螺旋线为未经修形的螺旋线，它的迹线是一条直线。如果实际被测螺旋线为理论螺旋线，则在测量过程中测头的位移为零，它的记录图形是一条直线。当被测齿面存在螺旋线偏差时，则其记录图形是一条不规则的曲线。按纵坐标方向，最小限度地包容这条不规则粗实线（实际被测螺旋线迹线）的两条设计螺旋线迹线之间的距离所代表的数值，即为螺旋线总偏差 ΔF_β 的数值。

图 6-12（b）中，设计螺旋线为修形的螺旋线（如鼓形齿），它的迹线是一段凸形曲线。按纵坐标方向，最小限度地包容实际螺旋线迹线的两条设计螺旋线迹线之间的距离所代表的数值，即为螺旋线总偏差 ΔF_β 的数值。

评定轮齿载荷分布均匀性的精度时，应在被测齿轮圆周上测量均匀分布的三个轮齿或更多的轮齿左、右齿面的螺旋线总偏差,取其中的最大值 $\Delta F_{\beta\max}$ 作为评定值。 如果 $\Delta F_{\beta\max}$ 不大于螺旋线总偏差允许值 $F_\beta(\Delta F_{\beta\max}\leqslant F_\beta)$,则表示合格。

应当指出,齿轮精度评定指标可由供需双方协商决定。

6.3 齿轮的非强制性检测精度指标及其检测

6.3.1 切向综合总偏差和一齿切向综合偏差及检测

切向综合总偏差 $\Delta F_i'$ 是指被测齿轮与测量齿轮单面啮合检测时(两者回转轴线间的距离为公称中心距),在被测齿轮一转内,被测齿轮分度圆上实际圆周位移与理论圆周位移的最大差值。一齿切向综合偏差 $\Delta f_i'$ 是指被测齿轮一转中对应一个齿距范围内的实际圆周位移与理论圆周位移的最大差值。测量记录图如图 6-14 所示。切向综合总偏差 $\Delta F_i'$ 反映齿距累积总偏差 ΔF_p 和单齿误差的综合结果;$\Delta f_i'$ 反映单个齿距偏差和齿廓偏差等单齿误差的综合结果。

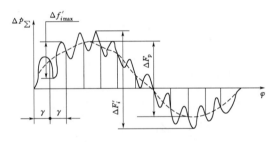

φ— 被测齿轮转角;Δp_Σ— 被测齿轮实际圆周位移对理论圆周位移的偏差;$\gamma = 360°/z$(z 为被测齿轮的齿数)。

图 6-14 切向综合偏差曲线

切向综合偏差用齿轮单面啮合综合测量仪(单啮仪)来测量。图 6-15 所示为单啮仪测量原理图,它有比较装置,测量基准为被测齿轮的基准轴线。被测齿轮 1 与测量齿轮 2 在公称中心距 a 上做单面啮合,它们分别与直径精确等于齿轮分度圆直径的两个摩擦盘(圆盘)同轴安装。测量齿轮 2 和圆盘 4 固定在同一根轴上,并同步转动。被测齿轮 1 和圆盘 3 可以在同一根轴上做相对转动。当测量齿轮 2 和圆盘 4 匀速回转时,分别带动被测齿轮 1 和圆盘 3 回转时,有误差的被测齿轮 1 相对于圆盘 3 的角位移就是被测齿轮实际转角对理论转角的偏差。将转角偏差以分度圆弧长计值,就是被测齿轮分度圆上实际圆周位移对理论圆周位移的偏差。在被测齿轮一转范围内的位移偏差用记录器记录下来,就得到图 6-14 所示的记录图。从图上

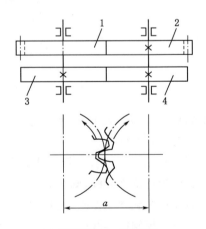

1—被测齿轮;2—测量齿轮;
3—被测齿轮分度圆摩擦盘;
4—测量齿轮分度圆摩擦盘。

图 6-15 单啮仪测量原理图

量出 $\Delta F_i'$ 和 $\Delta f_i'$ 的数值,取量得的各个 $\Delta f_i'$ 中的最大值 $\Delta f_{i\max}'$ 作为评定值。

测量齿轮的精度应比被测齿轮的精度至少高四级,这样测量齿轮的误差可忽略不计。

$\Delta F_i'$和$\Delta f_i'$可分别用来评定齿轮传递运动准确性和齿轮传动平稳性的精度。被测齿轮$\Delta F_i'$和$\Delta f_i'$的合格条件是:$\Delta F_i'$不大于切向综合总偏差允许值$F_i'(\Delta F_i' \leqslant F_i')$,$\Delta f_{imax}'$不大于一齿切向综合偏差允许值$f_i'(\Delta f_{imax}' \leqslant f_i')$。

6.3.2 齿轮径向跳动及其检测

齿轮径向跳动ΔF_r是指将测头相继放入被测齿轮每个齿槽内,与接近齿高中部的位置与左、右齿面接触时,从测头到该齿轮基准轴线的最大距离与最小距离之差,如图 6-16 所示。测量时可以使用圆球形测头或圆锥角等于$2\alpha(\alpha$为标准压力角)的圆锥形测头,测头的尺寸应与被测齿轮模数的大小相适应。

齿轮径向跳动ΔF_r可以用齿轮径向跳动测量仪(图 6-16)来测量。测量时,被测齿轮绕基准轴线O'间断地转动,并将测头依次地放入每一个齿槽内,对所有的齿槽进行测量。与测头连接的指示表的示值变动如图 6-17 所示,各个示值中的最大示值与最小示值之差即为齿轮径向跳动ΔF_r的数值,它大体上由 2 倍几何偏心($2e_1$)组成,添加单个齿距偏差和齿廓偏差的影响。

被测齿轮径向跳动ΔF_r可用来评定齿轮传递运动准确性的精度,它的合格条件是不大于齿轮径向跳动允许值$F_r(\Delta F_r \leqslant F_r)$。

6.3.3 径向综合总偏差和一齿径向综合偏差及其检测

径向综合总偏差$\Delta F_i''$是指被测齿轮与测量齿轮双面啮合检测时(前者左、右齿面同时与后者齿面接触),在被测齿轮

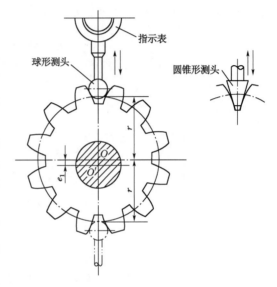

O—切齿时回转中心;O'—齿轮基准孔中心;

r—齿槽与测头的接触点所在圆周的半径;

e_1—几何偏心。

图 6-16 齿轮径向跳动测量

一转内双啮中心距的最大值与最小值之差。一齿径向综合偏差$\Delta f_i''$是指在被测齿轮一转中对应一个齿距角($360°/z$,z为被测齿轮的齿数)范围内的双啮中心距变动量,取其中的最大值$\Delta f_{imax}''$作为评定值。测量记录图如图 6-18 所示。

径向综合偏差用齿轮双面啮合综合测量仪(双啮仪)来测量。图 6-19 所示为双啮仪测量原理图,被测齿轮 2 安装在测量时位置固定的滑座 1 的心轴上,测量齿轮 3 安装在测量时可径向移动的滑座 4 的心轴上,利用弹簧 6 的作用使两个齿轮做无侧隙的双面啮合。齿轮 2 和 3 双面啮合时的中心距 a'' 称为双啮中心距。测量时,转动被测齿轮 2,带动测量齿轮 3 转动。测量齿轮 3 的每个轮齿相当于测量齿轮径向跳动 ΔF_r 所用的测头。被测齿轮 2 的几何偏心和单个齿距偏差、左右齿面的齿廓偏差、螺旋线偏差等误差,使测量齿轮 3 连同心轴和滑座 4 相对于被测齿轮 2 的基准轴线做径向位移,即双啮中心距 a'' 产生变动。双啮中心距的变动 $\Delta a''$ 由指示表 7 读出,在被测齿轮一转范围内指示表最大与最小示值的差值即为 $\Delta F_i''$ 的数值;在每个齿距角范围内指示表最大与最小示值的差值即为 $\Delta f_i''$ 的数值,取其中

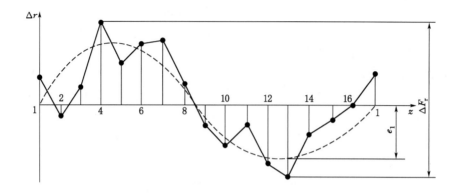

Δr—指示表示值；z—齿槽序号。

图 6-17　齿轮径向跳动测量过程中指示表示值的变动

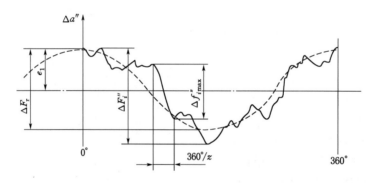

$\Delta a''$—双啮中心距变动；e_1—几何偏心；ΔF_r—齿轮径向跳动。

图 6-18　径向综合偏差曲线图

的最大值 $\Delta f''_{imax}$ 作为评定值。双啮中心距的变动 $\Delta a''$ 还可以由记录器 5 记录下来而得到径向综合偏差曲线图，如图 6-18 所示。

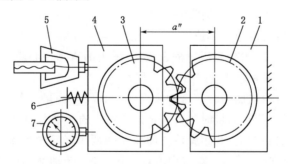

1—固定滑座；2—被测齿轮；3—测量齿轮；4—可移动滑座；5—记录器；6—弹簧；7—指示表。

图 6-19　双啮仪测量原理图

测量齿轮的精度应比被测齿轮的精度至少高四级，这样测量齿轮的误差可忽略不计。

径向综合总偏差 $\Delta F''_i$ 的测量效果相当于测量齿轮径向跳动 ΔF_r，可用来评定齿轮传递运动准确性的精度。$\Delta f''_i$ 可用来评定齿轮传动平稳性的精度。

被测齿轮 $\Delta F_i''$ 和 $\Delta f_i''$ 的合格条件是：$\Delta F_i''$ 不大于径向综合总偏差允许值 F_i''（$\Delta F_i'' \leqslant F_i''$），$\Delta f_{i\max}''$ 不大于一齿径向综合偏差允许值 f_i''（$\Delta f_{i\max}'' \leqslant f_i''$）。

6.4 齿轮的精度等级及选用

6.4.1 齿轮精度等级和公差值计算

6.4.1.1 齿轮精度等级

GB/T 10095.1—2008、GB/T 10095.2—2008 对强制性检测和非强制性检测精度指标的公差（双啮精度指标的公差 F_i''、f_i'' 除外）分别规定了 13 个精度等级，它们分别用阿拉伯数字 $0,1,2,\cdots,12$ 表示，其中，0 级精度最高，以后各级精度依次递降，12 级精度最低；对 F_i'' 和 f_i'' 分别规定了 9 个精度等级（$4,5,6,\cdots,12$）。5 级精度是各级精度中的基础级。

6.4.1.2 齿轮精度指标各级精度的公差计算公式

令 m_n、d、b 和 k 分别表示齿轮的法向模数、分度圆直径、齿宽（单位均为 mm）和测量 ΔF_{pk} 时的齿距数。强制性检测和非强制性检测精度指标 5 级精度的公差应该分别按表 6-1 和表 6-2 所列的公式计算确定。

表 6-1 齿轮强制性检测精度指标 5 级精度的公差计算公式

公差项目的名称和符号	计算公式/μm	精度等级
齿轮累积总偏差允许值 F_p	$F_p = 0.3m_n + 1.25\sqrt{d} + 7$	
齿轮累积偏差允许值 $\pm F_{pk}$	$F_{pk} = f_{pt} + 1.6\sqrt{(k-1)m_n}$	
单个齿距偏差允许值 $\pm f_{pt}$	$f_{pt} = 0.3(m_n + 0.4\sqrt{d}) + 4$	$0,1,2,\cdots,12$ 级
齿轮总偏差允许值 F_α	$F_\alpha = 3.2\sqrt{m_n} + 0.22\sqrt{d} + 0.7$	
螺旋线总偏差允许值 F_β	$F_\beta = 0.1\sqrt{d} + 0.63\sqrt{b} + 4.2$	

表 6-2 齿轮非强制性检测精度指标 5 级精度的公差计算公式

公差项目的名称和符号	计算公式	精度等级
一齿切向综合偏差允许值 f_i'	$f_i' = K(4.3 + f_{pt} + F_\alpha) = K(9 + 0.3m_n + 3.2\sqrt{m_n} + 0.34\sqrt{d})$。当总重合度 $\varepsilon_\gamma < 4$ 时，$K = 0.2(\varepsilon_\gamma + 4)/\varepsilon_\gamma$；当 $\varepsilon_\gamma \geqslant 4$ 时，$K = 0.4$	
切向综合总偏差允许值 F_i'	$F_i' = F_p + f_i'$	$0,1,2,\cdots,12$ 级
齿轮径向跳动允许值 F_r	$F_r = 0.8F_p = 0.24m_n + 1.0\sqrt{d} + 5.6$	
径向综合总偏差允许值 F_i''	$F_i'' = 3.2m_n + 1.01\sqrt{d} + 6.4$	$4,5,6,\cdots,12$ 级
一齿径向综合偏差允许值 f_i''	$f_i'' = 2.96m_n + 0.01\sqrt{d} + 0.8$	

两相邻精度等级的分级公比等于 $\sqrt{2}$，本级公差数值乘以（或除以）$\sqrt{2}$ 即可得到相邻较低（或较高）等级的公差数值。

齿轮精度指标任一精度等级的公差计算值可以按5级精度的公差计算值确定,计算公式如下:

$$T_Q = T_5 \cdot 2^{0.5(Q-5)} \tag{6-1}$$

式中　T_Q——Q级精度的公差计算值;

　　　T_5——5级精度的公差计算值;

　　　Q——表示Q级精度的阿拉伯数字。

公差计算值中小数点后的数值应圆整,圆整规则如下:如果计算值大于10 μm,圆整到最接近的整数;如果计算值小于10 μm,圆整到最接近的尾数为0.5 μm的小数或整数;如果计算值小于5 μm,圆整到最接近的尾数为0.1 μm的倍数的小数或整数。

6.4.1.3　齿轮参数数值的分段

与按孔、轴公称尺寸分段的几何平均值计算孔、轴尺寸公差值类似,用表6-1所列的公式计算齿轮公差值或极限偏差值时,应按齿轮的法向模数 m_n、分度圆直径 d、齿宽 b 分段界限值的几何平均值代入公式,并将计算值加以圆整。表6-2中,在 F_r、F_i''、f_i'' 的计算公式中则使用 m_n 和 d 的实际值代入,并将计算值加以圆整。

为了使用方便,GB/T 10095.1—2008、GB/T 10095.2—2008还给出了齿轮公差数值表,见表6-3~表6-6。这些公差表格中的齿轮公差数值都是以齿轮参数分段界限值的几何平均值代入公式进行计算、圆整后而得到的。

表6-3　圆柱齿轮强制性检测精度指标的公差和极限偏差(摘自 GB/T 10095.1—2008)

分度圆直径 d/mm	法向模数 m_n 或齿宽 b/mm	精度等级												
		0	1	2	3	4	5	6	7	8	9	10	11	12
齿轮传递运动准确性		齿轮齿距累积总偏差允许值 F_p/μm												
$50 < d \leq 125$	$2 < m_n \leq 3.5$	3.3	4.7	6.5	9.5	13	19	27	38	53	76	107	151	241
	$3.5 < m_n \leq 6$	3.4	4.9	7	9.5	14	19	28	39	55	78	110	156	220
$125 < d \leq 280$	$2 < m_n \leq 3.5$	4.4	6	9	12	18	25	35	50	70	100	141	199	282
	$3.5 < m_n \leq 6$	4.5	6.5	9	13	18	25	36	51	72	102	144	204	288
齿轮传动平稳性		齿轮单个齿距偏差允许值 $\pm f_{pt}$/μm												
$50 < d \leq 125$	$2 < m_n \leq 3.5$	1	1.5	2.1	2.9	4.1	6.0	8.5	12	17	23	33	47	66
	$3.5 < m_n \leq 6$	1.1	1.5	2.3	3.2	4.6	6.5	9	13	18	26	36	52	73
$125 < d \leq 280$	$2 < m_n \leq 3.5$	1.1	1.6	2.3	3.2	4.6	6.5	9	13	18	26	36	51	73
	$3.5 < m_n \leq 6$	1.2	1.8	2.5	3.5	5	7	10	14	20	28	40	56	79
齿轮传动平稳性		齿轮齿廓总偏差允许值 F_a/μm												
$50 < d \leq 125$	$2 < m_n \leq 3.5$	1.4	2	2.8	3.9	5.5	8	11	16	22	31	44	63	89
	$3.5 < m_n \leq 6$	1.7	2.4	3.4	4.8	6.5	9.5	13	19	27	38	54	76	108
$125 < d \leq 280$	$2 < m_n \leq 3.5$	1.6	2.2	3.2	4.5	6	9	13	18	25	36	50	71	101
	$3.5 < m_n \leq 6$	1.9	2.6	3.7	5.5	7.5	11	15	21	30	42	60	84	119

表 6-3(续)

分度圆直径 d/mm	法向模数 m_n 或齿宽 b/mm	精度等级												
		0	1	2	3	4	5	6	7	8	9	10	11	12
齿轮载荷分布均匀性		齿轮螺旋线总偏差允许值 F_β/μm												
$50 < d \leqslant 125$	$20 < b \leqslant 40$	1.5	2.1	3	4.2	6	8.5	12	17	24	34	48	68	95
	$40 < b \leqslant 80$	1.7	2.5	3.5	4.9	7	10	14	20	28	39	56	79	111
$125 < d \leqslant 280$	$20 < b \leqslant 40$	1.6	2.2	3.2	4.5	6.5	9	13	18	25	36	50	71	101
	$40 < b \leqslant 80$	1.8	2.6	3.6	5.0	7.5	10	15	21	29	41	58	82	117

表 6-4　圆柱齿轮 f_i'/K 的比值(摘自 GB/T 10095.1—2008)　　　　单位:μm

分度圆直径 d/mm	法向模数 m_n/mm	精度等级												
		0	1	2	3	4	5	6	7	8	9	10	11	12
$50 < d \leqslant 125$	$2 < m_n \leqslant 3.5$	3.2	4.5	6.5	9	13	18	25	36	51	72	102	144	204
	$3.5 < m_n \leqslant 6$	3.6	5	7	10	14	20	29	40	57	81	115	162	229
$125 < d \leqslant 280$	$2 < m_n \leqslant 3.5$	3.5	4.9	7	10	14	20	28	39	56	79	111	157	222
	$3.5 < m_n \leqslant 6$	3.9	5.5	7.5	11	15	22	31	44	62	88	124	175	247

表 6-5　圆柱齿轮径向跳动允许值 F_r(摘自 GB/T 10095.2—2008)　　　　单位:μm

分度圆直径 d/mm	法向模数 m_n/mm	精度等级												
		0	1	2	3	4	5	6	7	8	9	10	11	12
$50 < d \leqslant 125$	$2 < m_n \leqslant 3.5$	2.5	4.0	5.5	7.5	11	15	21	30	43	61	86	121	171
	$3.5 < m_n \leqslant 6$	3.0	4.0	5.5	8.0	11	16	22	31	44	62	88	125	176
$125 < d \leqslant 280$	$2 < m_n \leqslant 3.5$	3.5	5.0	7.0	10	14	20	28	40	56	80	113	159	225
	$3.5 < m_n \leqslant 6$	3.5	5.0	7.0	10	14	20	29	41	58	82	115	163	231

表 6-6　圆柱齿轮双啮精度指标的公差(摘自 GB/T 10095.2—2008)　　　　单位:μm

分度圆直径 d/mm	法向模数 m_n/mm	精度等级								
		4	5	6	7	8	9	10	11	12
齿轮传递运动准确性		齿轮径向综合总偏差允许值 F_i''								
$50 < d \leqslant 125$	$1.5 < m_n \leqslant 2.5$	15	22	31	43	61	86	122	173	244
	$2.5 < m_n \leqslant 4.0$	18	25	36	51	72	102	144	204	288
	$4.0 < m_n \leqslant 6.0$	22	31	44	62	88	124	176	248	351
$125 < d \leqslant 280$	$1.5 < m_n \leqslant 2.5$	19	26	37	53	75	106	149	211	299
	$2.5 < m_n \leqslant 4.0$	21	30	43	61	86	121	172	243	343
	$4.0 < m_n \leqslant 6.0$	25	36	51	72	102	144	203	287	406
齿轮传动平稳性		齿轮一齿径向综合偏差允许值 f_i''								
$50 < d \leqslant 125$	$1.5 < m_n \leqslant 2.5$	4.5	6.5	9.5	13	19	26	37	53	75
	$2.5 < m_n \leqslant 4.0$	7	10	14	20	29	41	58	82	116
	$4.0 < m_n \leqslant 6.0$	11	15	22	31	44	62	87	123	174

表 6-6(续)

分度圆直径 d/mm	法向模数 m_n/mm	精度等级								
		4	5	6	7	8	9	10	11	12
	$1.5<m_n\leqslant2.5$	4.5	6.5	9.5	13	19	27	38	53	75
$125<d\leqslant280$	$2.5<m_n\leqslant4.0$	7.5	10	15	21	29	41	58	82	116
	$4.0<m_n\leqslant6.0$	11	15	22	31	44	62	87	124	175

表 6-4 编制了 f_i'/K 的比值，f_i' 的数值可以由此表给出的数值乘以表 6-2 中所列的系数 K 求得。

6.4.2 齿轮精度等级的选用

6.4.2.1 齿轮精度等级的选择

GB/T 10095.1—2008、GB/T 10095.2—2008 规定的 13 个精度等级中，0～2 级精度齿轮的精度要求非常高，目前我国只有极少数单位能够制造和测量 2 级精度齿轮，因此 0～2 级属于有待发展的精度等级；而 3～5 级为高精度等级，6～9 级为中等精度等级，10～12 级为低精度等级。

同一齿轮的三项精度要求，可以取相同的精度等级，也可以取不同的精度等级相组合。设计者应根据所设计的齿轮传动在工作中的具体使用条件，对齿轮的加工精度规定最合适的技术要求。

精度等级选择是否恰当，影响齿轮传动的质量及制造成本。选择精度等级的主要依据是齿轮的用途和工作条件，应考虑齿轮的圆周速度、传递功率、工作持续时间、传递运动准确性的要求、振动和噪声、承载能力、寿命等。选择精度等级的方法有类比法和计算法。

类比法按齿轮的用途和工作条件等进行对比选择。表 6-7 列出了某些机器中的齿轮所采用的精度等级，表 6-8 列出了齿轮某些精度等级的应用范围，仅供参考。

表 6-7　某些机器中的齿轮所采用的精度等级

应用范围	精度等级	应用范围	精度等级
单啮仪、双啮仪(测量齿轮)	2～5	载重汽车	6～9
涡轮机减速器	3～5	通用减速器	6～8
金属切削机床	3～8	轧钢机	5～10
航空发动机	4～7	矿用绞车	6～10
内燃机车、电气机车	5～8	起重机	6～9
轿车	5～8	拖拉机	6～10

表 6-8　齿轮某些精度等级的应用范围

精度等级	4 级	5 级	6 级	7 级	8 级	9 级
应用范围	极精密分度机构的齿轮，非常高速并要求平稳、无噪声的齿轮，高速涡轮机齿轮	精密分度机构的齿轮，高速并要求平稳、无噪声的齿轮，高速涡轮机齿轮	高速、平稳、无噪声、高效率齿轮，航空、汽车、机床中的重要齿轮，分度机构齿轮，读数机构齿轮	高速、动力小而需逆转的齿轮，机床中的进给齿轮，航空齿轮，读数机构齿轮，具有一定速度的减速器齿轮	一般机器中的普通齿轮，汽车、拖拉机、减速器中的一般齿轮，航空器中的不重要齿轮，农机中的重要齿轮	精度要求低的齿轮

表 6-8(续)

精度等级		4 级	5 级	6 级	7 级	8 级	9 级
齿轮圆周速度/(m/s)	直齿	<35	<20	<15	<10	<6	<2
	斜齿	<70	<40	<30	<15	<10	<4

计算法主要用于精密齿轮传动系统。当精度要求很高时,可按使用要求计算出所允许的回转角误差,以确定齿轮传递运动准确性的精度等级。例如,对于读数齿轮传动链就应该进行这方面的分析和计算。对于高速动力齿轮,可按其工作时最高转速计算出的圆周速度或按允许的噪声大小来确定齿轮传动平稳性的精度等级。对于重载齿轮,可在强度计算或寿命计算的基础上确定轮齿载荷分布均匀性的精度等级。

6.4.2.2 图样上齿轮精度等级的标注

当齿轮所有精度指标的公差(偏差允许值)同为某一精度等级时,图样上可标注该精度等级和标准号。例如,同为 7 级时,可标注为:

$$7 \quad \text{GB/T } 10095.1—2008$$

当齿轮各个精度指标的公差(偏差允许值)的精度等级不同时,图样上可按齿轮传递运动准确性、齿轮传动平稳性和轮齿载荷分布均匀性的顺序分别标注它们的精度等级及带括号的对应偏差允许值的符号和标准号,或分别标注它们的精度等级和标准号。例如,齿距累积总偏差允许值 F_p 和单个齿距偏差允许值 f_{pt}、齿廓总偏差允许值 F_α 皆为 8 级,而螺旋线总偏差允许值 F_β 为 7 级时,可标注为:

$$8(F_p、f_{pt}、F_\alpha)、7(F_\beta) \quad \text{GB/T } 10095.1—2008$$

或标注为:

$$8\text{-}8\text{-}7 \quad \text{GB/T } 10095.1—2008$$

6.5 齿轮坯和齿轮副的精度

齿轮坯和齿轮
副精度

6.5.1 齿轮坯公差

切齿前的齿轮坯基准表面的精度对齿轮的加工精度和安装精度的影响很大,用控制齿轮坯精度来保证和提高齿轮的加工精度是一项有效的技术措施。因此,在齿轮零件图上除了明确地表示齿轮的基准轴线和标注齿轮公差以外,还必须标注齿轮坯公差。

6.5.1.1 盘形齿轮的齿轮坯公差

如图 6-20 所示,盘形齿轮的基准表面是:齿轮安装在轴上的基准孔,切齿时的定位端面,齿顶圆柱面。公差项目主要有:基准孔的直径尺寸公差且采用包容要求,齿顶圆柱面的直径尺寸公差,定位端面对基准孔轴线的轴向圆跳动公差。有时还要规定齿顶圆柱面对基准孔轴线的径向圆跳动公差。

基准孔直径尺寸公差和齿顶圆柱面的直径尺寸公差按齿轮精度等级从表 6-9 中选用。

基准端面对基准孔轴线的轴向圆跳动公差 t_t 由该端面的直径 D_d、齿宽 b 和齿轮螺旋线总偏差允许值 F_β 按下式确定:

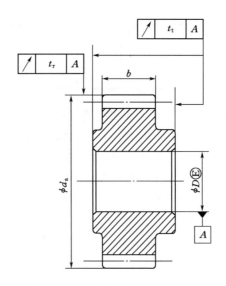

图 6-20　盘形齿轮的齿轮坯公差

$$t_t = 0.2(D_d/b)F_\beta \tag{6-2}$$

切齿时,如果齿顶圆柱面用来在切齿机床上将齿轮基准孔轴线相对于工作台回转轴线找正,或者以齿顶圆柱面作为测量齿厚的基准时,则需规定齿顶圆柱面对齿轮基准孔轴线的径向圆跳动公差。该公差 t_r 由齿轮齿距累积总偏差允许值 F_p 按下式确定:

$$t_r = 0.3F_p \tag{6-3}$$

表 6-9　齿轮坯公差(摘自 GB/T 10095.1—2008 和 GB/Z 18620.3—2008)

	齿轮精度等级	5	6	7	8	9	10	11	12
尺寸公差	齿轮基准孔	IT5	IT6	IT7		IT8		IT9	
	齿轮轴颈	IT5		IT6		IT7		IT8	
	齿顶圆	IT7		IT8		IT9		IT11	
几何公差	特征项目	圆柱度				径向圆跳动		轴向圆跳动	
	齿轮基准孔	$0.04(L/b)F_\beta$ 或 $0.1F_p$ 取两者中较小值				基准圆柱面 $0.3F_p$		基准端面 $0.2(D_d/b) \times F_\beta$	
	齿轮轴颈								
	齿顶圆								

注:1. 齿轮的三项精度等级不同时,齿轮的基准孔、齿轮轴轴颈直径尺寸公差按最高精度等级确定。

　　2. 齿顶圆柱面不作基准时,齿顶圆直径公差按 IT11 给定,但不得大于 0.1 mm;齿顶圆也不需规定圆柱度公差和径向圆跳动公差。

　　3. L—轴承孔跨距;b—齿宽;F_β—螺旋线总偏差;F_p—螺距累积总偏差;D_d—基准端面直径。

6.5.1.2　齿轮轴的齿轮坯公差

如图 6-21 所示,齿轮轴的基准表面是:安装滚动轴承的两个轴颈、齿顶圆柱面。公差项目主要有:两轴颈的直径尺寸公差(采用包容要求)和形状公差,通常按滚动轴承的公差等级确定;齿顶圆柱面的直径尺寸公差,按齿轮精度等级从表 6-9 中选用;两轴颈分别对它们的公共轴线(基准轴线)的径向圆跳动公差,按式(6-3)确定;以齿顶圆柱面作为测量齿厚的基准时,则需规定齿顶圆柱面对两轴颈的公共轴线(基准轴线)的径向圆跳动公差,按式(6-3)确定。

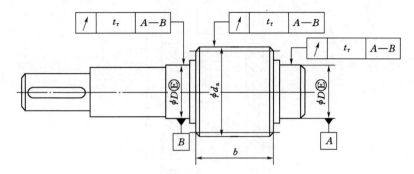

图 6-21　齿轮轴的齿轮坯公差

6.5.2　齿轮齿面和基准面的表面粗糙度轮廓要求

齿轮齿面、盘形齿轮的基准孔、齿轮轴的轴颈、基准端面、径向找正用的圆柱面和作为测量基准的齿顶圆柱面的表面粗糙度轮廓幅度参数 Ra 的上限值可从表 6-10 中选取。

表 6-10　齿轮齿面和齿轮坯基准面粗糙度上限值(摘自 GB/Z 18620.3—2008)　单位:μm

齿轮精度等级	Ra			Rz			Ra			
	模数/mm						齿轮基准孔	齿轮基准轴颈	齿轮基准端面	齿轮顶圆
	$m \leqslant 6$	6~25	>25	$m \leqslant 6$	6~25	>25				
5	0.5	0.63	0.80	3.2	4.0	5.0	0.32~0.63	0.32	1.25~2.5	1.25~2.5
6	0.8	1.0	1.25	5	6.3	8.0	1.25	0.63	2.5~5	3.2~5
7	1.25	1.6	2.0	8	10	12.5	1.25~2.5	1.25		
8	2.0	2.5	3.2	12.5	16	20		2.5	3.2~5	
9	3.2	4.0	5.0	20	25	32	5			

6.5.3　齿轮副的精度

如图 6-22 所示,圆柱齿轮减速器的箱体上有两对轴承孔,这两对轴承孔分别用来支撑与两个相互啮合齿轮各自连成一体的两根轴。这两对轴承孔的公共轴线应平行,它们之间的距离称为齿轮副中心距 a;箱体上支撑同一根轴的两个轴承各自中间平面之间的距离称为轴承跨距 L,它相当于被支撑轴的两个轴颈各自中间平面之间的距离。中心距偏差和轴线平行度误差对齿轮传动使用要求都有影响。前者影响侧隙的大小,后者影响轮齿载荷分布的均匀性。

6.5.3.1　齿轮副中心距极限偏差

如图 6-22 所示,齿轮副中心距偏差 Δf_a 是指在箱体两侧轴承跨距 L 的范围内,齿轮副两条轴线之间的实际距离(实际中心距)与公称中心距 a 之差。图样上标注公称中心距及其上、下偏差($\pm f_a$):$a \pm f_a$。f_a 的数值按齿轮精度等级可从表 6-11 中选用。中心距偏差的合格条件是它在中心距极限偏差范围内($-f_a \leqslant \Delta f_a \leqslant +f_a$)。

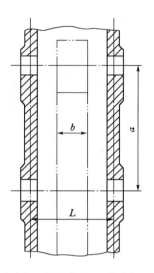

b—齿宽；*L*—轴承跨距；*a*—公称中心距。

图 6-22　箱体上轴承跨距和齿轮副中心距

表 6-11　齿轮副的中心距极限偏差±f_a 值　　　　　　　　　　单位：μm

齿轮精度等级		1～2	3～4	5～6	7～8	9～10	11～12
f_a		$\frac{1}{2}$IT4	$\frac{1}{2}$IT6	$\frac{1}{2}$IT7	$\frac{1}{2}$IT8	$\frac{1}{2}$IT9	$\frac{1}{2}$IT11
齿轮副的中心距	>80～120	5	11	17.5	27	43.5	110
	>120～180	6	12.5	20	31.5	50	125
	>180～250	7	14.5	23	36	57.5	145
	>250～315	8	16	26	40.5	65	160
	>315～400	9	18	28.5	44.5	70	180

6.5.3.2　齿轮副轴线平行度公差

测量齿轮副两条轴线之间的平行度误差时，应根据两对轴承的跨距 L，选取跨距较大的那条轴线作为基准轴线；如果两对轴承的跨距相同，则可取其中任何一条轴线作为基准轴线。如图 6-23 所示，被测轴线对基准轴线的平行度误差应在相互垂直的轴线平面 H 和垂直平面 V 上测量。轴线平面 H 是指包含基准轴线并通过被测轴线与一个轴承中间平面的交点所确定的平面。垂直平面 V 是指通过上述交点确定的垂直于轴线平面 H 且平行于基准轴线的平面。

轴线平面 H 上的平行度误差 $\Delta f_{\sum \delta}$ 是指实际被测轴线 2 在平面 H 上的投影对基准轴线 1 的平行度误差。垂直平面 V 上的平行度误差 $\Delta f_{\sum \beta}$ 是指实际被测轴线 2 在平面 V 上的投影对基准轴线 1 的平行度误差。

$\Delta f_{\sum \delta}$ 的公差 $f_{\sum \delta}$ 和 $\Delta f_{\sum \beta}$ 的公差 $f_{\sum \beta}$ 推荐按轮齿载荷分布均匀性的精度等级分别用下列两个公式计算确定：

$$f_{\sum \delta} = (L/b)F_{\beta} \tag{6-4}$$

$$f_{\sum \beta} = 0.5(L/b)F_{\beta} = 0.5f_{\sum \delta} \tag{6-5}$$

式中，L、b 和 F_{β} 分别为箱体上轴承跨距、齿轮齿宽和齿轮螺旋线总偏差允许值。

齿轮副轴线平行度误差的合格条件是：

$$\Delta f_{\sum\delta} \leqslant f_{\sum\delta} \quad 且 \quad \Delta f_{\sum\beta} \leqslant f_{\sum\beta}$$

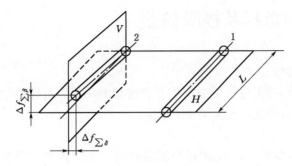

1—基准轴线;2—被测轴线;H—轴线平面;V—垂直平面。

图 6-23 齿轮副轴线平行度误差

6.5.3.3 接触斑点

对于在齿轮箱体上安装好的配对齿轮所产生的接触斑点大小,可用于评估齿轮副的齿面接触精度。也可以将被测齿轮安装在机架上与测量齿轮(基准)在轻载下测量接触斑点,可评估装配后齿轮螺旋线精度和齿廓精度。图 6-24 所示为计算接触斑点分布示意图。表6-12 给出了装配后齿轮副接触斑点的最低要求。

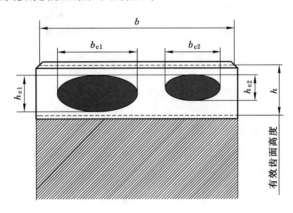

图 6-24 接触斑点分布示意图

表 6-12 齿轮装配后接触斑点(摘自 GB/Z 18620.4—2008)　　　　单位:％

参数齿轮	精度等级[①]							
	$(b_{c1}/b)/100\%$		$(h_{c1}/h)/100\%$		$(b_{c2}/b)/100\%$		$(h_{c2}/h)/100\%$	
	直齿轮	斜齿轮	直齿轮	斜齿轮	直齿轮	斜齿轮	直齿轮	斜齿轮
4 级及更高	50	50	70	50	40	40	50	30
5、6	45	45	50	40	35	35	30	20
7、8	35	35	50	40	35	35	30	20
9~12	25	25	50	40	25	25	30	20

注:① 精度等级按 GB/T 10095.1—2008。

6.6 齿轮侧隙指标及极限偏差

6.6.1 齿轮的侧隙指标

齿轮副侧隙的大小与齿轮齿厚减薄量有着密切的关系。齿轮齿厚减薄量可以用齿厚偏差或公法线长度偏差来评定。

6.6.1.1 齿厚偏差

对于直齿轮,齿厚偏差 ΔE_{sn} 是指在分度圆柱面上实际齿厚与公称齿厚(齿厚理论值)之差,如图 6-25 所示。对于斜齿轮,指法向实际齿厚与公称齿厚之差。

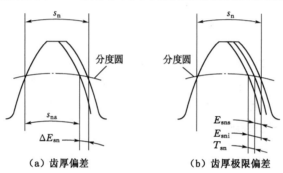

（a）齿厚偏差　　　（b）齿厚极限偏差

s_n—公称齿厚;s_{na}—实际齿厚;ΔE_{sn}—齿厚偏差;ΔE_{sns}—齿厚上偏差;

ΔE_{sni}—齿厚下偏差;T_{sn}—齿厚公差。

图 6-25　齿厚偏差和齿厚极限偏差

按照定义,齿厚以分度圆弧长计值(弧齿厚),但弧长不便于测量,因此,实际上是按分度圆上的弦齿高定位来测量弦齿厚。如图 6-26 所示,直齿轮分度圆上的公称弦齿厚 s_{nc} 与公称弦齿高 h_c 的计算公式如下:

$$\begin{cases} s_{nc} = mz\sin\delta \\ h_c = r_a - \dfrac{mz}{2}\cos\delta \end{cases} \tag{6-6}$$

式中　δ——分度圆弦齿厚之半所对应的中心角,$\delta = \dfrac{\pi}{2z} + \dfrac{2x}{z}\tan\alpha$;

r_a——齿轮齿顶圆半径的公称值;

m、z、α、x——齿轮的模数、齿数、标准压力角、变位系数。

图样上标注公称弦齿高 h_c 和公称弦齿厚 s_{nc} 及其上、下偏差(E_{sns}、E_{sni}):$s_{nc}{}^{+E_{sns}}_{+E_{sni}}$。齿厚偏差 ΔE_{sn} 的合格条件是它在齿厚极限偏差范围内($E_{sni} \leqslant \Delta E_{sn} \leqslant E_{sns}$)。

弦齿厚通常用游标测齿卡尺(图 6-26)或光学测齿卡尺以弦齿高为依据来测量。由于测量弦齿厚以齿轮齿顶圆柱面作为测量基准,因此齿顶圆直径的实际偏差和齿顶圆柱面对齿轮基准轴线的径向圆跳动都对齿厚测量精度产生较大的影响。

测量弦齿厚时,考虑到齿顶圆直径的尺寸偏差会产生弦齿高定位误差,对弦齿厚测量结果有影响,因此应对弦齿高的数值加以修正,修正结果 $h_{c(修正)}$ 用如下公式确定:

$$h_{c(修正)} = h_c + (r_{a(实际)} - r_a)$$

式中 $r_{a(实际)}$——齿顶圆半径的实测值。

进行齿轮精度设计时,如果对齿顶圆直径给出了严格的尺寸公差,则不必计其尺寸偏差产生弦齿高定位误差的影响。

齿轮齿厚的实际尺寸减小或增大,实际公法线长度也会相应地变化,因此可以测量公法线长度代替测量齿厚,以评定齿厚减薄量。

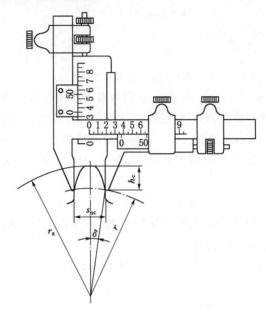

r—分度圆半径;r_a—齿顶圆半径。

图 6-26 分度圆弦齿厚的测量

6.6.1.2 公法线长度偏差

如图 6-27 所示,公法线长度是指齿轮上几个轮齿的两端异向齿廓间所包含的一段基圆圆弧,即该两端异向齿廓间基圆切线线段的长度。公法线长度偏差 ΔE_w 是指实际公法线长度 W_k 与公称公法线长度之差。

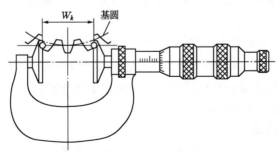

图 6-27 用公法线千分尺测量公法线长度

(1)直齿轮的公称公法线长度 W 和测量时跨齿数 k 的计算

直齿轮的公称公法线长度 W 的计算公式如下:

$$W = m\cos\alpha[\pi(k-0.5) + z \cdot \mathrm{inv}\,\alpha] + 2xm\sin\alpha \qquad (6\text{-}7)$$

式中　m、z、α、x——齿轮的模数、齿数、标准压力角、变位系数；

inv α——渐开线函数，inv $20° = 0.014\,904$；

k——测量时的跨齿数（整数）。

跨齿数 k 按照量具量仪的测量面与被测齿面大体上在齿高中部接触来选择。

对于标准齿轮（$x=0$）：

$$k = (z\alpha/180°) + 0.5$$

当 $\alpha = 20°$ 时，$k = (z/9) + 0.5$。

对于变位齿轮：

$$k = (z\alpha_m/180°) + 0.5$$

式中，$\alpha_m = \arccos[d_b/(d+2xm)]$，$d_b$ 和 d 分别为被测齿轮的基圆直径和分度圆直径。

计算出的 k 值通常不是整数，应将它化整为最接近计算值的整数。

（2）斜齿轮的公称法向公法线长度 W_n 和测量时跨齿数 k 的计算

斜齿轮的公法线长度不在圆周方向测量，而在法向测量。其公称法向公法线长度 W_n 的计算公式如下：

$$W_n = m_n\cos\alpha_n[\pi(k-0.5) + z \cdot \mathrm{inv}\,\alpha_t] + 2x_n m_n\sin\alpha_n \qquad (6\text{-}8)$$

式中，m_n、α_n、k、z、α_t、x_n 分别为斜齿轮的法向模数、标准压力角、法向测量公法线长度时的跨齿数、齿数、端面压力角、法向变位系数。

计算 W_n 和 k 时，首先根据标准压力角 α_n 和分度圆螺旋角 β 计算出端面压力角 α_t：

$$\alpha_t = \arctan(\tan\alpha_n/\cos\beta)$$

再由 z、α_n 和 α_t 计算出假想齿数 z'：

$$z' = z \cdot \mathrm{inv}\,\alpha_t/\mathrm{inv}\,\alpha_n$$

然后由 α_n、z' 和 x_n 计算跨齿数 k：

$$k = \frac{\alpha_n}{180°}z' + 0.5 + \frac{2x_n\cot\alpha_n}{\pi}$$

对于标准斜齿轮（$x_n = 0$），跨齿数 $k = (z'\alpha_n/180°) + 0.5$。当 $\alpha_n = 20°$ 时，跨齿数 $k = (z'/9) + 0.5$。

应当指出，当斜齿轮的齿宽 $b > 1.015W_n\sin\beta_b$（β_b 为基圆螺旋角）时，才能采用公法线长度偏差作为侧隙指标。

图样上标注跨齿数 k 和公称公法线长度 W（或 W_n）及其上、下偏差（E_{ws}、E_{wi}）：W（或 $W_{n\,+E_{wi}}^{\ +E_{ws}}$）。公法线长度偏差 ΔE_w 的合格条件是它在其极限偏差范围内（$E_{wi} \leqslant \Delta E_w \leqslant E_{ws}$）。

与测量齿厚相比较，测量公法线长度时测量精度不受齿顶圆直径偏差和齿顶圆柱面对齿轮基准轴线的径向圆跳动的影响。

6.6.2 齿厚极限偏差的确定

相互啮合齿轮的相邻非工作齿面间的侧隙是齿轮副装配后自然形成的。适当的侧隙可通过改变齿轮副中心距的大小或（和）把齿轮轮齿切薄来获得。当齿轮副中心距不能调整时，就必须在加工齿轮时按规定的齿厚极限偏差将轮齿切薄。

齿厚上偏差可根据齿轮副所需要的最小侧隙通过计算或用类比法确定。齿厚下偏差则按齿轮精度等级和加工齿轮时的径向进刀公差及几何偏心确定。齿轮精度等级和齿厚极限偏差确定后,齿轮副的最大侧隙就自然形成,一般不必验算。

6.6.2.1　齿轮副所需的最小侧隙

侧隙通常在相互啮合齿轮齿面的法向平面上或沿啮合线测量,如图 6-28 所示,称其为法向侧隙 j_{bn},可用塞尺测量。为了保证齿轮转动的灵活性,根据润滑和补偿热变形的需要,齿轮副必须具有一定的最小侧隙。

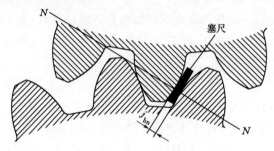

NN—啮合线;j_{bn}—法向侧隙。

图 6-28　用塞尺测量法向侧隙

在设计齿轮传动时,对于黑色金属材料的齿轮和箱体,工作时齿轮节圆线速度小于 15 m/s,其箱体、轴和轴承都采用常用的商业制造公差的齿轮传动,最小法向侧隙 j_{bnmin} 的计算式为:

$$j_{bnmin} = \frac{2}{3}(0.06 + 0.000\ 5a + 0.03m_n)\tag{6-9}$$

按式(6-9)计算可以得出如表 6-13 所列的推荐数据。

表 6-13　对于大、中模数齿轮 j_{bnmin} 的推荐数据(摘自 GB/Z 18620.2—2008)　单位:mm

模数 m_n	最小中心距					
	50	100	200	400	800	1 600
1.5	0.09	0.11	—	—	—	—
2	0.10	0.12	0.15	—	—	—
3	0.12	0.14	0.17	0.24	—	—
5	—	0.18	0.21	0.28	—	—
8	—	0.24	0.27	0.34	0.47	—
12	—	—	0.35	0.42	0.55	—
18	—	—	—	0.54	0.67	0.94

6.6.2.2　齿厚上偏差的确定

齿厚上偏差 E_{sns} 即齿厚的最小减薄量。它除了要保证齿轮副所需的最小法向侧隙 j_{bnmin} 以外,还要补偿齿轮和箱体的制造误差和安装误差所引起的侧隙减小量 J_{bn}。其中,制造误差主要考虑相互啮合的两个齿轮的基圆齿距偏差 Δf_{pb} 和螺旋线总偏差 ΔF_{β};安装误差考虑箱体上两对轴承孔的公共轴线在轴线平面上的平行度误差 $\Delta f_{\Sigma\delta}$ 和在垂直平面上的平行度误差 $\Delta f_{\Sigma\beta}$。计算 J_{bn} 时,考虑到基圆齿距偏差和螺旋线总偏差的计值方向与法向侧隙方向一致,而上述两个平面上的平行度误差的计值方向皆与法向侧隙方向不一致,应分别乘以

$\sin \alpha_n$ 和 $\cos \alpha_n$ (α_n 为标准压力角)后换算到法向侧隙方向,并且大、小齿轮的基圆齿距偏差分别用其允许值 f_{pb1} 和 f_{pb2} 代替,大、小齿轮的螺旋线总偏差 $\Delta F_{\beta1}$ 和 $\Delta F_{\beta2}$ 分别用其允许值 $F_{\beta1}$ 和 $F_{\beta2}$ 代替,$\Delta f_{\Sigma\delta}$ 和 $\Delta f_{\Sigma\beta}$ 分别用它们的公差 $f_{\Sigma\delta}$ 和 $f_{\Sigma\beta}$ 代替。此外,鉴于基圆齿距与分度圆齿距的关系,得 $f_{pb1} = f_{pt1} \cos \alpha_n$,$f_{pb2} = f_{pt2} \cos \alpha_n$;再按独立随机变量合成,计算公式如下:

$$J_{bn} = \sqrt{(f_{pt1}^2 + f_{pt2}^2)\cos^2 \alpha_n + F_{\beta1}^2 + F_{\beta2}^2 + (f_{\Sigma\delta}\sin \alpha_n)^2 + (f_{\Sigma\beta}\cos \alpha_n)^2} \qquad (6\text{-}10)$$

考虑到同一齿轮副大、小齿轮的螺旋线总偏差允许值很接近,为了计算方便,两者都取其中较大的 F_β 值代入式(6-10)。此外,按式(6-4)和式(6-5),将 $f_{\Sigma\delta}$ 和 $f_{\Sigma\beta}$ 代入式(6-10),并取 $\alpha_n = 20°$,则得:

$$J_{bn} = \sqrt{0.88(f_{pt1}^2 + f_{pt2}^2) + [2 + 0.34(L/b)^2]F_\beta^2} \qquad (6\text{-}11)$$

考虑到实际中心距为下极限尺寸,即中心距实际偏差为下偏差($-f_a$)时会使法向侧隙减小 $2f_a \sin \alpha_n$,同时将齿厚偏差的计算值换算到法向侧隙方向(乘以 $\cos \alpha_n$),则最小法向侧隙 j_{bnmin} 与齿轮副中两个齿轮齿厚上偏差(E_{sns1}、E_{sns2})、中心距下偏差($-f_a$)及 J_{bn} 的关系为:

$$(E_{sns1} + E_{sns2})\cos \alpha_n = -(j_{bnmin} + J_{bn} + 2f_a \sin \alpha_n)$$

通常,为了方便设计和计算,令 $E_{sns1} = E_{sns2} = E_{sns}$,于是由上式求得齿厚上偏差为:

$$E_{sns} = -\left(\frac{j_{bnmin} + J_{bn}}{2\cos \alpha_n} + |f_a|\tan \alpha_n\right) \qquad (6\text{-}12)$$

6.6.2.3 齿厚下偏差的确定

齿厚下偏差 E_{sni} 由齿厚上偏差 E_{sns} 和齿厚公差 T_{sn} 求得:

$$E_{sni} = E_{sns} - T_{sn}$$

齿厚公差 T_{sn} 的大小主要取决于切齿时的径向进刀公差 b_r 和齿轮径向跳动允许值 F_r(考虑切齿时几何偏心的影响,它使被切齿轮的各个轮齿的齿厚不相同)。b_r 和 F_r 按独立随机变量合成,并把它们从径向计值换算到齿厚偏差方向(乘以 $2\tan \alpha_n$),则得:

$$T_{sn} = 2\tan \alpha_n \sqrt{b_r^2 + F_r^2} \qquad (6\text{-}13)$$

式中,b_r 的数值推荐按表6-14选取,F_r 的数值按齿轮传递运动准确性的精度等级、分度圆直径和法向模数确定(可从表6-5中查取)。

表6-14　切齿时的径向进刀公差 b_r

齿轮传递运动准确性的精度等级	4级	5级	6级	7级	8级	9级
b_r	1.26IT	IT8	1.26IT8	IT9	1.26IT9	IT10

注:标准公差值 IT 按齿轮分度圆直径从表2-2中查取。

6.6.3 公法线长度极限偏差的确定

公法线长度的上、下偏差(E_{ws}、E_{wi})分别由齿厚的上、下偏差(E_{sns}、E_{sni})换算得到。由于几何偏心使同一齿轮各齿的实际齿厚大小不相同,而几何偏心对实际公法线长度没有影响,因此在换算时应该从齿厚的上、下偏差中扣除几何偏心的影响。

考虑到齿轮径向跳动 ΔF_r 服从瑞利分布规律,假定 ΔF_r 的分布范围等于齿轮径向跳动允许值 F_r,则切齿后一批齿轮中93%的齿轮的 ΔF_r 不超过 $0.72F_r$(图6-29),所以在换算时要扣除 $0.72F_r$ 的影响。这样,便得出外齿轮的换算公式(图6-30):

$$\begin{cases} E_{ws} = E_{sns}\cos \alpha - 0.72F_r\sin \alpha \\ E_{wi} = E_{sni}\cos \alpha + 0.72F_r\sin \alpha \end{cases} \quad (6-14)$$

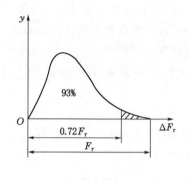

y—概率密度。

图 6-29　齿轮径向跳动 ΔF_r 的分布

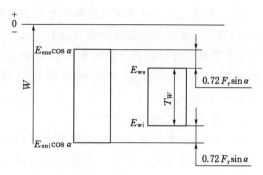

W—公称公法线长度；T_w—公法线长度公差。

图 6-30　公法线长度上、下偏差的换算

模数、齿数和标准压力角分别相同的内、外齿轮的公称公法线长度相同，跨齿数也相同。内、外齿轮的公法线长度极限偏差互成倒影关系，即正、负号相反，上、下偏差值颠倒，所以内齿轮的换算公式如下：

$$\begin{cases} E_{ws} = -E_{sni}\cos \alpha - 0.72F_r\sin \alpha \\ E_{wi} = -E_{sns}\cos \alpha + 0.72F_r\sin \alpha \end{cases} \quad (6-15)$$

👉 知识拓展

齿轮加工误差分析

滚齿加工是齿轮的常用加工方法，广泛应用于直齿、斜齿圆柱齿轮和蜗轮的加工。滚齿的过程是滚刀与齿轮坯强制啮合的过程。滚刀的纵向剖切面形状为标准齿条，滚刀每转过一转，该齿条移动一个齿距。齿轮坯安装在工作台的心轴上，通过分齿传动链使得滚刀转过一转时，工作台恰好转过一个齿距角。滚刀和工作台连续回转，切出所有轮齿的齿廓。滚刀架沿滚齿机刀架导轨移动，使滚刀切出整个齿宽上的齿廓。滚刀切入齿轮坯的深度，决定齿轮齿厚的大小。在滚齿过程中，齿轮坯的安装误差、滚刀的制造和安装误差、机床的传动链误差等均会导致被切齿轮的加工误差。

齿轮加工误差分析

👉 思考题与习题

6-1　试述评定渐开线圆柱齿轮精度时的强制性检测精度指标的名称、符号和定义。

6-2　评定齿轮传递运动准确性和传动平稳性的精度时，除了强制性检测精度指标以外，还可以采用哪些指标？试述它们的名称和定义。

6-3　试述评定齿轮齿厚减薄量时常用指标的名称和定义。

6-4　试述齿轮坯精度对齿轮加工精度的影响。

6-5 试述齿轮箱体上用于支撑相互啮合齿轮的两对轴承孔的公共轴线间相互位置精度对齿轮传动使用要求的影响。

6-6 单级直齿圆柱齿轮减速器中相配齿轮的模数 $m=3.5$ mm,标准压力角 $\alpha=20°$,传递功率 5 kW。小齿轮和大齿轮的齿数分别为 $z_1=18$ 和 $z_2=79$,齿宽分别为 $b_1=55$ mm, $b_2=50$ mm,小齿轮的齿轮轴的两个轴颈皆为 $\phi40$ mm,大齿轮基准孔的公称尺寸为 $\phi60$ mm。小齿轮的转速为 1 440 r/min,减速器工作时温度会增高,要求保证最小法向侧隙 $j_{bnmin}=0.21$ mm。试确定:

(1) 大、小齿轮的精度等级;

(2) 大、小齿轮的强制性检测精度指标的公差或极限偏差(各项偏差允许值);

(3) 大、小齿轮的公称公法线长度及相应的跨齿数和极限偏差;

(4) 大、小齿轮齿面的表面粗糙度轮廓幅度参数值;

(5) 大、小齿轮的齿轮坯公差;

(6) 大齿轮轮毂键槽宽度和深度的公称尺寸与它们的极限偏差,以及键槽中心平面对基准孔轴线的对称度公差;

(7) 画出齿轮轴和大齿轮的零件图,并将上述技术要求标注在零件图上(齿轮结构可参考有关图册或手册来设计)。

第7章　圆锥公差与配合

🖐 教学导读

　　圆锥结合是机器、仪器和工具结构中常用的典型结合。与圆柱面的配合相比较,圆锥配合具有对中性好、配合的过盈和间隙可调、密封性好等优点。为了保证圆锥结合的精度和互换性,我国发布了相关的国家标准。本章结合国家标准,重点学习圆锥的公差与配合、圆锥公差与配合的标注等,难点是圆锥的配合。

🖐 课前问题

　　(1) 圆锥连接的公差与配合有哪些特点?

　　(2) 圆锥公差的标注方法有哪几种? 它们各适用于什么场合?

🖐 国家标准

　　《产品几何量技术规范(GPS) 圆锥公差》(GB/T 11334—2005);

　　《产品几何量技术规范(GPS) 圆锥的锥度与锥角系列》(GB/T 157—2001);

　　《产品几何量技术规范(GPS) 圆锥配合》(GB/T 12360—2005);

　　《技术制图 圆锥的尺寸和公差注法》(GB/T 15754—1995)。

7.1　锥度与锥角

7.1.1　概述

　　圆锥结合是机器、仪器及工具结构中常用的典型结合,它具有较高的同轴度、密封性好、间隙或过盈可以调整、可利用摩擦力来传递转矩等优点。与圆柱体结合相比较,圆锥结合具有以下特点:

　　(1) 保证结合体相互自动对准中心。圆柱间隙结合中,由于存在同轴度的误差,所以孔与轴的中心线不重合,如图 7-1(a)所示;而圆锥结合中,内、外圆锥体在轴向力的作用下能自动对中,以保证内、外圆锥体的轴线具有较高精度的同轴度,即轴线自动对准,如图 7-1(b)所示。

　　(2) 配合性质可以调整,即可以通过调整配合间隙和过盈的大小来满足不同的工作要求。在圆柱体结合中,相互配合的孔、轴的间隙、过盈是由基本偏差和标准公差确定的,其大小是不能调整的;而圆锥体结合中,则通过内、外圆锥在轴向的相对位置改变其间隙和过盈的大小,从而达到不同的配合性质,可以补偿表面的磨损,延长圆锥的使用寿命。

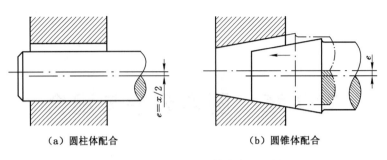

（a）圆柱体配合　　　　　　（b）圆锥体配合

图 7-1　圆柱体和圆锥体结合的比较

（3）配合紧密且便于装拆。对于圆柱体结合要想在配合中得到过盈,而在装配时得到间隙是较困难的。圆锥体的结合则不然,只要内、外圆锥沿轴向适当地移动,就可得到较紧的配合,而反向移动又很容易拆开。所以圆锥结合的密封性很好,常被用在防止漏气、漏水等方面。

（4）圆锥结合的结构较为复杂,加工和检测也较为困难,故不如圆柱配合应用广泛。

（5）不适用于孔与轴轴向相对位置要求较高的场合。

7.1.2　圆锥的基本术语及主要参数

7.1.2.1　圆锥表面

与轴线成一定角度,且一端相交于轴线的一条直线（母线）,围绕着该轴线旋转形成的表面称为圆锥表面,如图 7-2 所示。圆锥表面与通过圆锥轴线的平面的交线称为素线。

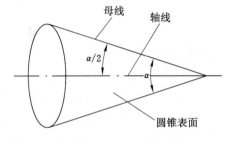

图 7-2　圆锥表面

7.1.2.2　圆锥

圆锥是指由圆锥表面与一定线性尺寸和角度尺寸所限定的几何体。

圆锥分为内圆锥和外圆锥。内圆锥是内表面为圆锥表面的几何体,如图 7-3 所示;外圆锥是外表面为圆锥表面的几何体,如图 7-4 所示。

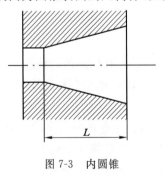

图 7-3　内圆锥

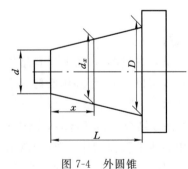

图 7-4　外圆锥

7.1.2.3　圆锥角 α

在通过圆锥轴线的截面内两条素线间的夹角称为圆锥角,如图 7-5 所示。圆锥角的代号为 α,圆锥角的一半称为斜角,代号为 $\alpha/2$。

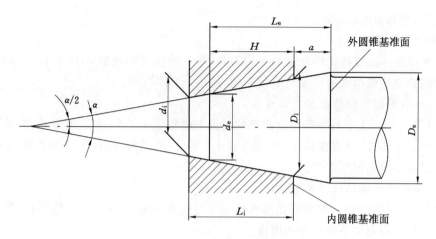

图 7-5　圆锥配合的基本参数

7.1.2.4　圆锥直径

圆锥在垂直于轴线截面上的直径称为圆锥直径,如图 7-5 所示。

常用的圆锥直径有:内、外圆锥的最大直径 D;内、外圆锥的最小直径 d;给定截面圆锥直径 d_x(距端面有一定的距离)。

通常情况下,用 D_i、D_e 分别表示内、外圆锥的最大直径;用 d_i、d_e 分别表示内、外圆锥的最小直径。设计时,一般选用内圆锥的最大直径或外圆锥的最小直径作为圆锥的基本直径,如图 7-5 所示。

7.1.2.5　圆锥长度 L

最大圆锥直径截面与最小圆锥直径截面之间的轴向距离称为圆锥长度,如图 7-5 所示。内、外圆锥长度分别用 L_i、L_e 表示。

7.1.2.6　圆锥配合长度 H

圆锥配合长度是指内、外圆锥配合面的轴向长度,用 H 表示,如图 7-5 所示。

7.1.2.7　锥度 C

两个垂直于圆锥轴线截面的圆锥直径之差与该两截面间的轴向距离之比称为锥度,其代号为 C,即最大圆锥直径 D 与最小圆锥直径 d 之差对圆锥长度 L 之比为锥度 C。

$$C = \frac{D-d}{L} \tag{7-1}$$

锥度 C 与圆锥角 α 的关系为:

$$C = 2\tan\frac{\alpha}{2} = 1 : \frac{1}{2}\cot\frac{\alpha}{2} \tag{7-2}$$

式(7-1)和式(7-2)反映了圆锥直径、圆锥长度、圆锥角和锥度之间的相互关系,这一关系式是圆锥的基本公式。

锥度一般用比例或分数形式表示,如 $C=1:10$ 或 $C=1/10$。

7.1.2.8　基面距 a

基面距是指相互结合的内、外圆锥基准面间的距离,用符号 a 表示。

基面距用来确定内、外圆锥的轴向相对位置。基面距的位置取决于所指定的基本直径,若以内圆锥的最大直径为基本直径,则基面距在大端,如图 7-5 所示;若以外圆锥最小直径为基本直径,则基面距在小端。

7.1.3 锥度与锥角系列

为了减少加工圆锥体工件所需的专用刀具、量具的种类和规格,GB/T 157—2001 中规定了一般用途和特殊用途的锥度与锥角系列,适用于光滑圆锥。

7.1.3.1 一般用途圆锥的锥度与锥角

GB/T 157—2001 中对一般用途圆锥的锥度与锥角规定了 21 个基本值系列,见表 7-1。锥角从 120°到小于 1°,或锥度从 1∶0.289 到 1∶500。选用时,应优先选用表中第一系列,当不能满足需要时选第二系列。

7.1.3.2 特殊用途圆锥的锥度与锥角

GB/T 157—2001 中对特殊用途圆锥的锥度与锥角规定了 24 个基本值系列,见表 7-2,仅适用于表中所说明的特殊行业和用途。

表 7-1　一般用途圆锥的锥度与锥角系列(摘自 GB/T 157—2001)

基本值		推算值			
		圆锥角 α			锥度 C
系列 1	系列 2		(°)	rad	
120°		—	—	2.094 395 10	1∶0.288 675 1
90°		—	—	1.570 796 33	1∶0.500 000 0
	75°	—	—	1.308 996 94	1∶0.651 612 7
60°		—	—	1.047 197 55	1∶0.866 025 4
45°		—	—	0.785 398 16	1∶1.207 106 8
30°		—	—	0.523 598 78	1∶1.866 025 4
1∶3		18°55′28.719 9″	18.924 644 42°	0.330 297 35	—
	1∶4	14°15′0.117 7″	14.250 032 70°	0.248 709 99	—
1∶5		11°25′16.270 6″	11.421 186 27°	0.199 337 30	—
	1∶6	9°31′38.220 2″	9.527 283 38°	0.166 282 46	—
	1∶7	8°10′16.440 8″	8.171 233 56°	0.142 614 93	—
	1∶8	7°9′9.607 5″	7.152 668 75°	0.124 837 62	—
1∶10		5°43′29.317 6″	5.724 810 45°	0.099 916 79	—
	1∶12	4°46′18.797 0″	4.771 888 06°	0.083 285 16	—
	1∶15	3°49′5.897 5″	3.818 304 87°	0.066 641 99	—
1∶20		2°51′51.092 5″	2.864 192 37°	0.049 989 59	—
1∶30		1°54′34.857 0″	1.909 682 51°	0.033 330 25	—
1∶50		1°8′45.158 6″	1.145 877 40°	0.019 999 33	—
1∶100		34′22.630 9″	0.572 953 02°	0.009 999 92	—
1∶200		17′11.3219″	0.286 478 30°	0.004 999 99	—
1∶500		6′52.529 5″	0.114 591 52°	0.002 000 00	—

注:系列 1 中 120°~1∶3 的数值近似按 R10/2 优先数系列,1∶5~1∶500 按 R10/3 优先数系列(见 GB/T 321—2005)。

表 7-2　特殊用途圆锥的锥度与锥角系列(摘自 GB/T 157—2001)

基本值	推荐值				用途
	圆锥角 α			锥度 C	
		(°)	rad		
11°54′	—	—	0.207 694 18	1 : 4.797 451 1	
8°40′	—	—	0.151 261 87	1 : 6.598 441 5	
7°	—	—	0.122 173 05	1 : 8.174 927 7	纺织工业
1 : 38	1°30′27.7080″	1.507 696 67	0.026 314 27	—	
1 : 64	0°53′42.8220″	0.895 228 34	0.015 624 68	—	
7 : 24	16°35′39.4443″	16.594 290 08	0.289 625 00	1 : 3.428 571 4	机床主轴,工具配合
1 : 12.262	4°40′12.1514″	4.670 042 05	0.081 507 61	—	贾各锥度 No.2
1 : 12.972	4°24′52.9039″	4.414 695 52	0.077 050 97	—	贾各锥度 No.1
1 : 15.748	3°38′13.4429″	3.637 067 47	0.063 478 80	—	贾各锥度 No.33
1 : 16.666	3°26′12.1776″	3.436 716 00	0.059 982 01	1 : 16.666 666 7	医疗设备
1 : 18.779	3°3′1.2070″	3.050 335 27	0.053 238 39	—	贾各锥度 No.3
1 : 19.002	3°0′52.3956″	3.014 554 34	0.052 613 90	—	莫氏锥度 No.5
1 : 19.180	2°59′11.7258″	2.986 590 50	0.052 125 84	—	莫氏锥度 No.6
1 : 19.212	2°58′53.8255″	2.981 618 20	0.052 039 05	—	莫氏锥度 No.0
1 : 19.254	2°58′30.4217″	2.975 117 13	0.051 925 59	—	莫氏锥度 No.4
1 : 19.264	2°58′24.8644″	2.973 573 43	0.051 898 65	—	莫氏锥度 No.6
1 : 19.922	2°52′31.4463″	2.875 401 76	0.050 185 23	—	莫氏锥度 No.3
1 : 20.020	2°51′40.7960″	2.861 332 23	0.049 939 67	—	莫氏锥度 No.2
1 : 20.047	2°51′26.9283″	2.857 480 08	0.049 872 44	—	莫氏锥度 No.1
1 : 20.288	2°49′24.7802″	2.823 550 06	0.049 280 25	—	贾各锥度 No.0
1 : 23.904	2°23′47.6244″	2.396 562 32	0.041 827 90	—	布朗夏普锥度 No.1~No.3
1 : 28	2°2′45.8174″	2.046 060 38	0.035 710 49	—	复苏器(医用)
1 : 36	1°35′29.2096″	1.591 447 11	0.027 775 99	—	麻醉器具
1 : 40	1°25′56.3516″	1.432 319 89	0.024 998 70	—	

莫氏圆锥在工具行业中应用极广,有关参数、尺寸及公差已标准化,表 7-3 为莫氏工具圆锥(摘录)。

表 7-3　莫氏工具圆锥

圆锥符号	锥度	圆锥角 (2α)	锥度的偏差	锥角的偏差	大端直径/mm		量规刻线间距/mm
					内锥体	外锥体	
No.0	1 : 19.212=0.052 05	2°58′54″	±0.000 6	±120″	9.045	9.212	1.2
No.1	1 : 20.047=0.049 88	2°51′26″	±0.000 6	±120″	12.065	12.240	1.4

表 7-3(续)

圆锥符号	锥度	圆锥角(2α)	锥度的偏差	锥角的偏差	大端直径/mm 内锥体	大端直径/mm 外锥体	量规刻线间距/mm
No.2	1:20.020=0.049 95	2°51′41″	±0.000 6	±120″	17.780	17.980	1.6
No.3	1:19.922=0.050 20	2°52′32″	±0.000 5	±100″	23.825	24.051	1.8
No.4	1:19.254=0.051 94	2°58′31″	±0.000 5	±100″	31.267	31.542	2
No.5	1:19.002=0.052 63	3°00′53″	±0.000 4	±80″	44.399	44.731	2
No.6	1:19.180=0.052 14	2°59′12″	±0.000 35	±70″	63.348	63.760	2.5

注:1. 锥角的偏差是根据锥度的偏差折算列入的。

2. 当用塞规检查内锥时,内锥大端端面必须位于塞规的两刻线之间,第一条刻线决定内锥大端直径的公称尺寸,第二条刻线决定内锥大端直径的最大直径尺寸。

3. 套规必须与配对的塞规校正,套规端面应与塞规上第一条线前面边缘相重合,允许套规端面不到塞规上第一条刻线,但不超过0.1 mm距离。

7.2 圆锥公差

7.2.1 圆锥公差的基本术语和定义

7.2.1.1 公称圆锥

公称圆锥是由设计给定的理想形状的圆锥,如图7-6所示。

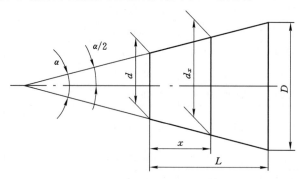

图7-6 公称圆锥的确定方法

公称圆锥可用两种形式确定:

(1) 由一个公称圆锥直径(最大圆锥直径 D、最小圆锥直径 d、给定截面圆锥直径 d_x)、公称圆锥长度 L、公称圆锥角 α 或公称锥度 C 确定。

(2) 由两个公称圆锥直径和公称圆锥长度 L 确定。

7.2.1.2 实际圆锥

实际圆锥是指实际存在且通过测量所得的圆锥,它包含有测量误差,所以并不表示客观存在的真实状况。在实际圆锥的任一垂直于轴线的截面上测量得到的直径称为实际圆锥直径 d_a,如图7-7所示。

机械精度设计与检测

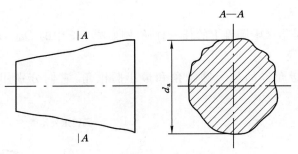

图 7-7 实际圆锥和实际圆锥直径

7.2.1.3 实际圆锥角 α_a

实际圆锥角 α_a 是指在实际圆锥的任一轴向截面内,包容其素线且距离为最小的两对平行直线之间的夹角,如图 7-8 所示。包容实际圆锥素线的最小包容区域的宽度分别为两条素线的直线度误差值 f_1 和 f_2。

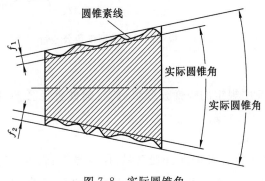

图 7-8 实际圆锥角

7.2.1.4 极限圆锥

极限圆锥是指与公称圆锥共轴且圆锥角相等、直径分别为最大极限尺寸和最小极限尺寸的两个圆锥,如图 7-9 所示。在垂直于圆锥轴线的任一截面上,这两个圆锥的直径差都相等。直径为最大极限尺寸($D_{\max}$ 或 $d_{\max}$)的圆锥称为最大极限圆锥,直径为最小极限尺寸($D_{\min}$ 或 $d_{\min}$)的圆锥称为最小极限圆锥。

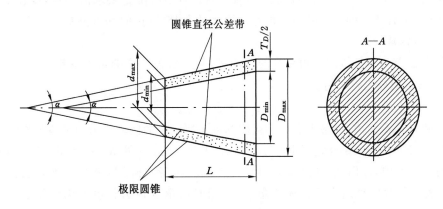

图 7-9 极限圆锥及圆锥直径公差带

7.2.1.5 极限圆锥直径

极限圆锥直径是指极限圆锥上的任一直径,例如图 7-9 中的 D_{max}、D_{min}、d_{max}、d_{min}。

7.2.1.6 极限圆锥角

极限圆锥角是指允许的最大圆锥角和最小圆锥角,它们分别用 α_{max} 和 α_{min} 表示,如图 7-10 所示。

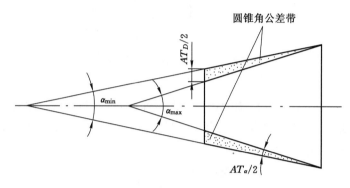

图 7-10 极限圆锥角及圆锥角公差带

7.2.2 圆锥公差标准

GB/T 11334—2005 中规定的圆锥公差项目有:圆锥直径公差、圆锥角公差、圆锥的形状公差和给定截面圆锥直径公差。

7.2.2.1 圆锥直径公差 T_D

圆锥直径公差是指圆锥直径的允许变动量,用符号 T_D 表示。它是一个没有符号的绝对值,其数值为允许的最大极限圆锥和最小极限圆锥直径之差,如图 7-9 所示,用公式表示为:

$$T_D = D_{max} - D_{min} = d_{max} - d_{min} \tag{7-3}$$

圆锥直径公差 T_D 以公称圆锥直径(一般取最大圆锥直径 D)为公称尺寸,按 GB/T 1800.1—2020 规定的标准公差选取,它适用于圆锥的全部长度 L。

最大极限圆锥和最小极限圆锥所限定的区域称为圆锥直径的公差带,用圆柱体公差与配合标准符号表示,其公差等级亦与该标准相同。对于有配合要求的圆锥,推荐采用基孔制;对于没有配合要求的内、外圆锥,推荐选用代号为 JS 和 js 的基本偏差。

7.2.2.2 圆锥角公差 AT

圆锥角公差 AT 是指圆锥角允许的变动量,其数值为允许的最大圆锥角 α_{max} 与最小圆锥角 α_{min} 之差,用公式表示为:

$$AT = \alpha_{max} - \alpha_{min} \tag{7-4}$$

在圆锥轴向截面内,由最大和最小极限圆锥角所限定的区域称为圆锥角公差带。

GB/T 11334—2005 规定,圆锥角公差共分 12 个公差等级,分别用 AT1,AT2,…,AT12 表示。其中,AT1 精度最高,AT12 精度最低。各精度等级的圆锥角公差数值见表 7-4。表中的数值也适用于棱体的角度,使用时以角度短边长度作为圆锥长度 L 选取公差值。

圆锥角各级公差值之间的公比为 1.6,即 $ATn = AT(n-1) \times 1.6$,如需更高或更低等级的圆锥公差时,标准规定按上述公比向两端延伸,更高等级用 AT0,AT01…表示,更低等级用 AT13,AT14…表示。

AT4~AT6 用于高精度的圆锥量规和角度样板;AT7~AT9 用于工具圆锥、圆锥销、传递大转矩的摩擦圆锥;AT10、AT11 用于圆锥套、圆锥齿轮之类的中等精度零件;AT12 用于低精度零件。

表 7-4　圆锥角公差数值

基本圆锥长度 L/mm		圆锥角公差等级								
		AT4			AT5			AT6		
		AT_α		AT_D	AT_α		AT_D	AT_α		AT_D
大于	至	μrad	(')(")	μm	μrad	(')(")	μm	μrad	(')(")	μm
6	10	200	41"	>1.3~2.0	315	1'05"	>2.0~3.2	500	1'22"	>3.2~5.0
10	16	160	33"	>1.6~2.5	250	52"	>2.5~4.0	400	1'05"	>4.0~6.3
16	25	125	26"	>2.0~3.2	200	41"	>3.2~5.0	315	52"	>5.0~8.0
25	40	100	21"	>2.5~4.0	160	33"	>4.0~6.3	250	41"	>6.3~10.0
40	63	80	16"	>3.2~5.0	125	26"	>5.0~8.0	200	33"	>8.0~12.5
63	100	63	13"	>4.0~6.3	100	21"	>6.3~10.0	160	26"	>10.0~16.0
100	160	50	10"	>5.0~8.0	80	16"	>8.0~12.5	125	21"	>12.5~20.0
160	250	40	8"	>6.3~10.0	63	13"	>10.0~16.0	100	16"	>16.0~25.0
250	400	31.5	6"	>8.0~12.5	50	10"	>12.5~20.0	80	13"	>20.0~32.0
400	630	25	5"	>10.0~16.0	40	8"	>16.0~25.0	63		>25.0~40.0

基本圆锥长度 L/mm		圆锥角公差等级								
		AT7			AT8			AT9		
		AT_α		AT_D	AT_α		AT_D	AT_α		AT_D
大于	至	μrad		μm	μrad		μm	μrad		μm
6	10	800	2'45"	>5.0~8.0	1 250	4'18"	>8.0~12.5	2 000	6'52"	>12.5~20
10	16	630	2'10"	>6.3~10.0	1 000	3'26"	>10.0~16.0	1 600	5'30"	>16~25
16	25	500	1'43"	>8.0~12.5	800	2'45"	>12.5~20.0	1 250	4'18"	>20~32
25	40	400	1'22"	>10.0~16.0	630	2'10"	>16.0~25.0	1 000	3'26"	>25~40
40	63	315	1'05"	>12.5~20.0	500	1'43"	>20.0~32.0	800	2'45"	>32~50
63	100	250	52"	>16.0~25.0	400	1'22"	>25.0~40.0	630	2'10"	>40~63
100	160	200	41"	>20.0~32.0	315	1'05"	>32.0~50.0	500	1'43"	>50~80
160	250	160	33"	>25.0~40.0	250	52"	>40.0~63.0	400	1'22"	>63~100
250	400	125	26"	>32.0~50.0	200	41"	>50.0~80.0	315	1'05"	>80~125
400	630	100	21"	>40.0~63.0	160	33"	>63.0~100.0	250	52"	>100~160

注:1 μrad 等于半径为 1 m,弧长为 1 μm 所对应的圆心角,5 μrad≈1″,300 μrad≈1′。

为了加工和检测方便,圆锥角公差可用角度值 AT_α 或线性值 AT_D 给定:

(1) AT_α——以角度单位微弧度(μrad)或以度、分、秒($^\circ$、$'$、$''$)表示圆锥角公差值。

(2) AT_D——以长度单位微米(μm)表示公差值,它是用与圆锥轴线垂直且距离为 L 的两端直径变动量之差所表示的圆锥角公差。

AT_α 和 AT_D 两者之间的换算关系为:

$$AT_D = AT_\alpha \cdot L \times 10^{-3} \tag{7-5}$$

AT_D 值应按式(7-5)计算,表 7-4 中仅给出了圆锥长度 L 的尺寸段相对应的 AT_D 范围值。

例如,$L = 25$ mm,选用 AT7,查表 7-4 得 $AT_\alpha = 315$ μrad 或 $1'05''$,$AT_D = 20$ μm。

一般情况下,可不必单独规定圆锥角公差,而是将实际圆锥角控制在圆锥直径公差带内,此时圆锥角 $\alpha_{\max}$ 和 $\alpha_{\min}$ 是圆锥直径公差带内可能产生的极限圆锥角,如图 7-11 所示。表 7-5 列出了圆锥长度 L 为 100 mm 时圆锥直径公差 T_D 所能限制的最大圆锥角误差 $\Delta\alpha_{\max}$。

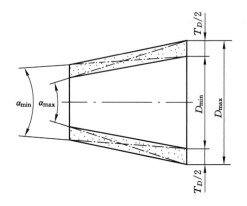

图 7-11　圆锥直径公差 T_D 所产生的极限
圆锥角 $\alpha_{\max}$ 和 $\alpha_{\min}$

表 7-5　$L=100$ mm 的圆锥直径公差所限制的最大圆锥角误差值　　　　单位:μrad

圆锥直径 /mm		圆锥直径公差等级						
大于	至	IT4	IT5	IT6	IT7	IT8	IT9	IT10
—	3	30	40	60	100	140	250	400
3	6	40	50	80	120	180	300	480
6	10	40	60	80	150	220	360	580
10	18	50	80	110	180	270	430	700
18	30	60	90	130	210	330	520	840
30	50	70	110	160	250	390	620	1 000
50	80	80	130	190	300	460	740	1 200
80	120	100	150	220	350	540	870	1 400
120	180	120	180	250	400	630	1 000	1 600
180	250	140	200	290	460	720	1 150	1 850
250	315	160	230	320	520	810	1 300	2 100
315	400	180	250	360	570	890	1 400	2 300
400	500	200	270	400	630	970	1 550	2 500

注:当 $L \neq 100$ mm 时,需将表中的数值乘以 $100/L$,L 的单位为 mm。

机械精度设计与检测

如果对圆锥角公差有更高的精度要求（如圆锥量规等）时，除规定其直径公差 T_D 外，还应规定圆锥角公差。圆锥角的极限偏差可按单向取值或双向（对称或不对称）取值，如图 7-12 所示。为了保证内、外圆锥接触的均匀性，圆锥角公差带通常采用对称于公称圆锥角分布。

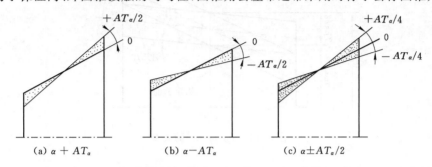

图 7-12　圆锥角极限偏差的给定形式

7.2.2.3　圆锥的形状公差 T_F

圆锥的形状公差包括下列两种：

（1）圆锥素线的直线度公差：是指在圆锥轴剖面内允许实际素线形状的最大变动量。圆锥素线直线度的公差带，是在给定截面内距离为公差值 T_F 的两条平行直线间的区域，如图 7-9 所示。

（2）截面的圆度公差：是指在圆锥轴线的法向截面内允许截面形状的最大变动量。截面圆度公差的公差带是以半径差为公差值 T_F 的两同心圆之间的区域，如图 7-9 所示。

对于要求不高的圆锥工件，其形状公差一般也用直径公差 T_D 加以控制。对于要求较高的圆锥工件，应单独按具体要求给定圆锥的形状公差 T_F，T_F 推荐按 GB/T 1184—1996 的规定选取。

7.2.2.4　给定截面圆锥直径公差 T_{DS}

给定截面圆锥直径公差 T_{DS} 是指在垂直于圆锥轴线的给定截面内，圆锥直径的允许变动量。其公差带为在给定的圆锥截面内，由两个同心圆所限定的区域，如图 7-9 所示。

给定截面圆锥直径公差值是以给定截面圆锥直径 d_x 为基本尺寸，按 GB/T 1800.1—2020 规定的标准公差选取。

一般情况下也不规定给定截面圆锥直径公差，只有对圆锥工件有特殊要求（如阀类零件中，在配合的圆锥给定截面上要求接触良好，以保证良好的密封性）时，才规定此项公差，但还必须同时规定圆锥角公差，它们之间的关系如图 7-13 所示。

由图 7-13 可知，给定截面圆锥直径公差 T_{DS} 不能控制圆锥角公差，此时两者相互独立，应分别满足要求。当圆锥在给定截面上具有最小极限尺寸 $d_{x\min}$ 时，其圆锥角公差带为图中下面两条实线限定的两对顶三角形区域，此时实际圆锥角必须在此公差带内；当圆锥在给定截面上具有最大极限尺寸 $d_{x\max}$ 时，其圆锥角公差带为图中上面两条实线限定的两对顶三角形区域；当圆锥在给定截面上具有某一实际尺寸 d_{xa} 时，其圆锥角公差带为图中两条虚线限定的两对顶三角形区域。

7.2.3　圆锥公差的给定方法

GB/T 11334—2005 对圆锥公差提出了两种给定方法：

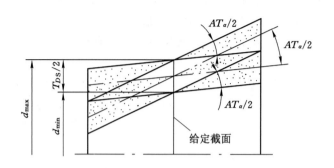

图 7-13 T_{DS} 与 AT 的关系

（1）给出圆锥的公称圆锥角 α（或锥度 C）、圆锥直径公差 T_D。此时由 T_D 确定两个极限圆锥，圆锥角误差和圆锥形状误差均应在极限圆锥所限定的区域内。该方法通常适用于有配合要求的内、外圆锥体，如圆锥滑动轴承、钻头的锥柄等。

当对圆锥角公差、圆锥形状公差有更高的精度要求时，可再给出圆锥角公差 AT、圆锥形状公差 T_F。此时，AT 与 T_F 仅占 T_D 的一部分。

按这种方法给定圆锥公差时，推荐在圆锥直径的极限偏差后标注 "Ⓣ" 符号，如 $\phi50^{+0.039}_{0}$ Ⓣ。

（2）给出给定截面圆锥直径公差 T_{DS} 和圆锥角公差 AT。此时，给定截面圆锥直径和圆锥角应分别满足这两项公差的要求。T_{DS} 和 AT 的关系如图 7-13 所示。

该方法是在假定圆锥素线为理想直线的情况下给出的。它适用于对圆锥工件的给定截面有较高精度要求的情况，如阀类零件。常采用这种公差使圆锥配合在给定截面上有良好接触，以保证有良好的密封性。

当对圆锥形状公差具有更高要求时，可再给出圆锥形状公差 T_F。

7.3   圆锥配合

7.3.1   圆锥配合的术语和定义

7.3.1.1   圆锥配合的种类

根据内、外圆锥直径之间结合松紧的不同，圆锥配合分为以下三种。

（1）间隙配合

间隙配合是指具有间隙的配合。间隙的大小可以在装配时和在使用中通过内、外圆锥的轴向相对位移来调整。间隙配合主要用于有相对转动的机构中，如圆锥滑动轴承。

（2）过盈配合

过盈配合是指具有过盈的配合。过盈的大小也可以通过内、外圆锥的轴向相对位移来调整。在承载情况下利用内、外圆锥间的摩擦力自锁，可以传递很大的转矩。

（3）过渡配合

过渡配合是指可能具有间隙，也可能具有过盈的配合。要求内、外圆锥紧密接触，间隙为零或稍有过盈的配合称为紧密配合,它用于对中定心或密封。为了保证良好的密封性,对内、外圆锥的形状精度要求很高,通常将它们配对研磨。

7.3.1.2　圆锥配合的形成

圆锥配合的间隙或过盈的大小可用改变内、外圆锥的轴向相对位置来调整,因此,内、外圆锥的最终轴向相对位置是圆锥配合的重要特性。按照确定内、外圆锥间最终的轴向相对位置采用的方式,圆锥配合可以分为下列两种形成方式。

（1）结构型圆锥配合

结构型圆锥配合是指由内、外圆锥本身的结构或基面距（内、外圆锥基准平面之间的距离）确定它们之间最终的轴向相对位置,来获得指定配合性质的圆锥配合。这种形成方式可获得间隙配合、过渡配合和过盈配合。

① 由结构形成的圆锥间隙配合

如图 7-14 所示,用内、外圆锥的结构（内圆锥的大端面与外圆锥的轴肩接触）来确定装配时最终的轴向相对位置,以获得指定的圆锥间隙配合。

② 由基面距形成的圆锥过盈配合

如图 7-15 所示,用内圆锥大端基准平面与外圆锥大端基准平面之间的距离 a（基面距）来确定装配时最终的轴向相对位置,以获得指定的圆锥过盈配合。

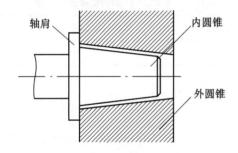

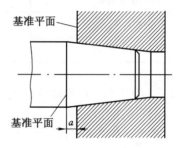

图 7-14　由结构形成的圆锥间隙配合　　　　图 7-15　由基面距形成的圆锥过盈配合

（2）位移型圆锥配合

位移型圆锥配合是指由内、外圆锥的相对轴向位移或产生轴向位移的装配力（轴向力）的大小,来确定最终轴向相对位置而获得的配合。这种方式是通过控制轴向位移 E_a 获得配合,可得到间隙配合和过盈配合。

① 由位移形成的圆锥间隙配合

如图 7-16 所示,在不受力的情况下内、外圆锥相接触,由实际初始位置 P_a 开始,做一定的相对轴向位移 E_a 达到终止位置 P_f,使圆锥获得间隙配合。

② 由位移形成的圆锥过盈配合

如图 7-17 所示,在不受力的情况下内、外圆锥相接触,由实际初始位置 P_a 开始,施加一定的装配力 F_s 产生轴向位移 E_a,达到终止位置 P_f,使圆锥获得过盈配合。

对结构型圆锥配合和位移型圆锥配合,在确定相结合内、外圆锥轴向位置的方式上有各自的特点,因而在进行圆锥配合的计算和给定圆锥公差带时要区别对待,它们的主要不同之处列于表 7-6。

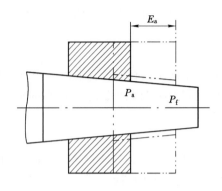

图 7-16　由位移形成的圆锥间隙配合

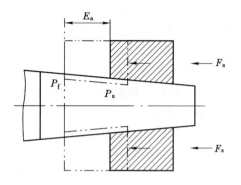

图 7-17　由位移形成的圆锥过盈配合

表 7-6　结构型圆锥配合和位移型圆锥配合的特点

特征	结构型圆锥配合	位移型圆锥配合
装配的终止位置	固定	不定
配合性质的确定	圆锥直径公差带	轴向位移方向及大小
配合精度	圆锥直径公差(T_{Di}、T_{De})	轴向位移公差(T_E)
圆锥直径公差带	影响配合性质、接触质量	影响初始位置、接触质量
圆锥直径配合公差	$T_{Di} + T_{De}$	$T_E \cdot C$

7.3.1.3　圆锥配合的术语与定义

（1）圆锥配合

圆锥配合是指公称圆锥相同的内、外圆锥直径之间，由于结合不同所形成的相互关系。对于结构型圆锥配合，由内、外圆锥直径公差带决定；对于位移型圆锥配合，由内、外圆锥相对轴向位移 E_a 决定。

（2）圆锥直径配合量 T_{Df}

圆锥直径配合公差 T_{Df} 是指圆锥配合在配合直径上允许的间隙或过盈的变动量。它是一个没有符号的绝对值。

对于结构型圆锥配合，圆锥直径间隙配合量是最大间隙（X_{max}）与最小间隙（X_{min}）之差；圆锥直径过盈配合量是最小过盈（Y_{min}）与最大过盈（Y_{max}）之差；圆锥直径过渡配合量是最大间隙（X_{max}）与最大过盈（Y_{max}）之差。圆锥直径配合量也等于内圆锥直径公差（T_{Di}）与外圆锥直径公差（T_{De}）之和，即：

圆锥直径间隙配合量： $$T_{Df} = X_{max} - X_{min} \tag{7-6}$$

圆锥直径过盈配合量： $$T_{Df} = Y_{min} - Y_{max} \tag{7-7}$$

圆锥直径过渡配合量： $$T_{Df} = X_{max} - Y_{max} \tag{7-8}$$

圆锥直径配合量： $$T_{Df} = T_{Di} + T_{De} \tag{7-9}$$

对于位移型圆锥配合，圆锥直径间隙配合量是最大间隙（X_{max}）与最小间隙（X_{min}）之差，圆锥直径过盈配合量是最小过盈（Y_{min}）与最大过盈（Y_{max}）之差，也等于轴向位移公差（T_E）与锥度（C）之积，即：

圆锥直径间隙配合量： $\qquad T_{Df} = X_{max} - X_{min} = T_E \cdot C$ (7-10)

圆锥直径过盈配合量： $\qquad T_{Df} = Y_{min} - Y_{max} = T_E \cdot C$ (7-11)

（3）位移型圆锥配合术语

① 初始位置 P

在不施加力的情况下，相互结合的内、外圆锥表面接触时的轴向位置称初始位置。

② 极限初始位置 P_1、P_2

极限初始位置是指初始位置允许的极限。极限初始位置 P_1 为内圆锥以最小极限圆锥、外圆锥以最大极限圆锥接触时的位置；极限初始位置 P_2 为内圆锥以最大极限圆锥、外圆锥以最小极限圆锥接触时的位置，如图 7-18 所示。

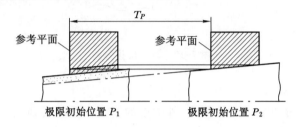

图 7-18 极限初始位置与初始位置公差

③ 初始位置公差 T_P

初始位置公差是指初始位置允许的变动量。它等于极限初始位置 P_1 和 P_2 之间的距离，即：

$$T_P = \frac{T_{Di} + T_{De}}{C} \qquad (7-12)$$

式中　T_{Di}——内圆锥直径公差；

　　　T_{De}——外圆锥直径公差；

　　　C——圆锥锥度。

④ 实际初始位置 P_a

实际初始位置是指相互结合的内、外实际圆锥的初始位置，如图 7-16、图 7-17 所示，它应位于极限初始位置 P_1、P_2 之间。

⑤ 终止位置 P_f

终止位置是指相互结合的内、外圆锥为使其终止状态得到要求的间隙或过盈所规定的相互轴向位置，如图 7-16、图 7-17 所示。

⑥ 装配力 F_s

装配力是指相互结合的内、外圆锥为在终止位置 P_f 得到要求的过盈所施加的轴向力。

⑦ 轴向位移 E_a

轴向位移是指相互结合的内、外圆锥从实际初始位置 P_a 到终止位置 P_f 移动的距离，如图 7-16、图 7-17 所示。

⑧ 最小轴向位移 E_{amin}

最小轴向位移是指在相互结合的内、外圆锥的终止位置上得到最小间隙或最小过盈的轴向位移，如图 7-19 所示。

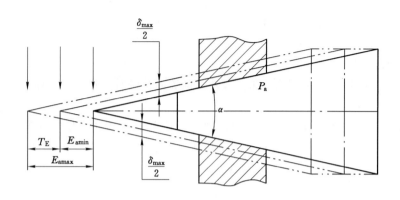

图 7-19　轴向位移公差

⑨ 最大轴向位移 E_{amax}

最大轴向位移是指在相互结合的内、外圆锥的终止位置上得到最大间隙或最大过盈的轴向位移,如图 7-19 所示。

⑩ 轴向位移公差 T_E

轴向位移公差是指轴向位移允许的变动量,等于最大轴向位移 E_{amax} 与最小轴向位移 E_{amin} 之差(图 7-19),即:

$$T_E = E_{amax} - E_{amin} \tag{7-13}$$

7.3.1.4　圆锥配合的一般规定

在 GB/T 12360—2005 中对于圆锥配合有如下几点规定:

(1) 结构型圆锥配合推荐优先采用基孔制。内、外圆锥直径公差带代号及配合按 GB/T 1800.2—2020 选取。如果 GB/T 1800.2—2020 给出的常用配合仍不能满足需要,还可按 GB/T 1800.2—2020 规定的基本偏差和标准公差组成所需配合。

(2) 位移型圆锥配合的内圆锥直径公差带代号推荐选用 H 和 JS 的基本偏差,外圆锥直径公差带代号推荐选用 h 和 js 的基本偏差。其轴向位移极限值按 GB/T 1800.2—2020 规定的极限间隙或极限过盈来计算。计算公式如下:

① 对于间隙配合

最小轴向位移:

$$E_{amin} = \frac{|X_{min}|}{C} \tag{7-14}$$

最大轴向位移:

$$E_{amax} = \frac{|X_{max}|}{C} \tag{7-15}$$

轴向位移公差:

$$T_E = E_{amax} - E_{amin} = \frac{|X_{max} - X_{min}|}{C} \tag{7-16}$$

② 对于过盈配合

最小轴向位移:

$$E_{amin} = \frac{|Y_{min}|}{C} \tag{7-17}$$

最大轴向位移:

$$E_{amax} = \frac{|Y_{max}|}{C} \tag{7-18}$$

轴向位移公差：
$$T_E = E_{amax} - E_{amin} = \frac{|Y_{max} - Y_{min}|}{C} \tag{7-19}$$

式中 X_{max}、X_{min}——配合的最大、最小间隙量；

Y_{max}、Y_{min}——配合的最大、最小过盈量；

C——圆锥锥度。

7.3.2 圆锥轴向极限偏差的计算

圆锥配合的主要特点：相结合内、外圆锥直径之间的关系（间隙或过盈）是由相互轴向位置来决定的，且能够通过轴向位移进行调整。因此，圆锥轴向极限偏差的计算对分析圆锥配合十分必要。

圆锥轴向极限偏差是圆锥的某一极限圆锥（最大极限圆锥或最小极限圆锥）与其公称圆锥轴向位置的偏离，如图 7-20 所示。规定最小极限圆锥与公称圆锥的偏离为轴向上偏差（es_z、ES_z）；最大极限圆锥与公称圆锥的偏离为轴向下偏差（ei_z、EI_z）。轴向上偏差与轴向下偏差之代数差的绝对值为轴向公差（T_z）。

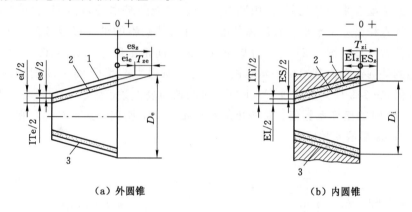

（a）外圆锥 （b）内圆锥

1—公称圆锥；2—最小极限圆锥；3—最大极限圆锥。

图 7-20 圆锥轴向极限偏差示意图

如图 7-20 所示，给出的圆锥直径公差带的截面就是轴向偏差起始的零线截面，且靠近零线截面的极限偏差为轴向基本偏差。

圆锥的轴向极限偏差是根据圆锥直径极限偏差换算得到的，换算公式见表 7-7。

利用表 7-7 换算得到的轴向极限偏差数值可以确定圆锥配合的极限初始位置和圆锥配合后基准平面之间的极限轴向距离；当用圆锥量规检验圆锥直径时，可用以确定与圆锥直径极限偏差相对应的圆锥量规的轴向距离。

表 7-7 圆锥轴向极限偏差的换算

项目	外圆锥	内圆锥
轴向上偏差	$es_z = -ei/C$	$ES_z = -EI/C$
轴向下偏差	$ei_z = -es/C$	$EI_z = -ES/C$
轴向基本偏差	$e_z = -$直径基本偏差$/C$	$E_z = -$直径基本偏差$/C$
轴向公差	$T_{ze} = IT_e/C$	$T_{zi} = IT_i/C$

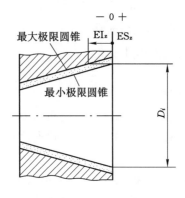

图 7-21　基准内圆锥轴向基本偏差

　　结构型圆锥配合采用基孔制时,内圆锥直径公差带的基本偏差为 H,它可与不同基本偏差的外圆锥直径公差带形成各种所需的配合。内、外圆锥的轴向极限偏差可由轴向基本偏差和轴向公差计算。图 7-21 所示为基准内圆锥轴向基本偏差示意图,图 7-22 所示为不同基本偏差的外圆锥轴向基本偏差示意图。表 7-8 所列为锥度 $C=1:10$ 时的外圆锥轴向基本偏差数值,表 7-9 所列为锥度 $C=1:10$ 时的轴向公差数值,表 7-10 和表 7-11 所列为锥度 $C\neq1:10$ 时的换算系数值。将查出的数值按表 7-7 所列公式计算即可得到基孔制的内、外圆锥轴向极限偏差数值。

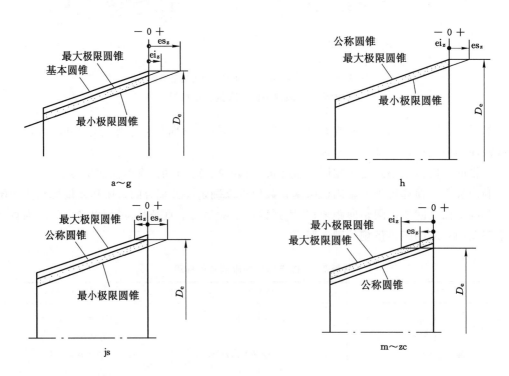

图 7-22　外圆锥轴向基本偏差

表 7-8　锥度 $C=1:10$ 时外圆锥的轴向基本偏差 e_z 数值　　　　单位：mm

基本偏差		a	b	c	cd	d	e	ef	f	fg	g	h	js	j		
公称尺寸		公差等级														
大于	至	所有等级												5,6	7	8
—	3	+2.7	+1.4	+0.6	+0.34	+0.2	+0.14	+0.1	+0.06	+0.04	+0.02	0		+0.02	+0.04	+0.06
3	6	+2.7	+1.4	+0.7	+0.46	+0.3	+0.2	+0.14	+0.1	+0.06	+0.04	0		+0.02	+0.04	—
6	10	+2.8	+1.5	+0.8	+0.56	+0.4	+0.25	+0.18	+0.13	+0.08	+0.05	0		+0.02	+0.05	—
10	14	+2.9	+1.5	+0.95	—	+0.5	+0.32	—	+0.16	—	+0.06	0		+0.03	+0.06	—
14	18	+2.9	+1.5	+0.95	—	+0.5	+0.32	—	+0.16	—	+0.06	0		+0.03	+0.06	—
18	24	+3	+1.6	+1.1	—	+0.65	+0.4		+0.20	—	+0.07	0		+0.04	+0.08	—
24	30	+3	+1.6	+1.1	—	+0.65	+0.4		+0.20	—	+0.07	0		+0.04	+0.08	—
30	40	+3.1	+1.7	+1.2	—	+0.80	+0.5	—	+0.25	—	+0.09	0		+0.05	+0.1	—
40	50	+3.2	+1.8	+1.3	—	+0.80	+0.5	—	+0.25	—	+0.09	0		+0.05	+0.1	—
50	65	+3.4	+1.9	+1.4	—	+1	+0.6	—	+0.3	—	+0.1	0		+0.07	+0.12	—
65	80	+3.6	+2	+1.5	—	+1	+0.6	—	+0.3	—	+0.1	0		+0.07	+0.12	—
80	100	+3.8	+2.2	+1.7	—	+1.2	+0.72	—	+0.36	—	+0.12	0		+0.09	+0.15	—
100	120	+4.1	+2.4	+1.8	—	+1.2	+0.72	—	+0.36	—	+0.12	0		+0.09	+0.15	—
120	140	+4.6	+2.6	+2	—	+1.45	+0.85	—	+0.43	—	+0.14	0		+0.11	+0.18	—
140	160	+5.2	+2.8	+2.1	—	+1.45	+0.85	—	+0.43	—	+0.14	0		+0.11	+0.18	—
160	180	+5.8	+3.1	+2.3	—	+1.45	+0.85	—	+0.43	—	+0.14	0		+0.11	+0.18	—
180	200	+6.6	+3.4	+2.4	—	+1.7	+1	—	+0.50	—	+0.15	0		+0.13	+0.21	—
200	225	+7.4	+3.8	+2.6	—	+1.7	+1	—	+0.50	—	+0.15	0		+0.13	+0.21	—
225	250	+8.2	+4.2	+2.8	—	+1.7	+1	—	+0.50	—	+0.15	0		+0.13	+0.21	—
250	280	+9.2	+4.8	+3	—	+1.9	+1.1	—	+0.56	—	+0.17	0		+0.16	+0.26	—
280	315	+10.5	+5.4	+3.3	—	+1.9	+1.1	—	+0.56	—	+0.17	0		+0.16	+0.26	—
315	355	+12	+6	+3.6	—	+2.1	+1.25	—	+0.62	—	+0.18	0		+0.18	+0.28	—
355	400	+13.5	+6.8	+4	—	+2.1	+1.25	—	+0.62	—	+0.18	0		+0.18	+0.28	—
400	450	+15	+7.6	+4.4	—	+2.3	+1.35	—	+0.68	—	+0.2	0		+0.20	+0.32	—
450	500	+16.5	+8.4	+4.8	—	+2.3	+1.35	—	+0.68	—	+0.2	0		+0.20	+0.32	—

表 7-8(续)

基本偏差		k		m	n	p	r	s	t	u	v	x	y	z	za	zb	zc
公称尺寸		公差等级															
大于	至	≤3,>7	4~7	所有等级													
—	3	0	0	−0.02	−0.04	−0.06	−0.1	−0.14	—	−0.18	—	−0.20	—	−0.26	−0.32	−0.4	−0.6
3	6	0	−0.01	−0.04	−0.08	−0.12	−0.15	−0.19	—	−0.23	—	−0.28	—	−0.35	−0.42	−0.5	−0.8
6	10	0	−0.01	−0.06	−0.1	−0.15	−0.17	−0.23	—	−0.28	—	−0.34	—	−0.42	−0.52	−0.67	−0.97
10	14	0	−0.01	−0.07	−0.12	−0.18	−0.23	−0.28	—	−0.33	—	−0.4	—	−0.5	−0.64	−0.9	−1.3
14	18	0	−0.01	−0.07	−0.12	−0.18	−0.23	−0.28	—	−0.33	−0.39	−0.45	—	−0.6	−0.77	−1.08	−1.5
18	24	0	−0.02	−0.08	−0.15	−0.22	−0.28	−0.35	—	−0.41	−0.47	−0.54	−0.63	−0.73	−0.98	−1.36	−1.88
24	30	0	−0.02	−0.08	−0.15	−0.22	−0.28	−0.35	−0.41	−0.48	−0.55	−0.64	−0.75	−0.88	−1.18	−1.6	−2.18
30	40	0	−0.02	−0.09	−0.17	−0.26	−0.34	−0.43	−0.48	−0.6	−0.68	−0.8	−0.94	−1.12	−1.48	−2	−2.74
40	50	0	−0.02	−0.09	−0.17	−0.26	−0.34	−0.43	−0.54	−0.7	−0.81	−0.97	−1.14	−1.36	−1.80	−2.42	−3.25
50	65	0	−0.02	−0.11	−0.2	−0.32	−0.41	−0.53	−0.66	−0.87	−1.02	−1.22	−1.44	−1.72	−2.25	−3	−4.05
65	80	0	−0.02	−0.11	−0.2	−0.32	−0.43	−0.59	−0.75	−1.02	−1.2	−1.46	−1.74	−2.1	−2.74	−3.6	−4.8
80	100	0	−0.03	−0.13	−0.23	−0.37	−0.51	−0.71	−0.91	−1.24	−1.46	−1.78	−2.14	−2.58	−3.35	−4.45	−5.85
100	120	0	−0.03	−0.13	−0.23	−0.37	−0.54	−0.79	−1.04	−1.44	−1.72	−2.10	−2.54	−3.1	−4	−5.25	−6.9
120	140	0	−0.03	−0.15	−0.27	−0.43	−0.63	−0.92	−1.22	−1.7	−2.02	−2.48	−3	−3.65	−4.7	−6.2	−8
140	160	0	−0.03	−0.15	−0.27	−0.43	−0.65	−1	−1.34	−1.9	−2.28	−2.8	−3.4	−4.15	−5.35	−7	−9
160	180	0	−0.03	−0.15	−0.27	−0.43	−0.68	−1.08	−1.46	−2.1	−2.52	−3.1	−3.8	−4.65	−6	−7.8	−10
180	200	0	−0.04	−0.17	−0.31	−0.5	−0.77	−1.22	−1.66	−2.36	−2.84	−3.5	−4.25	−5.2	−6.7	−8.8	−11.5
200	225	0	−0.04	−0.17	−0.31	−0.5	−0.80	−1.3	−1.8	−2.58	−3.1	−3.85	−4.7	−5.75	−7.4	−9.6	−12.5
225	250	0	−0.04	−0.17	−0.31	−0.5	−0.84	−1.4	−1.96	−2.84	−3.4	−4.25	−5.2	−6.4	−8.2	−10.5	−13.5
250	280	0	−0.04	−0.2	−0.34	−0.56	−0.94	−1.58	−2.18	−3.15	−3.85	−4.75	−5.8	−7.1	−9.2	−12	−15.5
280	315	0	−0.04	−0.2	−0.34	−0.56	−0.98	−1.7	−2.4	−3.5	−4.25	−5.25	−6.5	−7.9	−10	−13	−17
315	355	0	−0.04	−0.21	−0.37	−0.62	−1.08	−1.9	−2.68	−3.9	−4.75	−5.9	−7.3	−9	−11.5	−15	−19
355	400	0	−0.04	−0.21	−0.37	−0.62	−1.14	−2.08	−2.94	−4.35	−5.3	−6.6	−8.2	−10	−13	−16.5	−21
400	450	0	−0.05	−0.23	−0.4	−0.68	−1.26	−2.32	−3.3	−4.9	−5.95	−7.4	−9.2	−11	−14.5	−18.5	−24
450	500	0	−0.05	−0.23	−0.4	−0.68	−1.32	−2.52	−3.6	−5.4	−6.6	−8.2	−10	−12.5	−16	−21	−26

表 7-9　锥度 C＝1∶10 时的轴向公差 T_z 数值　　　　　　单位：mm

公称尺寸		公差等级									
大于	至	IT3	IT4	IT5	IT6	IT7	IT8	IT9	IT10	IT11	IT12
—	3	0.02	0.03	0.04	0.06	0.10	0.14	0.25	0.40	0.60	1
3	6	0.025	0.04	0.05	0.08	0.12	0.18	0.30	0.48	0.75	1.2
6	10	0.025	0.04	0.06	0.09	0.15	0.22	0.36	0.58	0.90	1.5
10	18	0.03	0.04	0.08	0.11	0.18	0.27	0.43	0.70	1.1	1.8
18	30	0.04	0.05	0.09	0.13	0.21	0.33	0.52	0.84	1.3	2.1
30	50	0.04	0.07	0.11	0.16	0.25	0.39	0.62	1	1.6	2.5
50	80	0.05	0.08	0.13	0.19	0.30	0.46	0.74	1.2	1.9	3
80	120	0.06	0.10	0.15	0.22	0.35	0.54	0.87	1.4	2.2	3.5
120	180	0.08	0.12	0.18	0.25	0.40	0.63	1	1.6	2.5	4
180	250	0.10	0.14	0.20	0.29	0.46	0.72	1.15	1.85	2.9	4.6
250	315	0.12	0.16	0.23	0.32	0.52	0.81	1.3	2.1	3.2	5.2
315	400	0.13	0.18	0.25	0.36	0.57	0.89	1.4	2.3	3.6	5.7
400	500	0.15	0.20	0.27	0.40	0.63	0.97	1.55	2.5	4	6.3

表 7-10　一般用途圆锥的换算系数

基本值		换算系数	基本值		换算系数	基本值		换算系数	基本值		换算系数
系列 1	系列 2		系列 1	系列 2		系列 1	系列 2		系列 1	系列 2	
1∶3		0.3		1∶7	0.7		1∶15	1.5	1∶50		5
1∶5	1∶4	0.4		1∶8	0.8	1∶20		2	1∶100		10
		0.5	1∶10		1	1∶30		3	1∶200		20
	1∶6	0.6		1∶12	1.2		1∶40	4	1∶500		50

表 7-11　特殊用途圆锥的换算系数

基本值	换算系数	基本值	换算系数	基本值	换算系数	基本值	换算系数
18°30′	0.3	1∶9	0.9	1∶18.779	1.8	1∶19.264	1.92
11°54′	0.48	1∶12.262	1.2	1∶19.002	1.9	1∶19.922	1.99
8°40′	0.66	1∶12.972	1.3	1∶19.180	1.92	1∶20.020	2
7°40′	0.75	1∶15.748	1.57	1∶19.212	1.92	1∶20.047	2
7∶24	0.34	1∶16.666	1.67	1∶19.254	1.92	1∶20.288	2

【例 7-1】 有一位移型圆锥配合,锥度 $C=1:30$,内、外圆锥的公称直径为 60 mm,要求装配后得到 H7/u6 的配合性质,试计算所需的轴向位移和轴向位移公差。

解 由 GB/T 1800.1—2020 查得 $\phi 60 H7/u6$ 的极限过盈:

$$Y_{\min}=-0.057 \text{ mm}, Y_{\max}=-0.106 \text{ mm}$$

由轴向位移计算公式得到:

最小轴向位移: $\qquad E_{a\min}=\dfrac{|Y_{\min}|}{C}=0.057\times30=1.71 \text{ (mm)}$

最大轴向位移: $\qquad E_{a\max}=\dfrac{|Y_{\max}|}{C}=0.106\times30=3.18 \text{ (mm)}$

轴向位移公差: $\qquad T_E=E_{a\max}-E_{a\min}=3.18-1.71=1.47 \text{ (mm)}$

【例 7-2】 锥度 $C=1:10$ 的外圆锥,圆锥直径公差带为 $\phi 20p8$,求轴向极限偏差。

解 由表 7-8 查得轴向基本偏差 $e_z=-0.22$ mm,由表 7-9 查得轴向公差 $T_z=0.33$ mm,由表 7-7 中公式可计算得:

$$es_z=e_z=-0.22 \text{ (mm)}$$
$$ei_z=e_z-T_{ze}=-0.22-0.33=-0.55 \text{ (mm)}$$

【例 7-3】 锥度 $C=7:24$ 的外圆锥,圆锥直径公差带为 $\phi 45h8$,求轴向极限偏差。

解 由表 7-8 和表 7-9 可查得锥度 $C=1:10$、直径公差带为 $\phi 45h8$ 的外圆锥的轴向极限偏差,即:

$$ei_z=e_z=0$$
$$es_z=T_{ze}=+0.39 \text{ (mm)}$$

由表 7-11 查得换算系数为 0.34,则锥度 $C=7:24$ 的外圆锥的轴向极限偏差为:

$$ei_z=0$$
$$es_z=0.34\times0.39=+0.132\ 6 \text{ (mm)}$$

7.4 圆锥公差与配合的标注

《技术制图 圆锥的尺寸和公差注法》(GB/T 15754—1995)规定了在图样上圆锥尺寸和公差的标注方法。

7.4.1 圆锥尺寸的注法

7.4.1.1 尺寸标注

圆锥的尺寸标注如图 7-23 所示。附加尺寸(如 $\alpha/2$ 等)可采用参考尺寸的形式标注。

7.4.1.2 锥度标注

锥度在图样上的标注如图 7-24 所示。当所标注的锥度是标准圆锥系列之一(尤其是莫氏或米制锥度)时,可用标准系列号和相应的标记表示,如图 7-24(d)所示。

7.4.2 圆锥的公差标注

通常,应按面轮廓度法标注圆锥公差;有配合要求的结构型内、外圆锥,也可采用基本锥度法标注;当无配合要求时,可采用公差锥度法标注。

7.4.2.1 面轮廓度法标注

面轮廓度法标注示例见表 7-12、表 7-13。

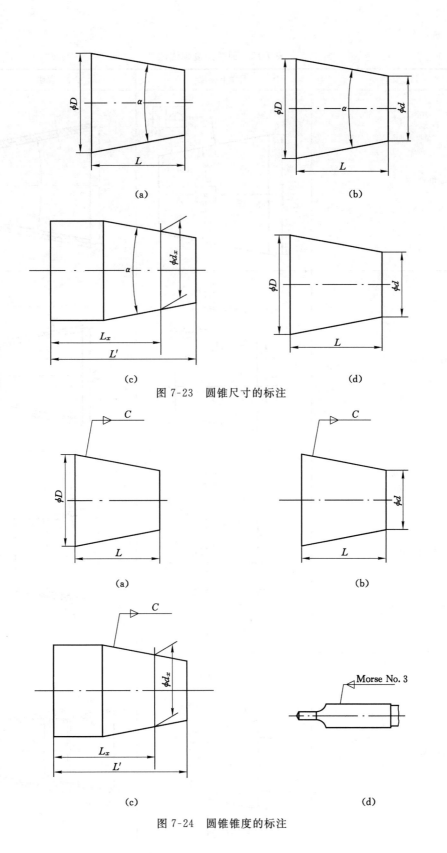

图 7-23　圆锥尺寸的标注

图 7-24　圆锥锥度的标注

第 7 章　圆锥公差与配合

239

表 7-12　面轮廓度标注法

给定条件	图样上标注	说明
给定圆锥角		
给定锥度		
给定圆锥轴向位置		
给定轴向位置公差		

表 7-12(续)

给定条件	图样上标注	说明
与基准线有关(同时确定同轴关系)		
必要时,可给限定条件以保证圆锥实际要素不超过给定的公差带,这些条件可在图样上给出或在技术要求中说明	注:倾斜度公差带(包括素线的直线度)在轮廓度公差带内浮动	

表 7-13　相配合圆锥公差标注

给定条件	图样上标注
给定直径的理论正确尺寸与两装配件的基准平面有关	

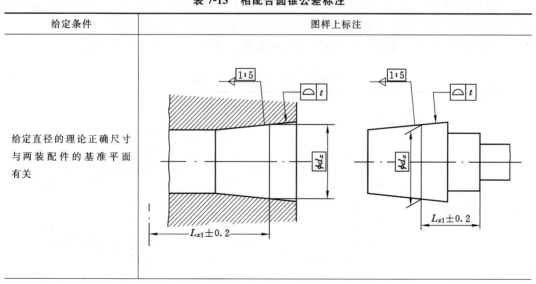

表 7-13(续)

给定条件	图样上标注
给定位置的理论正确尺寸与两装配件的基准平面有关	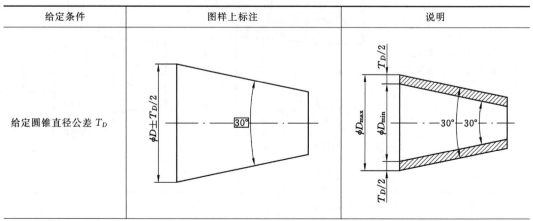

7.4.2.2 基本锥度法标注

基本锥度法适用于有配合要求的结构型内、外圆锥。

基本锥度法是表示圆锥要素尺寸与其几何特征具有相互从属关系的一种公差带的标注方法,即由两同轴圆锥面(圆锥要素的最大实体尺寸和最小实体尺寸)形成两个具有理想形状的包容面公差带,实际圆锥处处不得超过这两个包容面。因此,该公差带既控制圆锥直径的大小及圆锥角的大小,也控制圆锥表面的形状。若有需要,可附加给出圆锥角公差和有关几何公差要求做进一步的控制。标注示例见表 7-14。

7.4.2.3 公差锥度法标注

公差锥度法适用于对某给定截面圆锥直径有较高要求的圆锥和密封及非配合圆锥。

公差锥度法是直接给定有关圆锥要素的公差,即同时给出圆锥直径公差和圆锥角公差,不构成两同轴圆锥面公差带的标注方法。此时,给定截面圆锥直径公差仅控制该截面圆锥直径偏差,不再控制圆锥角偏差,T_{DS} 和 AT 各自分别规定,分别满足要求,故按独立原则解释。若有需要,可附加给出有关几何公差要求做进一步控制。标注示例见表 7-15。

表 7-14 基本锥度法标注示例

给定条件	图样上标注	说明
给定圆锥直径公差 T_D		

机械精度设计与检测

表 7-14(续)

给定条件	图样上标注	说明
给定截面圆锥直径公差 T_{DS}		
给定圆锥的形状公差 T_F		
相配合的圆锥的公差注法		

表 7-15　公差锥度法标注示例

给定条件	图样上标注	说明
给定最大圆锥直径公差 T_D、圆锥角公差 AT		该圆锥的最大圆锥直径应由 $\phi D + T_D/2$ 和 $\phi D - T_D/2$ 确定；锥角应在 $24°30'$ 与 $25°30'$ 之间变化；圆锥素线直线度要求为 t。这些要求应各自独立地考虑
给定截面圆锥直径公差 T_{DS}、圆锥角公差 AT		该圆锥的给定截面圆锥直径应由 $\phi d_x + T_{DS}/2$ 和 $\phi d_x - T_{DS}/2$ 确定；锥角应在 $25° - \dfrac{AT8}{2}$ 与 $25° + \dfrac{AT8}{2}$ 之间变化。这些要求应各自独立地考虑

☞ 知识拓展

圆锥角的检测

　　测量圆锥角的方法很多,计量器具的类型也多种多样:① 用通用量仪、量具直接测量。比如直接从角度量仪、量具上读出被测角度的量值,或用万能角度尺、测角仪等测出实际圆锥角的量值,然后再折算出相应的锥度值。② 用通用量仪、量具间接测量。比如通过与锥度、角度有关的线值尺寸,按几何关系计算出被测锥度、角度的大小,常用的计量器具有正弦规、滚柱或钢球、平板、量块等。③ 内、外圆锥的圆锥角实际偏差可分别用圆锥量规检测。

圆锥角的检测

☞ 思考题与习题

　　7-1　圆锥配合与光滑圆柱体配合比较有何特点?

　　7-2　圆锥公差的给定方法有哪几种?各适用于什么场合?

　　7-3　圆锥配合如何获得?各有什么特点?

　　7-4　用圆锥量规检验内、外圆锥时,如何根据接触斑点的分布情况判断圆锥角偏差的方向?

　　7-5　有一外圆锥,锥度为 1:20,圆锥最大直径为 100 mm,圆锥长度为 200 mm。试确定圆锥角、圆锥最小直径。

7-6 有一圆锥配合,其锥度 $C=1:20$,结合长度 $H=80$ mm,内、外圆锥角的公差等级均为 IT9。试按下列不同情况确定内、外圆锥直径的极限偏差:

(1) 内、外圆锥的直径公差带均按单向分布,且内圆锥直径的下偏差 $EI=0$、外圆锥直径的上偏差 $es=0$;

(2) 内、外圆锥的直径公差带均对称于零线分布。

7-7 已知内圆锥的最大直径 $D_i=23.825$ mm,最小直径 $d_i=20.2$ mm,锥度 $C=1:19.922$,公称圆锥长度 $L=120$ mm,其直径公差带为 H8,查表确定圆锥直径公差 T_D 所限制的最大圆锥角误差 $\Delta\alpha_{max}$。

7-8 相互结合的内、外圆锥的锥度 $C=1:50$,公称圆锥直径为 100 mm,要求装配后得到 H8/u7 的配合性质。试计算所需的轴向位移和轴向位移公差。

第三篇　机械精度综合设计

在进行机械精度设计理论和典型零件精度设计学习的基础上,本篇主要是利用上两篇的知识点进行机械精度的综合设计,包括减速器的精度综合设计、尺寸链计算和计算机辅助公差设计。

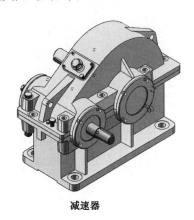

减速器

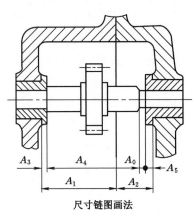

尺寸链图画法

一级圆柱齿轮减速器和尺寸链图

机械产品的精度和使用性能在很大程度上取决于机械部件和零件的精度,以及零件之间结合的正确性。减速器是机械传动系统中常用的减速装置,在矿山机械、工程机械、汽车、机床中应用广泛,其中典型的零件包括齿轮类零件、轴类零件和箱体类零件。因此,减速器的精度设计具有一定的代表性,同时也可以综合运用本书前两篇的知识。

在设计一台机器或零部件时,零件的精度是由整机、部件所要求的精度决定的,而整机、部件的精度则由零件的精度来保证。尺寸链原理是分析和研究整机、部件与零件精度间的关系所应用的基本理论。合理地确定零件的尺寸公差与方向、位置公差,可以使产品获得尽可能高的性价比,创造出最佳的技术经济效益。

本书遵循从理论到应用、从简单到复杂的思路。通过本篇的学习,读者能够综合运用标准、规范、手册等技术资料对工程中常用的机械零件、部件、产品进行精度设计,从而具备机械精度设计的基本能力。

第8章　减速器的精度综合设计

📖 **教学导读**

机械产品的精度和使用性能在很大程度上取决于机械部件和零件的精度,以及零件之间结合的正确性。机械零部件的精度是机械产品的主要质量指标之一,零部件精度设计在机械设计中占有很重要的地位。本章根据前七章所学的知识,在国家标准的指导下,以一级圆柱齿轮减速器为例,阐述机械零部件精度设计的具体过程和方法。

👉 **课前问题**

(1) 齿轮的精度设计包括哪些方面?

(2) 减速器中与输出轴相结合的零件有哪些? 其精度设计包括哪些方面?

(3) 减速器中与箱座相结合的零件有哪些? 其精度设计包括哪些方面?

👉 **国家标准**

本章涉及的国家标准较多,详见表 1-3。

8.1　减速器中典型零件的精度设计

减速器是机械传动系统中常用的减速装置,图 8-1 所示为一级斜齿圆柱齿轮减速器,该减速器主要由齿轮轴、从动齿轮、输出轴、箱座、轴承盖和滚动轴承等零部件组成。由机械传动系统总体布置可知,齿轮轴输入端轴头上装有 V 形带的带轮,输出轴的输出端轴头上装有开式齿轮传动的主动齿轮。该减速器的主要技术参数见表 8-1。

减速器精度综合设计

表 8-1　减速器技术参数

输入功率 /kW	输入转速 /(r/min)	传动比 i	齿轮参数					
			齿数 z_1	齿数 z_2	法向模数 m_n	α_n	螺旋角 β	变位系数 x
4.0	1 450	3.95	20	79	3	20°	8°6′34″	0

机械零件精度设计是根据零件在设备中的作用和使用要求,合理确定零件几何要素的尺寸精度、几何精度及表面粗糙度轮廓参数允许值。减速器中的典型零件主要有齿轮类零件、轴类零件和箱座类零件。现讨论这些典型零件的精度设计问题。

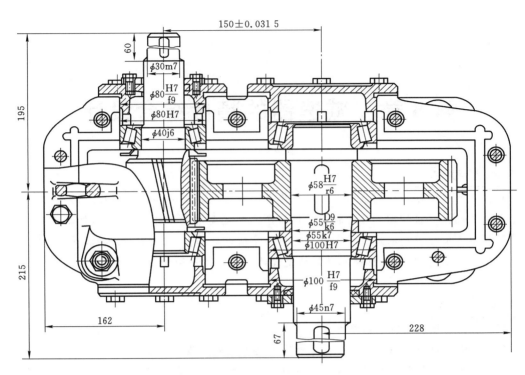

图 8-1　一级斜齿圆柱齿轮减速器

8.1.1　齿轮的精度设计

现以图 8-1 减速器中的从动齿轮(大齿轮)为例来说明齿轮的精度设计。齿轮的齿宽 $b=60$ mm,齿轮基准孔的公称尺寸 $d=\phi58$ mm,滚动轴承孔的跨距 $L=100$ mm,齿轮为钢制,箱座材料为铸铁。齿轮类零件精度设计内容包括:根据齿轮的使用要求和工作条件合确定齿轮的精度等级,轮齿部分和齿轮坯的尺寸偏差、几何公差和表面粗糙度轮廓的允许值。

8.1.1.1　确定齿轮的精度等级

齿轮精度等级的确定一般采用类比法。首先查表 6-7 中可知通用减速器的齿轮精度为 6~8 级,进一步可计算其圆周线速度,然后根据齿轮圆周线速度确定其平稳性精度等级。

齿轮圆周速度计算过程为:

从动轮转速:

$$n_2 = n_1/i = 1\ 450/3.95 = 367\ (\text{r/min})$$

从动轮分度圆直径:

$$d_2 = m_n z_2/\cos\beta = 3\times79/\cos 8°6'34'' = 3\times79/0.99 = 239.39\ (\text{mm})$$

则

$$v = \frac{\pi d_2 n_2}{60\times1\ 000} = 4.6\ (\text{m/s})$$

由表 6-8 可确定减速器从动齿轮平稳性精度为 8 级,考虑减速器齿轮的运动准确性要求不高和载荷分布均匀性精度一般不低于平稳性精度,因此确定该齿轮传递运动准确性、传动平稳性和载荷分布均匀性的精度等级分别选 8 级、8 级和 7 级。

8.1.1.2　确定齿轮强制性检测精度指标及其允许值

因该齿轮为一般减速器的齿轮,则传递运动准确性、传动平稳性和载荷分布均匀性精度的强制性检测精度指标分别为齿距累积总偏差 ΔF_p 单个齿距偏差 Δf_{pt} 与齿廓总偏差 ΔF_α

和螺旋线总偏差 ΔF_β。本齿轮为普通齿轮,不需要规定 k 个齿距累积偏差 ΔF_{pk}。由表 6-3 查得 $F_p = 0.07$ mm、$\pm f_{pt} = 0.018$ mm、$F_\alpha = 0.025$ mm、$F_\beta = 0.021$ mm。

8.1.1.3 确定齿轮的最小法向侧隙和齿厚极限偏差

(1) 最小法向侧隙 j_{bnmin} 的确定

先计算出齿轮中心距:

$$a = \frac{m_n(z_1 + z_2)}{2\cos\beta} = \frac{3 \times (20 + 79)}{2 \times \cos 8°6'34''} = 150 \text{ (mm)}$$

参考表 6-13,a 的值介于 100 mm 和 200 mm 之间,用插值法或按式(6-9)计算得 $j_{bnmin} = 155$ mm。

(2) 齿厚上、下极限偏差的计算

首先,计算补偿齿轮和齿轮箱座的制造、安装误差所引起法向侧隙减小量 J_{bn}。由表 6-3 查得 $\pm f_{pt1} = 0.017$ mm、$\pm f_{pt2} = 0.018$ mm、$F_\beta = 0.021$ mm。已知,$L = 100$ mm、齿宽 $b = 60$ mm,按式(6-11)得:

$$J_{bn} = \sqrt{0.88(f_{pt1}^2 + f_{pt2}^2) + [2 + 0.34(L/b)^2]F_\beta^2} = 0.042\,9 \text{ (mm)}$$

然后,由表 6-11 查得齿轮副的中心距极限偏差 $\pm f_a = 0.031\,5$ mm,按式(6-12)可求得齿厚上偏差为:

$$E_{sns} = -\left(\frac{j_{bnmin} + J_{bn}}{2\cos\alpha_n} + |f_a|\tan\alpha_n\right) = -0.116\,7 \text{ (mm)}$$

由表 6-5 查得 $F_r = 0.056$ mm,由表 6-14 查得 $b_r = 1.26 \times \text{IT9} = 0.145$ (mm)。因此,按式(6-13)可求得齿厚公差为:

$$T_{sn} = \sqrt{b_r^2 + F_r^2} \cdot 2\tan 20° = 0.113 \text{ (mm)}$$

最后,齿厚下偏差为:

$$E_{sni} = E_{sns} - T_{sn} = -0.229\,7 \text{ (mm)}$$

(3) 公称公法线长度及上、下极限偏差的计算

通常,对于中等模数的齿轮,测量公法线长度比较方便,且测量精度高,故用公法线长度偏差来代替齿厚偏差。

首先,计算公称公法线长度,非变位斜齿轮公法线长度 W_n 的计算根据式(6-8)为:

$$W_n = m_n\cos\alpha_n[\pi(k - 0.5) + z'\text{inv}\,\alpha_n]$$

端面分度圆压力角 α_t 为:

$$\tan\alpha_t = \frac{\tan\alpha_n}{\cos\beta} = 0.367\,65$$

由此求得:

$$\alpha_t = 20°11'10''$$

由假想齿数的计算式可得:

$$z' = z\frac{\text{inv}\,\alpha_t}{\text{inv}\,\alpha_n} = 79 \times \frac{\text{inv}\,20°11'10''}{\text{inv}\,20°} = 81.31$$

由下式可计算跨齿数:

$$k = \frac{z'}{9} + 0.5 = 9.53 \quad (k \text{ 取 } 10)$$

将上述结果代入式(6-8)即可求出 $W_n = 87.551$ mm。

然后按式(6-14)和 F_r 的值,可分别求出公法线长度上、下偏差为:

$$
\begin{cases}
E_{\mathrm{ws}} = E_{\mathrm{sns}}\cos\alpha_{\mathrm{n}} - 0.72\,F_r\sin\alpha_{\mathrm{n}} = -0.123\ (\mathrm{mm}) \\
E_{\mathrm{wi}} = E_{\mathrm{sni}}\cos\alpha_{\mathrm{n}} + 0.72\,F_r\sin\alpha_{\mathrm{n}} = -0.202\ (\mathrm{mm})
\end{cases}
$$

按照计算结果,在图样上标注:

$$
W_{\mathrm{n}} = 87.551^{-0.123}_{-0.202}
$$

8.1.1.4 确定齿坯的公差

(1) 基准孔的尺寸公差和几何公差

由表 6-9 得基准孔 $\phi58$ 的公差为 IT7,并采用包容要求。按表 6-9 中计算式,$0.04(L/b)F_{\beta}=0.0014$ mm 和 $0.1F_p=0.007$ mm。为便于加工,基准孔的圆柱度公差取 0.003 mm。

(2) 齿顶圆的尺寸公差和几何公差

齿顶圆直径为 $d_a = d + 2\times h_a = 239.39 + 2\times3 = 245.39$ (mm)。由表 6-9 得齿顶圆的尺寸公差为 IT8,即 $\phi245.39h8$。齿顶圆的圆柱度公差值取 0.003 mm(同基准孔)。按表 6-9 得齿顶圆对基准孔轴线的径向圆跳动公差 $t_r = 0.3F_p = 0.021$ (mm)。如果齿顶圆不作基准时,其尺寸公差带为 h11,图样上不必给出几何公差。

(3) 基准端面的轴向圆跳动公差

基准端面直径取 $\phi228$(小于齿根圆直径 4~5 mm)。按表 6-9 得基准端面对基准孔轴线的轴向圆跳动公差 $0.2(D_d/b)\times F_{\beta} = 0.2\times(228/60)\times0.021 = 0.016$ (mm)。

8.1.1.5 确定齿轮副精度

(1) 齿轮副中心距极限偏差

由表 6-11 查得:$\pm f_a = 0.0315$ mm,则在图样上标注为:$a = (150\pm0.0315)$ mm。

(2) 轴线平行度公差

轴线平面上和垂直平面上的轴线平行度公差分别按式(6-4)和式(6-5)确定:

$$
f_{\sum\delta} = (L/b)F_{\beta} = 0.035\ (\mathrm{mm})
$$
$$
f_{\sum\beta} = 0.5(L/b)F_{\beta} = 0.018\ (\mathrm{mm})
$$

8.1.1.6 确定内孔键槽尺寸及其极限偏差

齿轮内孔与轴结合采用普通平键连接。根据齿轮孔直径 $D = \phi58$ mm 和采用正常连接,查表 5-8 和表 5-9 得键槽宽度的公差带为 16JS9;轮毂槽深 $t_2 = 4.3$ mm,$D + t_2 = 62.3$ mm,其上、下偏差分别为 +0.20 mm 和 0。键槽配合表面的中心平面对基准孔轴线对称度公差取 8 级。

8.1.1.7 确定齿轮齿面和基准面的表面粗糙度值

查表 6-10,按 7 级精度查得齿轮齿面的表面粗糙度 Ra 的上限值为 1.25 μm。基准孔表面粗糙度 Ra 上限值为 1.25~2.5 μm,取 2 μm;基准端面和顶圆表面粗糙度 Ra 上限值为 2.5~5 μm,取 3.2 μm。键槽配合表面 Ra 的上限值取 3.2 μm,非配合表面 Ra 的上限值取 6.3 μm,齿轮其余表面 Ra 的上限值取 12.5 μm。

8.1.1.8 确定齿轮上未注尺寸和几何公差等级

齿轮上未注尺寸公差按 GB/T 1804—2000 给出,这里取中等级 m;未注几何公差按 GB/T 1184—1996 给出,这里取 K 级。

8.1.1.9 画出齿轮零件图并标注上述公差要求

大齿轮的零件图及标注如图 8-2 所示。

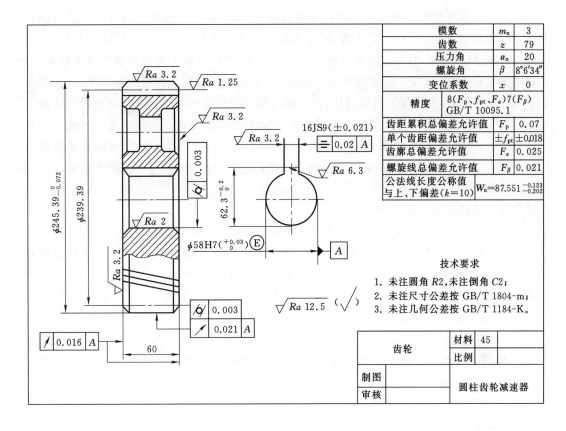

模数	m_n	3
齿数	z	79
压力角	α_n	20
螺旋角	β	8°6′34″
变位系数	x	0
精度 GB/T 10095.1	$8(F_p、f_{pt}、F_a)7(F_\beta)$	
齿距累积总偏差允许值	F_p	0.07
单个齿距偏差允许值	$\pm f_{pt}$	±0.018
齿廓总偏差允许值	F_a	0.025
螺旋线总偏差允许值	F_β	0.021
公法线长度公称值 与上、下偏差($k=10$)	$W_n=87.551^{-0.123}_{-0.202}$	

技术要求

1. 未注圆角 $R2$，未注倒角 $C2$；
2. 未注尺寸公差按 GB/T 1804-m；
3. 未注几何公差按 GB/T 1184-K。

齿轮	材料	45
	比例	
制图		
审核	圆柱齿轮减速器	

图 8-2　齿轮零件图

8.1.2　轴的精度设计

轴类零件的精度设计应根据与轴相配合零件(如滚动轴承、齿轮等)对轴的精度要求,合理确定轴的各部位的尺寸精度、几何精度和表面粗糙度参数值。轴的直径的极限偏差应根据轴上零件与轴相应部位的配合性质来确定,与轴承内圈配合的轴颈应规定圆柱度公差,同时两轴颈还应规定同轴度公差(或径向圆跳动公差),有轴向定位要求的轴肩应规定轴向圆跳动公差等。现以图 8-1 减速器中输出轴为例来说明。

8.1.2.1　轴的尺寸精度设计

如图 8-1 所示一级斜齿圆柱齿轮减速器,其输出轴上的两个 $\phi55$ mm 轴颈分别与两个规格相同的滚动轴承的内圈配合,$\phi58$ mm 的轴与齿轮基准孔配合,$\phi45$ mm 轴头与减速器外开式齿轮传动的主动齿轮(图中未画出)基准孔配合,$\phi65$ mm 轴肩的两端面分别为齿轮和滚动轴承内圈的轴向定位基准面。

考虑到该轴的转速不高,承受的载荷不大,但轴上有轴向力,故轴上的一对滚动轴承均采用普通级 30211($d\times D\times B=55$ mm$\times100$ mm$\times23$ mm)圆锥滚子轴承,其额定动载荷 C_r 为 86 500 N。根据减速器的技术特性参数进行齿轮的受力分析,求出轴承所受的径向力和轴向力,计算出两个滚动轴承的当量动载荷 P_r 分别为 1 804 N 和 1 320 N。它们与额定动载荷 86 500 N 的 P_r/C_r 的比值均小于 0.06,根据表 5-3 可知,滚动轴承承受的是轻载荷。

轴承工作时承受定向载荷的作用,内圈与轴颈一起转动,外圈与箱座固定不旋转,轴承内圈承受旋转载荷。根据表 5-5 确定两个轴颈的公差带代号皆为 $\phi55$k6。

与齿轮基准孔相配合的轴颈 $\phi58$ mm 的公差带代号,应根据齿轮基准孔的公差等级和配合要求来确定,由 8.1.1 小节可知,齿轮基准孔的公差带代号为 $\phi58$H7,轴比孔高一级,应取 IT6,根据表 2-10 中基本偏差的应用实例,并考虑到输出轴上齿轮传递的扭矩较大,应采用过盈配合,轴颈的尺寸公差带确定为 $\phi58$r6。齿轮与轴的配合代号为 $\phi58$H7/r6。但由于 r 的过盈量不大,为了保证可靠连接,齿轮孔与轴还需采用平键连接。该过盈配合还能保证齿轮基准孔与轴的同轴度精度,从而保证大齿轮 8 级精度要求。在轴端 $\phi45$ mm 处与开式齿轮配合,一般开式传动齿轮的精度等级为 9 级,由表 6-9 可知,齿轮基准孔的等级为 IT8,轴比孔高一级,应取 IT7。$\phi45$ mm 轴与开式齿轮配合亦采用基孔制,则齿轮基准孔的公差带代号为 $\phi45$H8,考虑该齿轮在轴头上装拆方便,轴的尺寸公差带确定为 $\phi45$n7,则它们的配合代号确定为 $\phi45$H8/n7。

$\phi55$k6、$\phi58$r6 和 $\phi45$n7 的极限偏差可分别从表 2-2、表 2-3 中查出。

$\phi58$k6 和 $\phi45$n7 两个轴颈与轴上零件的固定采用普通平键,选正常连接。分别按轴颈尺寸 $\phi58$ mm 和 $\phi45$ mm,由表 5-9 可以确定键槽宽度分别为 $b=16$ mm 和 $b=14$ mm、键槽宽度公差带分别为 16N9 和 14N9,键槽深度尺寸和极限偏差分别为 $52_{-0.2}^{0}$ 和 $39.5_{-0.2}^{0}$。

8.1.2.2 轴的几何精度设计

为了保证选定的配合性质,对两处 $\phi55$k6、$\phi58$r6 和 $\phi45$n7 都采用包容要求。对于与滚动轴承配合的轴颈形状精度要求较高,所以规定圆柱度公差。按普通级滚动轴承的要求,查表 5-6 选取轴颈的圆柱度公差值为 0.005 mm。此外,$\phi65$ mm 轴肩两端面用于齿轮和轴承内圈的轴向定位,应规定轴向圆跳动公差,查表 5-6 得公差值为 0.015 mm。

为了保证输出轴的使用要求,两个轴颈 $\phi55$、$\phi58$ 和 $\phi45$ 的轴线应分别与安装基准,即两个轴颈($\phi55$)的公共轴线同轴。因此,根据齿轮的运动准确性精度为 8 级,按表 6-9 确定两个轴颈对它们的公共基准轴线 A—B 的径向圆跳动公差值为 $t_r=0.3F_p=0.021$(mm),$\phi58$ mm 轴和 $\phi45$ mm 轴对公共基准轴线 A—B 的径向圆跳动公差值按类比法分别为 0.022 mm 和 0.017 mm。

$\phi58$r6 和 $\phi45$n7 两个轴颈的键槽分别相对于这两个轴的轴线对称度公差值,根据 GB/T 1184—1996 确定对称度为 8 级,查表 3-12 得对称度公差值为 0.02 mm。

8.1.2.3 轴的表面粗糙度轮廓设计

按表 5-7 选取两个 $\phi55$k6 轴颈表面粗糙度参数 Ra 的上限值为 0.8 μm,轴承定位轴肩端面 Ra 的上限值为 6.3 μm。参考表 5-7 选取 $\phi45$n7 和 $\phi58$r6 两轴颈表面粗糙度参数 Ra 的上限值都为 0.8 μm。定位端面 Ra 的上限值分别为 3.2 μm 和 1.6 μm。

$\phi52$ mm 轴段的表面与密封件接触,此轴颈表面粗糙度参数 Ra 的上限值一般取为 3.2 μm 即可。

由平键的国家标准可知,键槽配合表面的表面粗糙度参数 Ra 的上限值可取为 1.6~3.2 μm,本例取为 3.2 μm;非配合表面 Ra 的上限值取为 6.3 μm。

输出轴其他表面粗糙度参数 Ra 的上限值取为 12.5 μm。

8.1.2.4 轴的未注尺寸公差等级与未注几何公差等级

输出轴上未注尺寸公差及几何公差分别按 GB/T 1804-m 和 GB/T 1184-K 给出,并在零件图"技术要求"中加以说明。

8.1.2.5　画出轴的零件图并标注上述公差要求

轴的零件图及标注如图 8-3 所示。

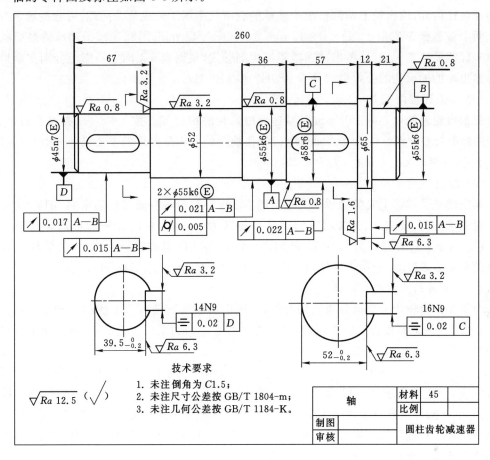

图 8-3　轴的零件图

8.1.3　箱座的精度设计

箱座主要起支撑作用,为了保证传动件的工作性能,箱座应具有一定的强度和支承刚度,还应具有规定的尺寸精度和几何精度。特别是箱座上安装输出轴和齿轮轴的轴承孔,应根据齿轮传动的精度要求,规定它们的中心距极限偏差、轴线平行度公差,轴承孔尺寸精度主要根据滚动轴承外圈与箱座轴承孔的配合性质确定。为了防止轴承外圈安装在轴承孔中产生过大的变形,还应规定箱座轴承孔的圆柱度公差。为了保证箱盖和箱座上的通孔能够与螺栓顺利安装以及轴承端盖与箱座顺利连接,箱座上这些通孔和螺纹孔也应分别规定位置度公差。为了保证箱盖与箱座连接的紧密性,应规定它们的接合面的平面度公差。为了保证轴承端盖在箱座轴承孔中的位置正确,应规定箱座上轴承孔端面对轴承孔轴线的垂直度公差。箱座精度设计还包括确定螺纹公差和箱座各部位的表面粗糙度轮廓参数值。现以图 8-1 所示减速器中下箱座为例说明箱座精度的设计。

8.1.3.1　箱座的尺寸精度设计

（1）轴承孔的公差带

由图 8-1 可知,箱座四个轴承孔分别与滚动轴承外圈配合,前者的公差带主要根据轴承精度、载荷大小和运转状态来确定。该减速器中输出轴上的两个普通级轴承30211($d \times D \times B=55$ mm$\times 100$ mm$\times 23$ mm)工作时外圈固定,该外圈承受定向载荷的作用。由上述输出轴精度设计可知,输出轴上两圆锥滚子轴承的载荷状态属于轻载荷。同理,可分析确定齿轮轴上两个普通级30208($d \times D \times B=40$ mm$\times 80$ mm$\times 18$ mm)的圆锥滚子轴承的载荷状态也属于轻载荷状态。同时,考虑减速器箱座为剖分式,根据表5-4确定箱座上分别支承齿轮轴和输出轴的轴承孔的公差带代号为$\phi 80$H7和$\phi 100$H7。

(2)中心距极限偏差

根据齿轮副的中心距150 mm和减速器中齿轮的精度等级按7~8级,查表6-11,该中心距的极限偏差$\pm f_a = 31.5$ μm,而箱座齿轮孔轴线的中心距允许偏差$\pm f_a'$一般取为(0.7~0.8)$\pm f_a$,本例取$\pm f_a' = 0.8 \pm f_a = \pm 25$ μm。

(3)螺纹公差

箱座轴孔端面上安装轴承端盖螺钉的M8螺孔和箱座右侧安装油塞的M16$\times 1.5$螺孔精度要求不高,按表5-19选取它们的精度等级为中等级,采用优先选用的螺纹公差带6H,它们的螺纹代号分别为M8-6H和M16$\times 1.5$-6H(6H可省略标注)。安装油标的M12螺孔的精度要求较低,选用粗糙级,选用公差带7H,螺纹代号为M12-7H。

8.1.3.2 箱座的几何精度设计

为了保证齿轮传动载荷分布的均匀性,应规定箱座两对轴承孔轴线的平行度公差。由8.1.1小节齿轮的精度设计知识可知,已求得轴线平面内的平行度公差($f_{\sum \delta}$)和垂直平面上的平行度公差($f_{\sum \beta}$)分别为0.035 mm和0.018 mm。实际箱座轴线平行度公差一般取$f'_{\sum \delta} = f_{\sum \delta} = 0.035$ mm、$f'_{\sum \beta} = f_{\sum \beta} = 0.018$ mm。为了保证支承轴承孔与轴承外圈的配合性质,箱座上支承同一根轴的两个轴承孔分别采用包容要求,并控制它们的同轴度误差。因此,一对轴承孔可采用最大实体要求的零几何公差形式给出同轴度公差。此外,对该轴承孔应进一步规定圆柱度公差。查表5-6确定$\phi 80$H7和$\phi 100$H7轴承孔的圆柱度公差分别为0.008 mm和0.01 mm。

减速器的箱盖和箱座用螺栓连接成一体。对箱座接合面上的螺栓孔(通孔)应规定位置度公差,公差值为螺栓大径与通孔之间最小间隙数值(见位置度公差值的计算方法)。所使用的螺栓为M12,通孔的直径为$\phi 13$H12,故取箱盖和箱座的位置度公差值为$\phi 1$ mm,并采用最大实体要求。

为了保证轴承端盖在箱座轴承孔中的正确位置,根据经验规定轴承孔端面对轴承孔轴线的垂直度公差取8级,两对轴承端盖端面尺寸为$\phi 105$ mm和$\phi 140$ mm,其公差值查表3-11可得为0.08 mm。为了保证箱盖与箱座接合面的紧密性,这两个接合面要求平整。因此,应对这两个接合表面分别规定平面度公差也是8级,平面度公差值为0.06 mm。

为了能够用6个螺钉分别顺利穿过均布在轴承端盖上的6个通孔,将它紧固在箱座上,对箱座轴承孔端面上的螺纹孔应规定位置度公差。位置度公差值为轴承端盖通孔与螺钉之间最小间隙数值的一半(见位置度公差值的计算方法)。所使用的螺钉为M8,通孔直径为9H12。取位置度公差值为$\phi 0.5$ mm,该位置度公差以轴承孔端面为第一基准,以轴承孔轴线为第二基准,并采用最大实体要求。

8.1.3.3 箱座的表面粗糙度轮廓设计

按表5-7选取$\phi 80$H7和$\phi 100$H7轴承孔的表面粗糙度轮廓参数Ra的上限值皆为1.6

μm,轴承孔端面的表面粗糙度轮廓参数 Ra 的上限值皆为 $3.2\ \mu m$。

根据经验,箱盖和箱座接合面的表面粗糙度轮廓参数 Ra 的上限值取为 $6.3\ \mu m$,箱座底平面的表面粗糙度轮廓参数 Ra 的上限值取为 $12.5\ \mu m$。其余表面粗糙度轮廓参数 Ra 的上限值为 $50\ \mu m$。

8.1.3.4 箱座的未注公差设计

箱座未注尺寸公差及未注几何公差分别按 GB/T 1804-c 和 GB/T 1184-L 给出,并在零件图"技术要求"中说明。

8.1.3.5 画出箱座的零件图并标注上述公差要求

本例箱座的箱座零件图如图 8-4 所示。

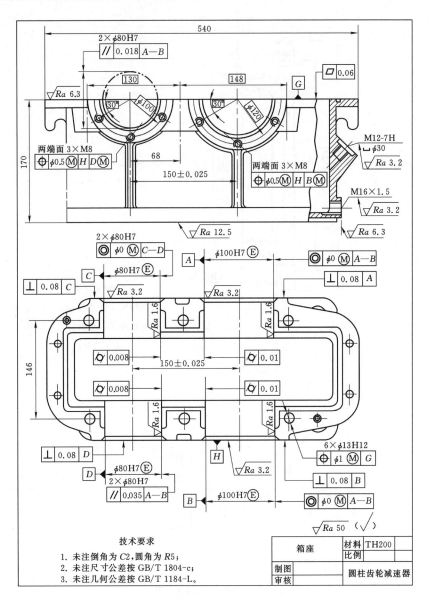

技术要求
1. 未注倒角为 C2,圆角为 R5;
2. 未注尺寸公差按 GB/T 1804-c;
3. 未注几何公差按 GB/T 1184-L。

箱座		材料 TH200	
		比例	
制图		圆柱齿轮减速器	
审核			

图 8-4 箱座的零件图

8.1.4 轴承端盖的精度设计

轴承端盖零件图如图 8-5 所示。

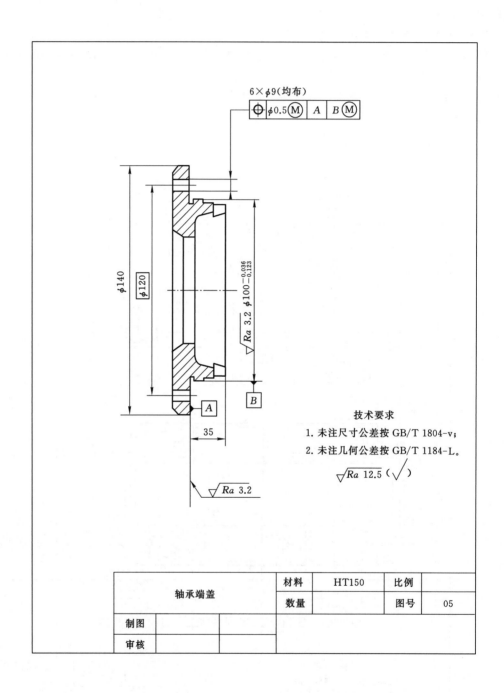

图 8-5 轴承端盖的零件图

轴承端盖用于轴承外圈的轴向定位。它与轴承孔的配合要求为装配方便且不产生较大的偏心,因此,该配合宜采用间隙配合。由于轴承孔的公差带已经按轴承要求确定(H7),故应以轴承孔公差带为基准来选择轴承端盖圆柱面的公差带。由表8-2可知,轴承端盖圆柱面的基本偏差代号为f;另外考虑加工成本,轴承端盖圆柱面的标准公差等级应比轴承孔低2级,为9级。因此,可以确定两对轴承孔处的轴承端盖圆柱面的公差带分别为 $\phi 80f9$ 和 $\phi 100f9$。

表 8-2   轴承端盖圆柱面、定位套筒孔的基本偏差

轴承孔的基本偏差代号	轴承端盖圆柱面的基本偏差代号	轴颈的基本偏差代号	套筒孔的基本偏差代号
H	f	h	F
J	e	j	E
K、M、N	d	k、m、n	D

对轴承端盖上的 6 个通孔应规定位置度公差,所使用的螺钉为 M8,通孔直径为 $\phi 9$,根据位置度公差值的计算方法,通孔的位置度公差值为 $t=0.5X_{min}=0.5$ mm,并采用最大实体要求。

箱体与轴承端盖配合处($\phi 100$ 或 $\phi 80$)、箱体与轴承端盖接触面(基准面 A)的表面粗糙度参数值,应用类比法确定 $\phi 100f9$ 圆柱面的表面粗糙度 Ra 的上限值为 $3.2\ \mu m$,基准面 A 的表面粗糙度 Ra 的上限值为 $3.2\ \mu m$。

轴承端盖未注的尺寸公差及几何公差分别按 GB/T 1804-v 和 GB/T 1184-L 给出,并在零件图"技术要求"中说明,其余表面粗糙度 Ra 的上限值不大于 $12.5\ \mu m$。

8.2   装配图上标注的尺寸和配合代号

装配图用来表达减速器中各零部件的结构及相互关系,也是指导装配、验收和检修工作的技术文件。因此,装配图上应标注以下四方面的尺寸:① 外形尺寸,即减速器的总长、总宽和总高;② 特性尺寸,如传动件的中心距及其极限偏差;③ 安装尺寸,即减速器的中心高,轴的外伸端配合部位的长度和直径,箱体上地脚螺栓孔的直径和位置尺寸等;④ 有配合性质要求的尺寸,包括在装配图中零部件接合处的尺寸和配合代号,如一般孔(轴)配合代号、花键配合代号和螺纹副代号等。下面着重就减速器重要接合面的配合尺寸、特性尺寸和安装尺寸加以说明。

8.2.1   减速器中重要接合面的配合尺寸

8.2.1.1   圆锥滚子轴承与轴颈、箱体轴承孔的配合

对滚动轴承内、外圈分别与轴颈、轴承孔相配合的尺寸,只标注轴颈和轴承孔尺寸的公差带代号。输出轴上的轴颈 $\phi 55$、$\phi 45$ 的公差带代号分别为 $\phi 55k6$、$\phi 45n7$,箱体轴承孔的公差带代号分别为 $\phi 80H7$ 和 $\phi 100H7$。

8.2.1.2   轴承端盖与箱体轴承孔的配合尺寸

由箱体和轴承端盖精度设计结果可知,轴承孔与轴承端盖圆柱面的配合代号分别为

$\phi80H7/f9$ 和 $\phi100H7/f9$。

8.2.1.3 套筒孔与轴颈的配合尺寸

套筒用于从动齿轮与轴承内圈的轴向定位。套筒孔与轴颈的配合要求与轴承端盖圆柱面与箱体轴承孔的配合要求类似,是间隙配合。由轴颈基本偏差确定套筒孔的基本偏差,见表8-2。套筒孔的标准公差等级比轴颈低 2～3 级。本例中轴颈的基本偏差代号为 k,故套筒孔与轴颈的配合代号确定为 $\phi55D9/k6$。

8.2.1.4 从动齿轮基准孔与输出轴轴颈的配合

根据齿轮和输出轴精度设计的结果,基准孔公差带代号为 $\phi58H7$,轴公差带代号为 $\phi58r6$,故齿轮与轴配合的配合代号为 $\phi58H7/r6$。

上述配合代号的标注如图 8-1 所示。

8.2.2 特性尺寸和安装尺寸

减速器的特性尺寸主要是指传动件的中心距及其极限偏差。如前所述,该减速器斜齿轮传动中心距为 150 mm,中心极限偏差值为 ±0.031 5 mm。在装配图中标注中心距及其极限偏差为(150±0.031 5) mm,如图 8-1 所示。

安装尺寸表明减速器在机械系统中与其他零部件装配相关的尺寸。安装尺寸包括减速器的中心高,箱体上地脚螺栓孔的直径和位置尺寸,减速器输入轴、输出轴端部轴颈的公差带代号和长度等,如图 8-1 所示。

☞ **知识拓展**

减速器与机械、机床、车辆的关系

减速器是传动系统中常用的减速装置,其中典型的零件包括齿轮类零件、轴类零件和箱体类零件。本章介绍的减速器中典型零件精度设计过程也可以应用于相关齿轮减速类装置或产品的精度设计中。例如,在矿山机械中,采煤机的摇臂和截割头、刮板输送机等均含有齿轮减速装置;在各种

装备中的减速器

机床中,主轴箱、进给箱等多是由齿轮减速装置构成的;在乘用车辆、工程车辆等领域,变速箱也属于一类减速器。可见,上述装备中的齿轮减速装置也都包含着齿轮、轴、箱体等典型零件,这些零件的尺寸精度设计、几何精度设计和表面粗糙度轮廓设计和本章的学习内容息息相关。

☞ **思考题与习题**

8-1 在减速器装配图上需要标注哪些配合代号?

8-2 减速器中输出轴上应标注哪些尺寸公差和几何公差?

8-3 图 8-6 所示为减速器的齿轮轴(输入轴)设计图。减速器主要技术特性见表 8-1。试确定齿轮轴上的齿轮偏差项目和齿坯偏差项目及它们的允许值,该轴上其他要素的尺寸及其极限偏差、几何公差和表面粗糙度轮廓幅度参数值。并将上述技术要求标注在齿轮轴零件图上。

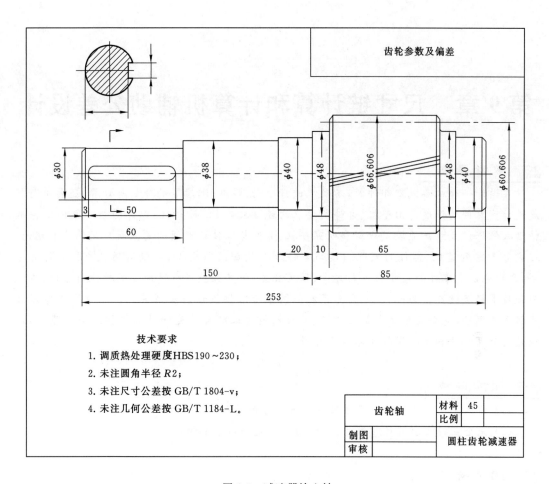

齿轮参数及偏差		

技术要求

1. 调质热处理硬度 HBS 190～230；
2. 未注圆角半径 R2；
3. 未注尺寸公差按 GB/T 1804-v；
4. 未注几何公差按 GB/T 1184-L。

齿轮轴		材料	45	
		比例		
制图				
审核		圆柱齿轮减速器		

图 8-6 减速器输入轴

第9章 尺寸链计算和计算机辅助公差设计

在设计一台机器或零部件时,不仅要进行运动、强度、刚度等的分析与计算,还要进行精度设计。零件的精度是由整机、部件所要求的精度决定的,而整机、部件的精度则由零件的精度来保证。尺寸链原理是分析和研究整机、部件与零件精度间的关系所应用的基本理论。在充分考虑到整机、部件的装配精度与零件加工精度的前提下,可以运用尺寸链的计算方法,合理地确定零件的尺寸公差与方向、位置公差,使产品获得尽可能高的性能价格比,创造最佳技术经济效益。为此,我国公布了相关国家标准供设计时参考使用。本章重点学习尺寸链图的画法、完全互换法求解尺寸链、大数互换法求解尺寸链和计算机辅助公差设计,难点是完全互换法和大数互换法求解尺寸链。

🖐 **课前问题**

(1) 什么是尺寸链的环? 尺寸链环是如何分类的?

(2) 完全互换法求解尺寸链时,各环的精度是如何分配的?

🖐 **国家标准**

《尺寸链 计算方法》(GB/T 5847—2004)。

9.1 尺寸链概念与尺寸链图

9.1.1 尺寸链的基本概念

9.1.1.1 基本术语及定义

(1) 尺寸链的定义

在机器装配或零件加工过程中,由相互连接的尺寸形成封闭的尺寸组称为尺寸链。

如图 9-1(a)所示,将直径为 A_1 的轴装入直径为 A_2 的孔中,装配后得到间隙 A_0。A_0 的大小取决于孔径 A_2 和轴径 A_1 的大小。A_1 和 A_2 属于不同零件的设计尺寸。A_0、A_1 和 A_2 这三个相互连接的尺寸就形成了封闭的尺寸组,即形成了一个尺寸链。在我们本课程已学过的内容中,也有许多这样的例子。如螺纹连接中内、外螺纹的中径尺寸与间隙量的关系,圆锥配合中内、外圆锥直径与配合间隙或过盈的关系,圆柱齿轮分度圆直径和齿轮中心距及齿轮副侧隙间的关系等,均可用尺寸链的概念对其进行讨论。

如图 9-1(b)所示的齿轮轴及其各个轴向长度尺寸 B_0、B_1、B_2 和总长 B_3 这四个相互连

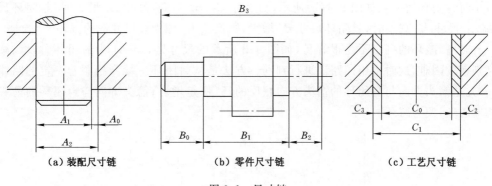

| (a) 装配尺寸链 | (b) 零件尺寸链 | (c) 工艺尺寸链 |

图 9-1 尺寸链

接的尺寸之间也具有封闭性,所组成的尺寸也就形成了一个尺寸链。

如图 9-1(c)所示,内孔需要镀铬。镀铬前孔加工的尺寸(直径)为 C_1,孔壁镀铬厚度为 C_2、C_3($C_2=C_3$),镀铬后得到的孔径为 C_0,这四个相互连接的尺寸也形成了一个尺寸链。

综上所述可知,尺寸链具有以下两个特性:

① 封闭性。组成尺寸链的各个尺寸按一定顺序构成一个封闭系统。

② 相关性。其中一个尺寸发生变化,势必会影响其他尺寸发生相应的变化。

(2) 尺寸链的有关术语

① 环

环是指列入尺寸链中的每一个尺寸,如图 9-1(a)中的 A_0、A_1 和 A_2 以及图 9-1(b)中的 B_0、B_1、B_2 和 B_3 都是尺寸的环。环一般用英文大写字母表示。环分为封闭环和组成环。

② 封闭环

图 9-1(a)中的 A_0 和图 9-1(b)中的 B_0 是在装配或加工过程中最后自然形成的尺寸,为封闭环尺寸,简称封闭环。从加工或装配角度讲,凡是最后形成的尺寸,即为封闭环;从设计角度讲,需要靠其他尺寸间接保证的尺寸,便是封闭环。一般来讲,图样上标注的尺寸不同,封闭环也不同。因此,在计算尺寸链时,应正确地判断封闭环,才能得出正确的计算结果。封闭环一般用下角标为阿拉伯数字"0"的英文大写字母表示。

③ 组成环

图 9-1(a)中的 A_1、A_2 和图 9-1(b)中的 B_1、B_2 和 B_3 是尺寸链中对封闭环有影响的全部环。这些环中任何一环的变动必然引起封闭环的变动。组成环一般用下角标为阿拉伯数字 1,2,3,…的英文大写字母表示。组成环分为增环和减环。

a. 增环

封闭环确定后,若尺寸链中有一环增大,封闭环尺寸也随之增大,该尺寸环便为增环尺寸,简称增环。它的变动会引起封闭环的同向变动。同向变动是指该环增大时封闭环增大,该环减小时封闭环减小。如图 9-1(b)所示,当尺寸 B_1、B_2 不变,尺寸 B_3 增大时,封闭环尺寸 B_0 也增大,尺寸 B_3 减小时,封闭环尺寸 B_0 也减小,则尺寸 B_3 即为该尺寸链的增环。

b. 减环

封闭环确定后,若尺寸链中有一环增大,封闭环尺寸随之减小,该尺寸环便为减环尺寸,简称减环。它的变动会引起封闭环的反向变动。反向变动是指该环增大时封闭环减小,该环减小时封闭环增大。如图 9-1(b)所示,当尺寸 B_2、B_3 不变,尺寸 B_1 增大时,封闭环尺寸 B_0 减小,尺寸 B_1 减小时,封闭环尺寸 B_0 增大,则尺寸 B_1 即为该尺寸链的减环。

有时增、减环的判别不是很容易,如图 9-2 所示的尺寸链,当 A_0 为封闭环时,增、减环的判别就较困难,这时可用回路法进行判别。方法是从封闭环一端开始顺着一定的路线标箭头,凡是箭头方向与封闭环的箭头方向相反的环,便是增环;箭头方向与封闭环的箭头方向相同的环,便为减环。

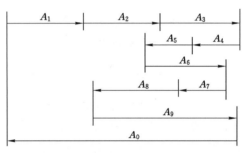

图 9-2 尺寸链图

④ 补偿环

补偿环是指尺寸链中预先选定的某一组成环,通过改变其大小或位置,使封闭环达到规定的要求。例如,在减速器产品中用垫片作为补偿件,它的厚度作为补偿环,装配时选择并安装不同厚度的垫片来调整端盖与滚动轴承之间的轴向间隙的大小。

⑤ 传递系数

传递系数是指表示各组成环影响封闭环大小的程度和方向的系数,用符号 ξ_i 表示(下角标 i 为组成环的序号)。对于增环,ξ_i 为正值;对于减环,ξ_i 为负值。在直线尺寸链中,增环时 $\xi_i=+1$,减环时 $\xi_i=-1$。

9.1.1.2 尺寸链的分类

(1) 按尺寸链的功能要求分类

① 装配尺寸链

装配尺寸链是指全部组成环为不同零件的设计尺寸(零件图上标注的尺寸)所形成的尺寸链,如图 9-1(a)所示。

② 零件尺寸链

零件尺寸链是指全部组成环为同一零件的设计尺寸所形成的尺寸链,如图 9-1(b)所示。装配尺寸链和零件尺寸链统称为设计尺寸链。

③ 工艺尺寸链

工艺尺寸链是指全部组成环为零件加工时该零件的工艺尺寸所形成的尺寸链,如图 9-1(c)所示。

(2) 按尺寸链中各环的相互位置分类

① 直线尺寸链

直线尺寸链是指全部组成环都平行于封闭环的尺寸链,如图 9-1 所示。

② 平面尺寸链

平面尺寸链是指全部组成环位于一个或几个平行平面内,但某些组成环不平行于封

机械精度设计与检测

闭环。

③ 空间尺寸链

空间尺寸链是指全部组成环位于几个不平行的平面内。

最常见的尺寸链是直线尺寸链。平面尺寸链和空间尺寸链可以用坐标投影法转换为直线尺寸链,然后按直线尺寸链的计算方法进行计算。

(3) 按尺寸链中各环尺寸的几何特性分类

① 长度尺寸链

长度尺寸链是指尺寸链中各环均为长度尺寸,如图 9-1 所示。

② 角度尺寸链

角度尺寸链是指尺寸链中各环均为角度尺寸。角度尺寸链常用于分析和计算机械结构中有关零件要素的位置精度,如平行度、垂直度和同轴度等。

本章重点介绍长度尺寸链中的直线尺寸链。

9.1.1.3 尺寸链的作用

(1) 分析结构设计的合理性

在机械设计中,通过对各种方案的装配尺寸链进行分析比较,可以确定出最佳结构。

(2) 合理地分配公差

按封闭环的公差与极限偏差,可以合理地分配各组成环的公差与极限偏差。

(3) 校验图样

可按尺寸链分析计算、检查、校核零件图上尺寸、公差与极限偏差是否正确合理。

(4) 基面换算

当按零件图样标注不便于加工和测量时,可按尺寸链进行基面换算。

(5) 工序尺寸计算

根据零件封闭环和部分组成环的基本尺寸及极限偏差,确定某一组成环的基本尺寸及极限偏差。

9.1.2 尺寸链图

正确地确立尺寸链是进行尺寸链计算的前提,一般按下列步骤进行。

9.1.2.1 确立封闭环

如前所述,封闭环是在装配或加工过程中最后形成的一个环,是各组成环的误差累积的最终环。建立尺寸链,首先要正确地确定封闭环。如图 9-1(a) 所示的孔、轴配合的间隙等装配尺寸链中的封闭环,往往代表产品的技术规范或装配要求,是机器或部件上有装配精度要求的尺寸。工艺尺寸链上的封闭环为被加工零件要求达到的设计尺寸或工艺过程需要的余量尺寸,如图 9-1(b) 中的 B_0。零件尺寸链中的封闭环应为公差等级要求最低的环,一般在零件图上不标注,以免引起加工中的混乱。此外还应注意,零件尺寸链和工艺尺寸链中,封闭环必须在加工顺序确定以后才能判断。加工顺序改变了,封闭环也随之改变。

一个尺寸链中只有一个封闭环。

9.1.2.2 查找组成环

组成环是对封闭环有直接影响的那些尺寸,与此无关的尺寸要排除在外。一个尺寸链的环数要尽量少。

查找装配尺寸链的组成环时,先从封闭环的任意一端开始,找相邻零件的尺寸,然后再找与第一个零件相邻的第二个零件的尺寸,这样一环接一环,直到封闭环的另一端为止,从而形成封闭环的尺寸组。

图 9-3(a)所示为发动机曲轴主轴颈与轴瓦的局部装配图。齿轮与止推垫片之间的间隙 L_0 是装配技术要求,为封闭环。组成环可以从齿轮右端向右 L_1 开始,然后向左,依次是止推垫片 L_2、轴套厚度 L_3、止推垫片 L_4,最后回到封闭环。L_1、L_2、L_3、L_4 均为组成环。

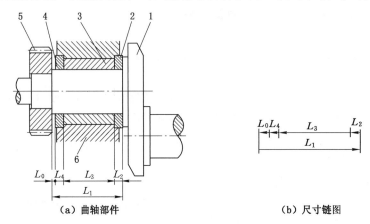

(a)曲轴部件　　　　　　　　　　　(b)尺寸链图

1—曲轴;2,4—止推垫片;3—剖分式轴瓦;5—正时齿轮;6—轴承座。

图 9-3　曲轴部件的装配尺寸链

一个尺寸链中,至少有两个组成环。组成环中,可能只有增环没有减环,但不可能只有减环没有增环。

在封闭环有较高技术要求或几何误差较大的情况下,建立尺寸链时还要考虑方向、位置误差对封闭环的影响。如图 9-3(a)中的轴套,它的图样标注和实际零件图形如图 9-4 所示。

如图 9-4(a)所示,当轴套厚度 L_2 的尺寸公差与两端面的平行度公差之间的关系采用包容要求时,其两端面的平行度误差控制在 L_2 的尺寸公差之内,因此该平行度误差对封闭环的影响已经包含在 L_2 的尺寸公差内,不必单独考虑其影响。如图 9-4(b)所示,当轴套厚度 L_2 的尺寸公差与两端面的平行度公差之间的关系采用独立原则时,其两端面的平行度误差 f_2 会影响封闭环的大小[图 9-4(c)],平行度公差 f_2(允许的平行度误差最大值)就应作为一个组成环(减环)列入尺寸链中。

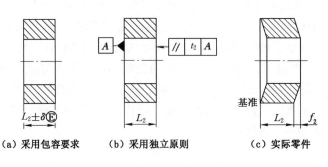

(a)采用包容要求　　　(b)采用独立原则　　　(c)实际零件

图 9-4　轴套

9.1.2.3　画出尺寸链线图

为了清楚表达尺寸链的组成,通常不需要画出零件或部件的具体结构,也不必按照严格的比例,只需要将链中各尺寸依次画出,形成封闭的图形即可,这样的图形称为尺寸链图,如图 9-3(b)所示。在尺寸链图中,常用带单箭头线段表示各环,箭头仅表示查找尺寸链组成环的方向。与封闭环方向相同的为减环,与封闭环方向相反的为增环。在图 9-3(b)中,L_1 为增环,L_2、L_3、L_4 为减环。

9.1.2.4　分析计算尺寸链的任务和方法

尺寸链的分析与计算,是为了正确合理地确定尺寸链中各环的尺寸与精度。主要解决以下三类任务:

（1）设计计算

设计计算又叫反计算,是指已知封闭环的极限尺寸和各组成环的公称尺寸,计算各组成环的极限偏差。这种计算通常用于产品设计过程中由机器或部件的装配精度确定各组成环的尺寸公差和极限偏差,把封闭环公差合理地分配给各组成环。应当指出的是,设计计算的解可能不是唯一的,而是有多种不同的解。

（2）校核计算

校核计算又叫正计算,是指已知各组成环的公称尺寸和极限偏差,计算封闭环的公称尺寸和极限偏差。这种计算主要用于验算零件图上标注的各组成环的公称尺寸和极限偏差在加工之后能否满足所设计产品的技术要求。

（3）工艺尺寸计算

工艺尺寸计算又叫中间计算,是指已知封闭环和某些组成环的公称尺寸和极限偏差,计算某一组成环的公称尺寸和极限偏差。这种计算通常用于零件在加工过程中计算某工序需要确定而在零件图的图样上没有标注的工序尺寸。

无论设计计算、校核计算还是工艺尺寸计算,都要处理封闭环的公称尺寸和极限偏差与各组成环的公称尺寸和极限偏差的关系。

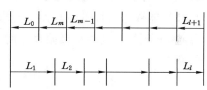

图 9-5　多环直线尺寸链图

如图 9-5 所示的多环直线尺寸链,设组成环数为 m,增环环数为 l,则减环环数为 $m-l$,得到封闭环公称尺寸 L_0 与各组成环基本尺寸 L_i 的关系如下:

$$L_0 = \sum_{i=1}^{l} L_i - \sum_{i=l+1}^{m} L_i \qquad (9\text{-}1)$$

封闭环的公称尺寸等于所有增环的公称尺寸之和减去所有减环的公称尺寸之和。

如图 9-6 所示,尺寸链中任何一环的公称尺寸 L、最大极限尺寸 $L_{\max}$、最小极限尺寸 $L_{\min}$、上偏差 ES、下偏差 EI、公差 T 以及中间偏差 Δ 之间的关系如下:$L_{\max} = L + \mathrm{ES}$,$L_{\min} = L + \mathrm{EI}$,$T = L_{\max} - L_{\min} = \mathrm{ES} - \mathrm{EI}$。中间偏差为上、下偏差的平均值,即:

$$\Delta = (\mathrm{ES} + \mathrm{EI})/2$$

因此

$$\begin{cases} \mathrm{ES} = \Delta + T/2 \\ \mathrm{EI} = \Delta - T/2 \end{cases} \qquad (9\text{-}2)$$

尺寸链中任何一环的中间尺寸为$(L_{max}+L_{min})/2=L+\Delta$。由图 9-6 所示的直线尺寸链图可以得出封闭环中间偏差与各组成环中间偏差的关系如下：

$$\Delta_0 = \sum_{i=1}^{l} \Delta_i - \sum_{i=l+1}^{m} \Delta_i \qquad (9\text{-}3)$$

封闭环中间偏差等于所有组成环中增环中间偏差之和减去所有减环中间偏差之和。

为了保证互换性，可以采用完全互换法或大数互换法来达到封闭环的公差要求。某些情

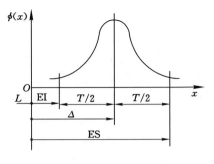

x—尺寸；$\Phi(x)$—概率密度。

图 9-6　极限偏差与中间偏差和公差的关系

况下，为了经济地达到装配尺寸链的装配精度要求，可以采用不完全互换的分组法、调整法或修配法。

9.2　尺寸链的计算

9.2.1　用完全互换法求解尺寸链

完全互换法也称极值法，是从尺寸链各环的最大与最小极限尺寸出发进行尺寸链计算，不考虑各环实际尺寸的分布情况。按此法计算出来的尺寸加工各组成环，装配时各组成环不需要挑选或辅助加工，装配后即能满足封闭环的公差要求，就可实现完全互换。

9.2.1.1　极值计算公式

如图 9-5 所示，为了达到完全互换，就必须保证尺寸链中各组成环的尺寸为最大或最小极限尺寸时，能够达到封闭环的公差要求。当所有增环(l 个)均为其最大极限尺寸且所有减环[$(m-l)$ 个]均为其最小极限尺寸时，则其封闭环为其最大极限尺寸，它们的关系如下：

$$L_{0max} = \sum_{i=1}^{l} L_{imax} - \sum_{i=l+1}^{m} L_{imin} \qquad (9\text{-}4)$$

封闭环最大极限尺寸等于所有增环的最大极限尺寸之和减去所有减环的最小极限尺寸之和。

当所有增环(l 个)均为其最小极限尺寸且所有减环[$(m-l)$ 个]均为其最大极限尺寸时，则其封闭环为其最小极限尺寸，它们的关系如下：

$$L_{0min} = \sum_{i=1}^{l} L_{imin} - \sum_{i=l+1}^{m} L_{imax} \qquad (9\text{-}5)$$

封闭环最小极限尺寸等于所有增环的最小极限尺寸之和减去所有减环的最大极限尺寸之和。

用式(9-4)减去式(9-5)得出封闭环公差 T_0 与各组成环公差 T_i 之间的关系如下：

$$T_0 = \sum_{i=1}^{l} T_i + \sum_{i=l+1}^{m} T_i = \sum_{i=1}^{m} T_i \qquad (9\text{-}6)$$

封闭环的公差等于所有组成环公差之和。这就是极值计算公式。由式(9-6)可见，在尺寸链各环公差中，封闭环的公差最大，它与组成环的数目及公差的大小有关。

9.2.1.2 设计计算

设计计算是根据设计的精度要求进行公差分配。通常有等公差法和等精度法两种解法。

（1）等公差法

当各组成环的基本尺寸相差不大时，可将封闭环的公差平均分配给各组成环，应按下式计算：

$$T_i = T_0/m \tag{9-7}$$

组成环公差按此分配后，如果需要，可以再根据各环的尺寸大小、加工难易程度和功能要求等因素做适当调整，但应满足式（9-8）：

$$\sum_{i=l+1}^{m} T_i \leqslant T_0 \tag{9-8}$$

实际工作过程中，各组成环的基本尺寸一般相差很大，按"等公差法"分配公差，从加工工艺上讲很不合理。为此，一般采用"等精度法"。

（2）等精度法

各组成环的公差等级相同，即各环公差等级系数相等，设其值均为 a，则：

$$a_1 = a_2 = a_3 = \cdots = a_m = a$$

根据 GB/T 1800.1—2020 的规定，在 IT5～IT18 公差等级内，标准公差的计算式为 $T = ai$，其中 i 为公差单位，在常用尺寸段内 $i = 0.45\sqrt[3]{D} + 0.001D$，为使用方便，将公差等级系数 a 的值和公差单位 i 的数值列入表 9-1 和表 9-2 中。

表 9-1 公差等级系数 a 的数值

公差等级	IT8	IT9	IT10	IT11	IT12	IT13	IT14	IT15	IT16	IT17	IT18
系数 a	25	40	64	100	160	250	400	640	1 000	1 600	2 500

表 9-2 公差单位 i 的数值

尺寸段 D/mm	1～3	>3～6	>6～10	>10～18	>18～30	>30～50	>50～80
公差单位 i/μm	0.54	0.73	0.90	1.08	1.31	1.56	1.86
尺寸段 D/mm	>80～120	>120～180	>180～250	>250～315	>315～400	>400～500	
公差单位 i/μm	2.17	2.52	2.90	3.23	3.54	3.89	

由式（9-6）可得：

$$a = \frac{T_0}{\sum\limits_{j=1}^{m} i_j} \tag{9-9}$$

计算出 a 后，按标准查取与之相近的公差等级系数，进而查表确定各组成环的公差。

通常，各组成环的极限偏差确定方法是先留一个组成环作为调整环，其余各组成环的极限偏差按"偏差入体原则"配置，即内尺寸（包容尺寸）按 H 配置，外尺寸（被包容尺寸）按 h 配置；一般长度尺寸（组成环）的极限偏差按"偏差对称原则"配置，即按 JS（或 js）配置。进行公差设计计算时，最后必须进行校核，以保证设计的正确性。

【例 9-1】 图 9-3(a)所示为发动机曲轴的局部装配图。设计要求齿轮 5 与止推垫片 4 之间的间隙 $L_0 = 0.2 \sim 0.5$ mm。各组成环的公称尺寸：两个止推垫片 2 和 4 的厚度 $L_2 = L_4 = 2.5$ mm，轴颈的长度 $L_1 = 43.5$ mm，轴瓦 3 的长度 $L_3 = 38.5$ mm。试用完全互换法计算各组成环的极限偏差。

解 ① 建立尺寸链。

间隙 L_0 是装配过程中最后形成的尺寸，因此 L_0 是封闭环。建立尺寸链时，从 L_0 的左端开始查找直接影响 L_0 大小的那些尺寸，依次是轴颈长度 L_1、止推垫片 2 的厚度 L_2、轴瓦的长度 L_3，一直找到止推垫片 4 的厚度 L_4，最后与 L_0 的右端相连接。由这四个组成环对封闭环的影响性质可知，L_1 为增环，L_2、L_3、L_4 为减环。将 L_0 与 L_1、L_2、L_3、L_4 依次用线段连接，就得到了如图 9-3(b)所示的尺寸链图。

封闭环公称尺寸 $L_0 = L_1 - (L_2 + L_3 + L_4) = 43.5 - (2.5 + 38.5 + 2.5) = 0$。

封闭环公差 $T_0 = 0.5 - 0.2 = 0.3$ （mm），其上、下偏差分别为：$ES_0 = +0.5$ mm，$EI_0 = +0.2$ mm，其尺寸可以表示为 $0^{+0.5}_{+0.2}$ mm。

② 确定各组成环的公差。

先假定各组成环公差相等 $T_1 = T_2 = \cdots = T_m = T_{av}$（平均极值公差），则由式(9-6)得：$T_0 = mT_{av}$，因此各组成环的平均极值公差 $T_{av} = T_0/m = 0.3/4 = 0.075$ （mm）。

根据各组成环的尺寸大小和加工难易程度，调整各组成环的公差，取 $T_2 = T_4 = 0.04$ mm（相当于 IT10），$T_3 = 0.1$ mm（相当于 IT10），由式(9-6)得：

$$T_1 = T_0 - (T_2 + T_3 + T_4) = 0.3 - (0.04 + 0.1 + 0.04) = 0.12 \text{ (mm)}$$

③ 确定各组成环的极限偏差。

取 $L_2 = L_4 = 2.5^{\ 0}_{-0.04}$ mm，$L_3 = 38.5^{\ 0}_{-0.1}$ mm，组成环 L_2、L_3、L_4 的极限偏差确定后，它们的中间偏差分别是 $\Delta_2 = \Delta_4 = -0.02$ mm，$\Delta_3 = -0.05$ mm，封闭环的中间偏差 $\Delta_0 = +0.35$ mm。因此由式(9-3)得：

$$\Delta_1 = \Delta_0 + (\Delta_2 + \Delta_3 + \Delta_4) = +0.35 + (-0.02 - 0.05 - 0.02) = +0.26 \text{ (mm)}$$

按式(9-2)计算出组成环 L_1 的上、下偏差为：

$$\begin{cases} ES_1 = \Delta_1 + T_1/2 = +0.26 + 0.12/2 = +0.32 \text{ (mm)} \\ EI_1 = \Delta_1 - T_1/2 = +0.26 - 0.12/2 = +0.20 \text{ (mm)} \end{cases}$$

于是得 $L_1 = 43.5^{+0.32}_{+0.20}$ mm。

按式(9-4)和式(9-5)核算封闭环的极限尺寸：

$$\begin{cases} L_0 = 43.82 - (2.46 + 38.4 + 2.46) = 0.5 \text{ mm} \\ L_0 = 43.70 - (2.5 + 38.5 + 2.5) = 0.2 \text{ mm} \end{cases}$$

能够满足设计要求。

9.2.1.3 校核计算

【例 9-2】 如图 9-3(a)所示曲轴轴向装配尺寸链中，已知各组成环公称尺寸及极限偏差（单位 mm）为：

$$L_1 = 43.5E9\,(^{+0.112}_{-0.050}) \text{ mm}, \qquad L_2 = 2.5h10\,(^{0}_{-0.04}) \text{ mm}$$

$$L_3 = 38.5h10\,(^{0}_{-0.052}) \text{ mm}, \qquad L_4 = 2.5h10\,(^{0}_{-0.04}) \text{ mm}$$

试验算轴向间隙 (L_0) 是否在要求的 $0.05 \sim 0.25$ mm 范围内。

解 ① 画尺寸链图，确定增、减环。

尺寸链图如图9-3(b)所示,其中L_1为增环,L_2、L_3、L_4为减环,属直线尺寸链。

② 求封闭环公称尺寸。

由式(9-1)得:

$$L_0 = L_1 - (L_2 + L_3 + L_4) = 43.5 - (2.5 + 38.5 + 2.5) = 0$$

③ 求封闭环的极限偏差。

由式(9-4)和式(9-5)得:

$$\begin{cases} ES_0 = ES_1 - (EI_2 + EI_3 + EI_4) = +0.112 - (-0.04 - 0.052 - 0.04) = +0.244 \text{ (mm)} \\ EI_0 = EI_1 - (ES_2 + ES_3 + ES_4) = +0.05 - (+0 + 0 + 0) = +0.05 \text{ (mm)} \end{cases}$$

于是得 $L_0 = 0^{+0.224}_{+0.050}$ mm。

根据计算,轴向间隙在0.05~0.25 mm范围内,故满足要求。

④ 验算。

由式(9-6)有:

$$T_0 = \sum_{i=1}^{m} T_i = T_1 + T_2 + T_3 + T_4 = 0.062 + 0.04 + 0.052 + 0.04 = 0.194 \text{ (mm)}$$

另一方面,由封闭环上、下偏差求得:

$$T_0 = |ES_0 - EI_0| = |0.244 - 0.05| = 0.194 \text{ (mm)}$$

计算结果一致。

9.2.1.4 工艺尺寸计算

【例9-3】 如图9-7(a)所示为轴及其轴键槽尺寸的标注。如图9-7(b)所示,该轴和键槽的加工顺序如下:先按工序尺寸 $A_1 = \phi 45.6^{\,0}_{-0.1}$ mm 车外圆柱面,再按工序尺寸 A_2 铣键槽,淬火后,按图样标注尺寸 $A_3 = \phi 45^{+0.018}_{+0.002}$ mm 磨外圆柱面至设计要求。轴完工后要求键槽深度尺寸 A_0 符合图样标注的尺寸 $39.5^{\,0}_{-0.2}$ mm 的规定。试用完全互换法计算尺寸链,确定工序尺寸 A_2 的极限尺寸。

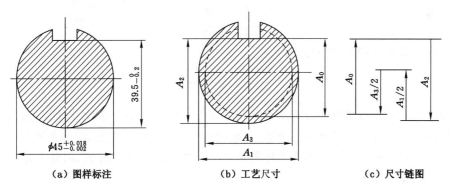

(a) 图样标注   (b) 工艺尺寸   (c) 尺寸链图

图9-7 轴及其键槽加工的工艺尺寸链

解 ① 建立尺寸链。

从加工过程看,键槽深度尺寸 A_0 是加工过程中最后自然形成的尺寸,因此 A_0 是封闭环。建立尺寸链时,以轴横截面的中心线作为查找组成环的连接线,因此,车外圆柱面尺寸 A_1 和磨外圆柱面尺寸 A_3 均取半值。尺寸链如图所示,封闭环 $A_0 = 39.5^{\,0}_{-0.2}$ mm,组成环为 $A_3/2 = 22.5^{+0.009}_{+0.001}$ mm(增环)、$A_1/2 = 22.8^{\,0}_{-0.05}$ mm(减环)和 A_2(增环)。

② 计算组成环 A_2 的公称尺寸和极限偏差。

按式(9-1)计算组成环 A_2 的公称尺寸：

$$A_2 = A_0 - A_3/2 + A_1/2 = 39.5 - 22.5 + 22.8 = 39.8 \text{（mm）}$$

按式(9-4)和式(9-5)分别计算：

组成环 A_2 的最大极限尺寸：

$$A_{2\max} = A_{0\max} - A_{3\min}/2 + A_{1\max}/2 = 39.5 - 22.509 + 22.75 = 39.741 \text{（mm）}$$

组成环 A_2 的最小极限尺寸：

$$A_{2\min} = A_{0\min} - A_{3\max}/2 + A_{1\min}/2 = 39.3 - 22.501 + 22.8 = 39.599 \text{（mm）}$$

因此，铣键槽工序尺寸 $A_2 = 39.741_{-0.142}^{0}$ mm。

9.2.2　用大数互换法求解尺寸链

大数互换法也称统计法，是指在绝大多数产品中，装配时各组成环不需要挑选或辅助加工，装配后即能满足封闭环的公差要求。该方法采用统计公差公式计算。

9.2.2.1　统计公差公式

大数互换法是以一定置信概率为依据，假定各组成环的实际尺寸的获得彼此无关，即它们都为随机独立变量，各按一定规律分布，因此它们所形成的封闭环也是随机变量，按一定规律分布。按照独立随机变量合成规律，各组成环的标准偏差 σ_i 与封闭环的标准偏差 σ_0 之间的关系如下：

$$\sigma_0 = \sqrt{\sum_{i=1}^{m} \sigma_i^2} \tag{9-10}$$

式中　m——组成环的数目。

如果各组成环的实际尺寸都服从正态分布，则封闭环的实际尺寸也服从正态分布。设各组成环尺寸分布中心与公差带中心重合，取置信概率 $P = 99.73\%$，分布范围与公差范围相同，则各组成环公差 T_i 与封闭环公差 T_0 各自与它们的标准偏差的关系如下：

$$\begin{cases} T_i = 6\sigma_i \\ T_0 = 6\sigma_0 \end{cases}$$

将上面两式代入式(9-10)得到：

$$T_0 = \sqrt{\sum_{i=1}^{m} T_i^2} \tag{9-11}$$

封闭环公差等于各组成环公差的平方和再开方。该公式是一个统计计算公式，是在各组成环实际尺寸的分布都服从正态分布、分布中心与公差带中心重合、分布范围与公差范围相同的前提下得出的。而这个假设条件是符合大多数产品实际情况的，因此上述统计公差公式是有其使用价值的。

9.2.2.2　设计计算

【例 9-4】　用大数计算法求解例 9-1，假设各组成环的分布皆服从正态分布，且分布中心与公差带中心重合、分布范围与公差范围相同。

解　由例 9-1 可知：封闭环的极限尺寸为 $0_{+0.2}^{+0.5}$ mm。

① 确定各组成环的公差。

先假定各组成环公差相等，即 $T_1 = T_2 = \cdots = T_m = T_{av}$（平均统计公差），则由式(9-11)得 $T_0 = \sqrt{m T_{av}^2}$，因此各组成环的平均统计公差为：

$$T_{av} = T/\sqrt{m} = 0.3/\sqrt{4} = 0.15 \ (\text{mm})$$

然后,调整各组成环公差。L_2、L_4 和 L_3 的公差分别按 IT12 和 IT11 确定,取 $T_2 = T_4 = 0.1$ mm, $T_3 = 0.16$ mm。

由式(9-11)得:

$$T_1 = \sqrt{T_0^2 - T_2^2 - T_3^2 - T_4^2} = \sqrt{0.3^2 - 0.1^2 - 0.1^2 - 0.16^2} = 0.21 \ (\text{mm})$$

② 确定各组成环的极限偏差。

组成环 L_2、L_4 和 L_3 的极限偏差按"偏差入体原则"确定,取:

$$L_2 = L_4 = 2.5_{-0.1}^{\ 0} \ \text{mm}, \quad L_3 = 38.5_{-0.16}^{\ 0} \ \text{mm}$$

组成环 L_2、L_4 和 L_3 的极限偏差确定后,计算组成环 L_1 的极限偏差。

组成环 L_2、L_4 和 L_3 的中间偏差分别是:

$$\Delta_2 = \Delta_4 = -0.05 \ \text{mm}, \quad \Delta_3 = -0.08 \ \text{mm}$$

封闭环的中间偏差为:

$$\Delta_0 = +0.35 \ \text{mm}$$

因此,由式(9-3)得:

$$\Delta_1 = \Delta_0 + (\Delta_2 + \Delta_3 + \Delta_4) = +0.35 + (-0.05 - 0.08 - 0.05) = +0.17 \ (\text{mm})$$

按式(9-2)计算出组成环 L_1 的上、下偏差为:

$$\begin{cases} \text{ES}_1 = \Delta_1 + T_1/2 = +0.17 + 0.21/2 = +0.275 \ (\text{mm}) \\ \text{EI}_1 = \Delta_1 - T_1/2 = +0.17 - 0.21/2 = +0.065 \ (\text{mm}) \end{cases}$$

所以:

$$L_1 = 43.5_{+0.065}^{+0.275} \ \text{mm}$$

与例 9-1 相比较,在封闭环公差相同的情况下,用大数互换法计算尺寸链,组成环的公差可以增大(标准公差等级降低 1~2 级),而使其加工容易、加工成本降低。

9.2.2.3 校核计算

【例 9-5】 用大数互换法计算例 9-2,假设各组成环的分布皆服从正态分布,且分布中心与公差带中心重合、分布范围与公差范围相同。

解 按式(9-1)计算封闭环的公称尺寸 $L_0 = 0$ mm;按式(9-3)计算封闭环的中间偏差 $\Delta_0 = +0.194$ mm;按式(9-11)计算封闭环的公差:

$$T_0 = \sqrt{\sum_{i=1}^{m} T_i^2} = \sqrt{T_1^2 + T_2^2 + T_3^2 + T_4^2}$$

$$= \sqrt{0.062^2 + 0.04^2 + 0.052^2 + 0.04^2} = 0.099 \ (\text{mm})$$

按式(9-2)计算封闭环的上、下偏差:

$$\begin{cases} \text{ES}_0 = \Delta_0 + T_0/2 = +0.194 + 0.099/2 = +0.243 \ (\text{mm}) \\ \text{EI}_0 = \Delta_0 - T_1/2 = +0.194 - 0.099/2 = +0.145 \ (\text{mm}) \end{cases}$$

与例 9-2 的计算结果相比较,在组成环公差相同的条件下,用大数互换法计算尺寸链,封闭环的变动范围减小许多,容易达到精度要求。

9.2.3 分组法、修配法、调整法与装配精度

9.2.3.1 分组法

当封闭环的精度要求高且生产批量较大时,为了降低零件的制造成本,可以采用分组法进行装配。分组法装配的特点是各组成环按经济加工精度制造,然后将各组成环按实际尺寸的大小分为若干组,各对应组进行装配,同组内零件具有互换性。该方法采用极值公式计算。

【例 9-6】 图 9-3 所示的曲轴装配图中,假定左侧齿轮孔与轴的公称尺寸为 $\phi25$ mm,它们的配合为小间隙配合,间隙应在 $0.0005\sim0.0055$ mm 范围内。如果采用完全互换法,则要求轴的直径按 $\phi25_{-0.0095}^{-0.0070}$ mm 加工,齿轮孔的直径按 $\phi25_{-0.0095}^{-0.0070}$ mm 加工。显然,加工直径公差为 $2.5~\mu m$ 的齿轮孔和轴都很困难,也是极不经济的。因此,有必要采用分组法来解决使用要求与加工精度的矛盾。

解 ① 根据实际情况,将轴与孔的直径公差均放大到原来的 4 倍($10~\mu m$),它们的上偏差均同向上移,即轴直径为 $\phi25_{-0.0125}^{-0.0025}$ mm,孔直径为 $\phi25_{-0.0095}^{+0.0005}$ mm。

② 齿轮孔和轴终加工后,用精密量仪进行测量,并按它们实际尺寸从大到小分成Ⅰ、Ⅱ、Ⅲ、Ⅳ 四组,并用不同的颜色加以区分,以便进行分组装配。具体分组情况见表 9-3。

表 9-3 齿轮孔与轴的分组尺寸　　　　　　　　　　　　　　　　单位:mm

组别	标志颜色	轴直径 $\phi25_{-0.0125}^{-0.0025}$ mm	孔直径 $\phi25_{-0.0095}^{+0.0005}$ mm	配合情况	
				最大间隙	最小间隙
Ⅰ	白	$24.9975\sim24.9950$	$25.0005\sim24.9980$		
Ⅱ	绿	$>24.9950\sim24.9925$	$>24.9980\sim24.9955$		
Ⅲ	黄	$>24.9925\sim24.9900$	$>24.9955\sim24.9930$	0.0055	0.0005
Ⅳ	红	$>24.9900\sim24.9875$	$>24.9930\sim24.9905$		

采用分组装配法装配,必须保证分组后各组的配合性质、精度与原来的设计要求相同;分组数不宜过多,尺寸公差只要放大到经济加工精度即可。

9.2.3.2 修配法

修配法装配是指各组成环都按经济加工精度制造,在组成环中选择一个修配环(补偿环的一种),预先留出修配量,装配时用去除修配环部分材料的方法改变其实际尺寸,使封闭环达到其公差与极限偏差要求。

例如图 9-3 所示的发动机曲轴部件,若采用修配法装配,则选取垫片 4 的厚度 L_4 作为修配环,装配时改变其实际尺寸来达到间隙 L_0 所要求的范围。

修配法装配通常用于单件小批生产,组成环数目较多而装配精度要求较高的场合,应选取容易加工且对其他装配尺寸链没有影响的组成环作为装配环。

9.2.3.3 调整法

调整法装配是指各组成环按经济加工精度制造,在组成环中选择一个调整环(补偿环的一种),装配时用选择或调整的办法改变其尺寸大小或位置,使封闭环达到其公差与极限偏差要求。该方法通常采用极值公差公式计算。

采用调整法装配时,可以使用一组具有不同尺寸的调整环或者一个位置可以在装配时

调整的调整环。前者被称为固定补偿件,后者被称为活动补偿件。如锥齿轮传动装配尺寸链中,采用一个垫片作为调整环(需要备有一组不同厚度尺寸的垫片,可以根据需要选择使用),通过选用厚度合适的垫片来装配,达到装配精度的要求。而滚动轴承部件组合结构一般是利用可以调整的螺钉来改变滚动轴承外圈相对于内圈的轴向位置,以使轴承外圈端面与端盖端面之间获得合适的间隙。

调整法与修配法相似,只是改变补偿环尺寸的方法不同。修配法是从作为补偿环的零件上取出一层材料来保证装配精度;而调整法是通过改变补偿环的尺寸或位置的方法来保证装配精度。

采用调整法装配,不需要辅助加工,故装配效率较高,主要应用于装配精度要求较高,或在使用过程中某些零件的尺寸会发生变化的尺寸链中。

9.3 计算机辅助公差设计

9.3.1 计算机辅助公差设计概述

智能化是全球制造业发展的大势所趋,也是中国制造业高质量发展的必由之路,计算机辅助设计在智能制造中具有重要作用。计算机辅助公差设计(Computer-Aided Tolerancing,CAT)是计算机辅助设计的重要组成部分,它是利用计算机完成公差的数据管理、公差选用、公差分配。公差数据的管理是将标准中的数据存入计算机以备查询,公差选用是应用公差选用原则完成公差的自动选用或提供参考选用;公差分配是完成各组成环公差的合理分配。

公差分配又称为公差综合,它是指将已知产品的装配公差值按照一定的规则或准则分配到各个零件公差中的过程。传统的公差分配方法有两种:第一种为采用公差标准与手册,与已有设计类比,并依靠设计者经验,需要多次反复试算才能获得公差分配结果;另一种为采用经验法的公差分配法,包括等公差法、等精度法、比例缩放法、精度因子法等,这些方法结合比例因子和经验法确定装配累积公差,并与给定装配公差比较来进行公差分配,不需要反复试算就可以实现公差分配。传统公差方法没有考虑公差对制造成本的影响,虽然在某种程度上能够满足产品的装配和功能需求,保证产品质量,但其设计精确性主要取决于设计人员在产品设计和制造方面经验的丰富程度,具有一定的主观性,往往会致使分配的公差过紧,从而致使制造成本过高。

为了合理分配公差,寻找产品质量性能和制造成本的最佳平衡点,许多研究者把产品公差分配作为一个优化问题。通常以装配组成环的公差为优化设计变量,以制造成本、制造成本与质量损失之和等最小为目标,以公差累积条件、装配成功率等为约束建立公差优化模型,然后根据目标函数和约束条件的复杂程度选择适当的优化算法进行优化,其优化方案框图如图 9-8 所示。其中,$Y=F(X)$ 为装配响应函数,Y 为封闭环,包含 L 个组成环,其矢量形式为 $X=[x_1,x_2,\cdots,x_L]$。根据具体产品装配公差优化设计的实际情况,从公差的目标函数、约束条件、优化算法等方面入手进行深入的研究。根据设计目标侧重点不同,有以制造成本、制造成本与质量损失之和等最小为单目标进行优化,也有以制造成本、质量损失、装配响应时间方差等分别最小为多目标进行优化,同时必须满足各种边界条件约束(如装配功能约束、加工能力约束等）。良好的公差优化分配不仅能提高产品质量、降低加工制造成本，还能有效提高产品的装配成功率。而在实际生产中，产品质量、产品制造成本和装配成功率这三者是互相影响的，如何调整装配公差的分配使得产品在满足产品质量和装配成功率要求的条件下，还能尽量降低产品的加工制造成本是公差优化的主要任务。

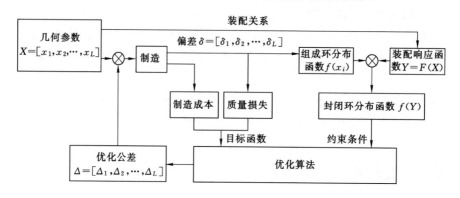

图 9-8　公差优化流程图

9.3.2　基于加工成本和质量损失的公差优化模型

9.3.2.1　加工成本模型

加工成本是生产制造过程中一切成本的总和。一般来说，在设计时给零件较小的公差能保证设计功能要求和零件的可装配性，但也会导致成本的增加。由于零件的几何特征、结构尺寸的不同，影响因素很多，对于不同类型的加工成本与公差关系很难通过一个数学模型来精确描述。表 9-4 所示为已建立的不同类型数学函数关系。

表 9-4　公差与制造成本的数学模型

数学模型	数学表达式	数学模型	数学表达式
指数	$C(T) = a_0 e^{-a_1 T}$	指数和幂指数复合	$C(T) = a_0 e^{-a_1 T} + T^{-a_2}$
负平方	$C(T) = a_0 + a_0/T^2$	线性和指数复合	$C(T) = a_0 + a_1 T + a_2 T^{-a_3}$
幂指数	$C(T) = a_0 T^{-a_1}$	指数复合	$C(T) = a_0 e^{-a_1 T} + a_2 e^{-a_3/T}$
多项式	$C(T) = a_0 + a_1 T + a_2 T^2 + \cdots + a_n T^n$	指数和分式复合	$C(T) = a_0 e^{-a_1 T} + \dfrac{T a_1}{a_2 T + a_3}$

表 9-4 所列 8 种数学模型中，因变量均随自变量的增大而减小，且最终趋于常量，均呈下凹递减的趋势。其中，计算较复杂的是各种复合模型，精度最高的是多项式模型，最简便、适用的是指数模型。它们的共同点是：为了确定公差值与制造成本之间的确切关系，首先求出模型中的系数，进而得到公差与制造成本的模型表达式。通常先对实验数据进行曲线拟合，再用最小二乘法求出模型中的系数。模型越复杂精度越高，但拟合的难度越大。

9.3.2.2　质量损失模型

质量损失模型描述了预设质量目标与实际质量之间的对应关系，为了对它进行定量描述，引入了质量损失函数的概念。首先，假设产品的质量特征值偏离目标值就会造成损失，并将质量特征分为三种:望目特征、望小特征和望大特征,并确定相应的损失函数。

设产品的质量特征值为y,目标值为m。可以认为当$y=m$时,造成的损失为零,即不造成损失;而当$y\neq m$时,则造成损失,$|y-m|$越大,损失也越大。用$L(y)$来表示与质量特征值y对应的损失。若$L(y)$在$y=m$处存在高阶导数,根据泰勒级数展开式有:

$$L(y) = L(m) + \frac{L'(m)}{1!}(y-m) + \frac{L'(m)}{1!}(y-m)^2 + \cdots \tag{9-12}$$

根据式(9-12)假定,当$y=m$时$L(y)=0$;同时由于$L(y)$在$y=m$处有最小值,因此$L'(m)=0$。由泰勒级数展开式省略高阶项可得到三种损失函数。

(1) 望目特征质量损失函数

$$L(y) = k(y-m)^2 \tag{9-13}$$

式中,k为质量损失系数。当$|y-m|\leqslant T$时,产品合格;当$|y-m|>T$时,产品不合格。若产品不合格时的损失为A,则在界限点上有$A=k/T^2$。

(2) 望小特征质量损失函数

$$L(y) = ky^2 \tag{9-14}$$

式中,k为质量损失系数,$k=A/T^2$。当$0<y\leqslant T$时,产品合格。

(3) 望大特征质量损失函数

$$L(y) = k/y^2 \tag{9-15}$$

式中,k为质量损失系数,$k=AT^2$。当$y\geqslant T$时,产品合格。

在公差设计中,$(y-m)$代表公差带T,则设计公差为T_i的尺寸造成的质量损失成本为:

$$L(T_i) = \frac{A}{T^2}T_i^2 \tag{9-16}$$

因此,产品总的质量损失成本为:

$$C_I(T) = \sum_{i=1}^{n}L(T_i) \tag{9-17}$$

式中,n为产品中的公差数目。

9.3.2.3 优化目标函数

公差的变动通常会引起产品的加工成本和装配精度的波动。目前的公差设计根据装配功能采用最小成本法进行公差分配,而没有考虑公差变动对加工成本和质量损失产生的影响。解决加工成本与质量损失之间的矛盾关系,可以通过贡献度分析获得各几何特征的影响因子,根据加工精度要求给各个加工成本分配权重系数,综合考虑贡献度的影响因子,并建立加工成本函数和质量损失函数为目标的优化模型,在公差变动的影响下使零件的加工成本质量损失达到最小。因此,优化的目标函数为:

$$\min C = \sum_{i=1}^{n}\omega_i C_m(T_i) + \sum_{i=1}^{n}\omega_i C_l(T_i) \tag{9-18}$$

式中,ω_i为加权系数;$C_m(T_i)$为加工成本函数;$C_l(T_i)$为质量损失函数。

(1) 工序能力指数约束关系

工序能力指数是衡量产品可制造性的指标之一,质量损失函数是评价产品质量的指标。工序能力指数的大小与产品的加工工序有关,对于不同的加工特征和不同公差要求,C_p的值也不同。C_p取值的基本原则是:既要考虑充足的加工工艺能力,又要考虑加工经济性。故工序能力指数的约束范围为:

$$C_{\text{pmin}} \leqslant C_{\text{p}i} = \frac{T_i}{6\sigma} \leqslant C_{\text{pmax}} \qquad (9\text{-}19)$$

式中，C_{pmin} 是工序能力指数下限；C_{pmax} 是工序能力指数上限。

通常根据实际加工情况考虑装配精度要求，当 $1 < C_{\text{p}} < 1.33$ 时，加工处于正常范围；当 $C_{\text{p}} > 1.67$ 时工序能力过剩。因此，在公差优化时 C_{p} 一般取 $1 \sim 1.67$。

（2）公差累积约束关系

公差累积约束是装配工艺的技术要求，即对加工出的零件在装配后产生的公差累积进行约束，才能实现装配精度要求。由于不同零件在加工过程中都存在偏差，经过装配后偏差将会累积到装配间隙上，当公差累积超过设计公差要求时，就实现不了预期的装配精度。因此定义约束如下：

$$\sqrt{\sum_{i=1}^{n} \alpha_i T_i^2} \leqslant T_{0i} \qquad (9\text{-}20)$$

式中，T_{0i} 为满足产品装配精度的公差累积；α_i 为公差选择系数。

9.3.2.4 公差优化模型求解

综上所述，可以建立公差优化模型为：

$$\begin{cases} \min C = \sum_{i=1}^{n} \omega_i C_m(T_i) + \sum_{i=1}^{n} \omega_i C_l(T_i) \\ C_m(T_i) = c_0 + c_1 T_i + c_2 e^{-c_3 T_i} \\ C_l(T_i) = \dfrac{A}{T^2} T_i^2 \\ C_{\text{pmin}} \leqslant \dfrac{T_i}{6\sigma} \leqslant C_{\text{pmax}}, i = 1,2,3,\cdots,n \\ \sqrt{\sum\limits_{i=1}^{n} \alpha_i T_i^2} \leqslant T_{0i}, i = 1,2,3,\cdots,n \\ T \leqslant T_i \end{cases} \qquad (9\text{-}21)$$

多目标优化问题往往要求各分量的目标都达到最优，但一般比较困难，尤其是各个分目标的优化互相矛盾时。多目标优化的求解方法甚多，可以通过加权法将加工成本和质量损失两个优化目标转化为单目标优化来求解。即将多目标函数组成综合目标函数，把一个要最小化的函数 $F(T)$ 规定为有关性质的联合，建立这样的综合目标函数，找到合理的权重系数 ω_i，以反映各个单目标对分析结果的影响程度。通过贡献度分析计算，将各零件特征的影响因子作为权重系数，转化为单目标优化问题。

9.3.3 计算机辅助公差设计的优化算法

优化算法是公差优化设计的重要组成部分。优化的目的是在约束条件下，通过调整公差分配结果，使优化目标最小化。公差优化算法总体可分为解析法和迭代法。解析法主要包括拉格朗日法、线性规划法和非线性规划法，适用于有明确表达式的线性模型，这类算法运算较简便、计算误差较大。当目标函数较为复杂时，无法直接求最优解，可用经过若干次迭代搜索的方法得到最优解，这就是迭代法。迭代法主要包括坐标轮换、遗传算法、神经网络、粒子群、模拟退火和蚁群算法等。

9.3.3.1 BP 神经网络和遗传算法

BP 神经网络是神经网络中应用最为广泛的一种，BP 神经网络的三层连接模型描述为：

$x_1, x_2, \cdots, x_n$ 为输入神经元，$z_1, z_2, \cdots, z_n$ 为输出神经元，$y_1, y_2, \cdots, y_n$ 为中间神经元，每一连接弧连接两个神经元，并附有一个数值 w_{ij} 作为连接强度（或记忆强度），表示同一连接弧上输入神经元对输出神经元的影响，正的连接强度表示影响的增加，负的连接强度表示影响的减少。

当 BP 神经网络单独应用于计算机辅助公差设计时，它具有以下优点：可以实现考虑机床、刀具、冷却液、润滑剂等因素在内的动态公差分配；无须对多个零件的尺寸分布做出不必要或不实际的假设；BP 神经网络有较强的并行处理能力，对装配链中组成环数多且可选加工设备多的情况十分适用。

应用 BP 神经网络的主要缺点：

（1）收敛性问题。经证明，仅当网络的权值调整步无限小时，收敛才有效，这意味着要用不可预测的收敛时间；同时，BP 神经网络训练的结果有不可测性，且时间是相当长的。

（2）局部最小问题。BP 神经网络用梯度下降法调整网络的权值，这对凸状的曲面将是有效的，因为它仅有唯一一最小值；而对非严格凸状表面，却不能取得最佳结果，甚至在网络训练好了以后也无法知道 BP 神经网络算法是否已经取得了全局最小。

遗传算法（GA 算法）是借鉴生物界自然选择和自然遗传机制随机搜索算法，它通过多次的基因遗传和变异以获得最佳的解决方案，其主要特点是群体搜索策略和群体中个体之间的信息交换，且搜索不依赖梯度的信息，正好弥补了 BP 神经网络算法的缺陷。因为遗传算法在开始进行优化搜索时并不是从某一点开始，而是从多点开始进行全局搜索，可同时爬上多个"山峰"，这就有效地降低了陷入局部较小值的可能性。另外，遗传算法使用的信息是基于"目标"的，并不特别需要空间上的限制。由于其信息是基于"目标"的，因而其搜索速度、收敛速度是很快的。

9.3.3.2　基于神经网络和遗传算法的公差设计方法

基于上述的 BP 神经网络和遗传算法的各自优缺点，可以结合两者的优点进行计算机辅助公差设计，其结合点在于先采用遗传算法对神经网络的权值进行全局搜索优化，所得的误差达到一定要求后，再采用 BP 神经网络算法对权值进一步修正，如此循环往复，直至权值误差达到最小。具体地说，遗传算法主要用来优化权值，BP 神经网络算法主要用来预报公差值。

9.3.3.3　BP 神经网络构造和训练

图 9-9（a）所示为一机床上常用的靠调节端盖螺母来调节转盘和轴套之间间隙的部件图。为了保证机床的正常运行，要求转轴和轴套之间的间隙为 0.1～0.4 mm，图 9-9（b）是其尺寸链图。对于三个零件的装配，在构造 BP 神经网络时，要考虑 4 个输入节点；每个零件也即每台加工机床的加工能力或经济加工精度各自对应一个节点，第 4 个节点是对应于总的装配公差。要用到三个输出节点用来预估每个零件的公差（每台机床对应一个工件），中间隐含层要用到 4 个节点，此外还需给定网络学习参数和最大允许误差，这里为 0.4 和0.000 5。用遗传算法优化神经网络权值的算法步骤如下：

（1）随机产生一组分布数，并对此组数中的每一个权值进行编码，进而构造出一个个码链（每个码链代表网络的一种权值分布），在网络结构和学习规则已定的前提下，该码链就对应一个权值和阈值取定的一个神经网络。

（2）对所产生的神经网络计算它的误差函数，从而确定其适应度函数值，误差越大，则

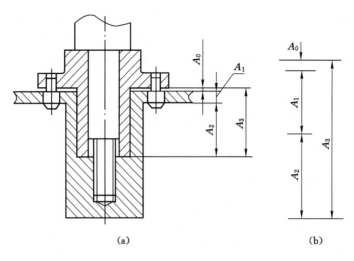

图 9-9　端盖螺母调节图

适应度值越小。

(3) 选择若干适应度函数值中最大的个体,直接遗传给下一代。

(4) 利用交叉和变异等操作算子对当前一代群体进行处理,产生下一代群体。

重复步骤(2)、(3)、(4),使初始确定的一组权值分布得到不断的进化,直到训练目标得到满足为止。

将遗传算法和 BP 神经网络有机地结合起来进行公差分配,其核心部分是权值的优化和网络的训练,流程如图 9-10 所示。

9.3.4　计算机辅助公差设计软件

近几年,计算机辅助三维公差分析技术发展迅速,商业化软件已广泛使用并与 CAD 系统很好地集成,可实现三维数字化分析和优化,对于缩短产品研发周期、保证装配精度有重要的作用。目前,下面是三种比较成熟的计算机辅助三维公差分析软件。

(1) CETOL 6σ 公差分析软件

1990 年,美国 Brigham Young 大学的计算机辅助公差设计协会提出了 Vector-Loop 公差分析模型和线性化方法。Sigmetrix 公司在此研究方法的基础上开发了基于三维 CAD 模型的 CETOL 6σ 公差分析模块,通过装配体中几何表面的运动学特征节点进行公差建模,并以矢量回路搜索的方法构建累积矩阵实现对误差累积的求解。目前,该模块已经与 Pro/E(Creo)三维 CAD 系统相集成,但其通过系统矩阵法只能利用极值法和概率法进行公差分析。

(2) 3DCS 公差分析软件

3DCS 软件是 DCS 公司开发的功能强大的用于三维公差分析的工具,现阶段已集成于 UG 软件和 CATIA V5 模块中。它主要包括两个核心功能:① 3DCS Analyzer(3DCS 高级分析器)基于方程的分析方法,能够精确识别装配体内的变化数量和变化源。② 3DCS Optimizer(3DCS 优化器)是一种优化公差的工具,能使以最小成本保证质量或者以固定成本得到最佳质量。3DCS 公差分析流程包括实体建模、前处理、仿真分析和结果分析与优化。

(3) Vis VSA 可视化容差分析软件

由美国 EDS 公司开发的 Vis VSA 软件,通过实体建模、前处理、公差分析和后处理四

机械精度设计与检测

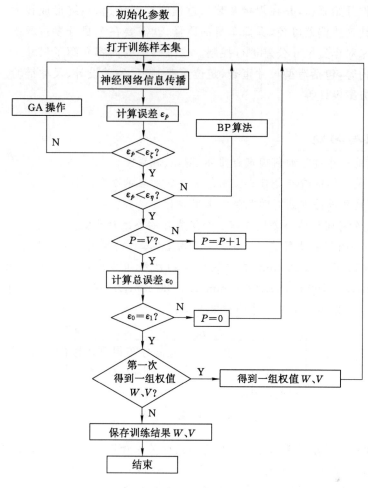

图 9-10　流程图

个过程,可处理装配公差累积分析与优化。采用蒙特卡洛仿真技术,以 DRF 为基准参考框架,对几何特征的属性特征进行赋值,规定尺寸、定位、定向和形状公差,经过大量的模拟后进行统计分析,通过图表的形式反映封闭环的偏差统计规律、工序能力指数和各组成环的影响因子。

☞ **知识拓展**

尺寸工程及应用

尺寸工程又叫尺寸管理,核心是保证批量生产的互换性,通过分析产品特性和客户需求,完成产品的公差设计和分析、定位设计及装配工艺设计,并通过多轮次的零部件品质培育、试制匹配和测量系统分析等,持续改进产品品质以达到量产品质标准。随着汽车工业的快速发展,汽车已经不单单是一个交通工具,而车身尺寸的好坏直接影响到汽车的质量和美观性。车身作为汽车所有零部件的承载体,其制造过程复杂、操作环节多、尺寸链较长,尺寸偏差从钣金零件开始累积,并在焊接及装配过程中不断传递,最终形成较大的偏差。为了让这些偏差可控,保证车身的质量,就需要在车身开发过程中应用尺寸工程来对车身尺寸公差进行控制。二维码中的内容介绍了尺寸工程的核心工作内容,包括造型尺寸审查、定位策略制定、公差设计、尺寸链验算及尺寸控制方案设计等。

尺寸工程及应用

👉 思考题与习题

9-1 什么是尺寸链?如何确定封闭环、增环、减环?

9-2 组成尺寸链的特点是什么?求解尺寸链的目的是什么?

9-3 求解尺寸链的方法有哪几种?常用在什么场合?

9-4 为什么封闭环的公差比任何一个组成环的公差都大?

9-5 已知一蜗杆减速器装配图中的一部分,各零件有关尺寸关系如图 9-11 所示,设计要求间隙 L_0 为 0.05~0.25 mm,影响该间隙的所有组成环的尺寸 $L_1 = 20$ mm,$L_2 = 12$ mm,$L_3 = 2$ mm,$L_4 = 160$ mm,$L_5 = 10$ mm,$L_6 = 20$ mm,$L_7 = 100$ mm。试用完全互换法确定对该间隙有直接影响的全部尺寸的极限偏差。

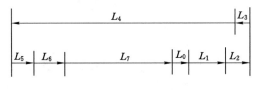

图 9-11 题 9-5 图

9-6 已知一电风扇机头部分各零件有关尺寸关系如图 9-12 所示,设计要求间隙 L_0 为 1~1.75 mm,影响该间隙的所有组成环的尺寸 $L_1 = 140$ mm,$L_2 = L_5 = 5$ mm,$L_3 = 50$ mm,$L_4 = 101$ mm。试用完全互换法确定各组成环的极限偏差。

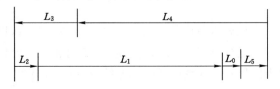

图 9-12 题 9-6 图

参 考 文 献

[1] 程玉兰,胡凤兰.互换性与技术测量基础[M].3 版.北京:高等教育出版社,2019.

[2] 甘永立.几何量公差与检测[M].10 版.上海:上海科学技术出版社,2013.

[3] 高晓康,陈于萍.互换性与测量技术[M].4 版.北京:高等教育出版社,2015.

[4] 韩正铜,杨善国.机械精度设计与检测[M].2 版.徐州:中国矿业大学出版社,2013.

[5] 张卫,方峻.互换性与测量技术[M].北京:机械工业出版社,2021.

[6] 张也晗,刘永猛,刘品.机械精度设计与检测基础[M].11 版.哈尔滨:哈尔滨工业大学出版社,2021.